随书附赠超值DVD光盘，内容包括书中实例所需的素材文件和效果文件，以及127段近350多分钟的视频教学文件。

中文版 Office 2013
办公应用 从新手到高手

冯文超　王剑霞　编著

迎接Office全新的办公方式

功能全面　通过25章440页的图解和视频教学方式，全方位讲解Word、Excel、PowerPoint、Access、Outlook五大重要组件的基础知识和应用要领。

核心操作　以初学者为出发点，基础知识与实际应用紧密结合，在核心功能及操作技巧的讲解上力求通俗易懂，便于读者理解和轻松、愉快地学习。

专业实用　44个技术实战和2大综合应用案例，帮助读者进一步巩固理解以及全面应用所学知识，掌握Office各组件的操作方法，提升工作效率。

Microsoft
Office Specialist

Word
全新的 Word，让阅读者重点明确，屏幕阅读体验大大改善。

Excel
全新的Excel，实现办公软件最常用的文字、表格等功能

PowerPoint
全新的PowerPoint，将演示文稿在互联网上灵活地展示给

Access
一款图形用户界面和软件开发工具相结合的数据库管理系统

Outlook
用来收发电子邮件、管理联系人信息、安排日程、分配任务

北京希望电子出版社
Beijing Hope Electronic Press
www.bhp.com.cn

内 容 简 介

Microsoft Office 2013 是运行于 Microsoft Windows 视窗系统的一套办公室套装软件，是继 Microsoft Office 2010 后的新一代套装软件。微软在 2013 年初正式发布了 Microsoft Office 2013 版本（包括中文版），在 Windows 8 设备上可获得 Office 2013 的最佳体验。

本书全面讲解 Microsoft Office 2013 的五大重要组件：Word、Excel、PowerPoint、Access、Outlook 的应用。掌握 Office 中各个组件的操作方法，能够全面提高工作效率。考虑到绝大多数初学者的实际情况，本书选取的都是实用内容，并在此基础上进行适当的拓展，以实例的形式为大家展现出常用的工具、命令等，以激发读者的学习兴趣。

为方便学习和教学，本书为读者提供了本书部分内容的教学视频、案例素材与效果文件等内容。

本书适合作为职业院校、大中专院校相关专业的教材或各类计算机培训班的培训教材，也可供计算机初学者和已经具有一定基础并希望深入掌握 Office 的读者参考学习。

图书在版编目（CIP）数据

中文版 Office 2013 办公应用从新手到高手 / 冯文超，王剑霞编著. —北京：北京希望电子出版社，2013.8

ISBN 978-7-83002-114-6

Ⅰ.①中… Ⅱ.①冯… ②王… Ⅲ.①办公自动化—应用软件—自学参考资料 Ⅳ.①TP317.1

中国版本图书馆 CIP 数据核字（2013）第 178182 号

出版：北京希望电子出版社	封面：付 巍
地址：北京市海淀区上地 3 街 9 号	编辑：焦昭君
金隅嘉华大厦 C 座 610	校对：刘 伟
邮编：100085	开本：787mm×1092mm 1/16
网址：www.bhp.com.cn	印张：27.5
电话：010-62978181（总机）转发行部	印数：1-3 000
010-82702675（邮购）	字数：637 千字
传真：010-82702698	印刷：北京广益印刷有限公司
经销：各地新华书店	版次：2013 年 8 月 1 版 1 次印刷

定价：59.80 元（配 1 张 DVD 光盘）

前言

在当今社会的办公室中充满着各式各样的信息，以及各类文件和报表，因而掌握和熟练使用Microsoft Office是一项必备的基础能力。

本书全面讲解Microsoft Office 2013的五大重要组件的应用，包括Word、Excel、PowerPoint、Access和Outlook。掌握Office中各个组件的操作方法，能够全面提高工作效率。考虑到绝大多数初学者的实际情况，本书选取的都是实用内容，并在此基础上进行适当的拓展，用实例的形式为大家展现出常见的工具、命令等，以激发读者的学习兴趣。

本书共分为6篇25章，其主要内容如下。

第1篇　Word文档应用篇

第1章介绍Word文档的创建，其中包括Word文件的建立、保存、关闭以及在建立的文档中简单地输入相关内容。

第2章介绍如何对创建的文本文档进行编辑，其中包括文本的选定、修改、移动、复制、删除、恢复、查找与替换，并介绍如何使用批注来修订文档，最后介绍如何对文本文档进行加密设置等。

第3章介绍如何对已有的文档进行排版，通过对文档的排版处理，使文档更加有条理性，这是文档编辑处理中不可缺少的重要环节。

第4章介绍图片、表格的合理安排，使Word文档更加美观和有条理性。

第5章介绍如何快速格式化文档，其中包括设置和应用段落、文本的格式样式，如何使用工作大纲和导航窗格快速查看和定位文档位置，如何生成和更新目录，以及如何为工作界面插入页眉页脚和页码。

第6章介绍如何将Word文档转换为其他格式的文档，如何在Word中进行打印设置以及具体的操作步骤。

第2篇　Excel数据表格处理篇

第7章介绍工作簿、工作表和单元格的用法，其中包括向工作表中插入文本、数值、货币符号等，如何输入相同的数据、递增/递减数据、有规律的数据、指定范围的数值，同时介绍如何修改、复制、移动、查找和替换单元格数据。

第8章介绍为工作表插入表格，修改并调整表格的样式和效果，设置表格中的文字对齐，设置单元格的边框和底纹，应用和套用单元格/表格样式等来美化数据表格。

第9章介绍突出显示特殊数据、简单对数据排序、自定义排序、自定义序列、自定义筛选、自动筛选、高级筛选等命令，以管理制作的数据。

第10章介绍如何使用Excel自带的公式和函数命令计算数据。

第11章介绍常用的几种资料分析工具和函数，其中将主要是描述工具、分析工具、回归分析、抽取样本分析等，对资料进行分析。

第12章介绍如何设置图表的动态效果，其中包括使用模拟图、数据条、图标集和函数建立的条形图标集数据，如何更改图表类型、布局、格式和更改图表源数据，以及设计、分析数据透视表和创建数据透视图。

第13章介绍如何设置Excel页面和如何对制作完成的数据进行打印输出。

第3篇 PowerPoint演示文稿设计篇

第14章介绍在PowerPoint 2013中创建、保存幻灯片，如何设置母版幻灯片版式和幻灯片的大小、方向、背景颜色、字体、节等内容。

第15章介绍如何添加并丰富幻灯片内容，其中包括如何为幻灯片插入表格、插入图片、插入与绘制形状、插入图表、插入SmartArt图形，并介绍如何编辑幻灯片中插入的图片等内容。

第16章介绍转场和动画的设置，包括如何为对象创建链接、添加动作按钮，从而让静止乏味的幻灯片动起来。

第17章介绍演示文稿的放映和设置。

第18章介绍录制演示文稿放映过程、将演示文稿转换为PDF文件和讲义的操作，并介绍如何分享与打印文稿。

第4篇 Access数据库应用篇

第19章介绍什么是数据库，如何在Access中创建数据库和表，并介绍设置字段属性、创建索引、定义和更改主键等操作。

第20章介绍查看数据表、显示数据表中的记录和字段，介绍使用和格式化数据、对数据排序和筛选、创建查询、汇总查询、建立操作查询等数据表的一些常用操作。

第21章介绍窗体和如何创建基本报表、使用报表向导创建报表、创建空报表，如何设计销售记录报表，以及如何导入、导出数据和打印报表。

第5篇 Outlook电子邮件应用篇

第22章介绍Outlook的基础知识，如创建Outlook账户、发送和接收邮件、查看与处理邮件的基本操作。

第23章介绍如何使用Outlook 2013进行日常生活的安排和管理，如使用日历、联系人、任务、日记、便笺等。

第6篇 综合案例篇

第24~25章为综合案例，通过"未来三年的销售方案"和"家长会演示文稿"案例，全面详细地对Office的相关功能和命令进行综合讲解。

本书由冯文超、王剑霞编写，其中兰州职业技术学院冯文超老师编写了第1~13章，兰州职业技术学院王剑霞老师编写了第14~25章。同时感谢赵雪梅、赵岩、崔会静、冯常伟、耿丽丽、李龙龙、李娜、孙慧敏、王宝娜、王冰峰、王娟、张金忠、王玉、韩雷、孙雅娜、尹庆栋、王金兰、宁秋丽、史爽、王亚威等人的大力帮助。

由于作者的编写水平有限，书中疏漏之处在所难免，欢迎广大读者和有关专家批评指正。

编著者

Contents 目录 ➡

第1篇　Word文档应用篇

第2篇 Excel数据表格处理篇

第7章 工作表数据的编辑

第3篇 PowerPoint演示文稿设计篇

第4篇　Access数据库应用篇

Chapter

第1篇

Word文档应用篇

Word是由Microsoft公司开发的一个文字处理器应用程序,它最初是由RichardBrodie为了运行DOS的IBM计算机而在1983年编写的。随后的版本可运行于Apple Macintosh(1984年)、SCOUNIX和Microsoft Windows(1989年),并成为了Microsoft Office的一部分,目前Word的最新版本是Word 2013。

用户使用Word软件主要是编排文档,使打印效果在屏幕上一目了然,Word的界面上提供了丰富的工具,利用鼠标就可以完成选择、排版等操作。

作为Office办公套装软件中最为常用的应用软件,所以在此把对Word的介绍作为开头篇,下面带领大家学习Word的强大文档处理功能。

第1章　文档的创建

本章作为Word的开始章节，将带领大家学习Word 2013文档的创建、保存、关闭以及简单地为Word文档添加内容，将以实例的方式循序渐进地为大家介绍文档的基本操作，通过制作实例可使读者举一反三，并灵活运用到现实工作中。

启动Word 2013应用程序后，Word将自动创建一个名称为"文档1"的空白文档。如果要创建新的文档，可以使用以下三种方法。

方法一：按快捷键Ctrl+N。

方法二：单击常用工具栏中的扩展按钮，在弹出的扩展菜单中选择"新建"命令，如图1-1所示。

方法三：执行"文件"|"新建"命令，启动并使用"新建"任务窗格，如图1-2所示。

图1-1

图1-2

⚙ 提　示

使用前两种方法Word 2013将直接创建空白文档"文档1"，使用第三种方法有比较多的文档类型可以选择。在任务窗格中，可以新建空白文档、模板文档、网页文档、电子邮件等，也可以根据原有文档或模板创建新文档。

1.1　新建学生报告文件

效果文件	效果\cha01\学生报告.docx	难易程度	★☆☆☆☆
视频文件	视频\cha01\1.1新建学生报告文件.avi		

下面将通过新建学生报告文件实例详细介绍新建文档的方法。

1.1.1　快速新建空白文档

快速新建空白文档的方法有两种，单击常用工具栏中的扩展按钮，在弹出的扩展菜单中选择

"新建"命令，或直接按快捷键Ctrl+N创建新的空白文档，新建空白文档后可以自己设计学生报告文件的主题内容。

01 运行Word 2013软件，系统自动弹出创建新文档界面，如图1-3所示。

> **提 示**
>
> 在弹出的自动创建文档界面中选择合适的空白文档或者其他的模板文档即可。

02 在其中单击"空白文档"，即可创建新的空白文档，如图1-4所示。

> **提 示**
>
> 当已打开一个Word文档时，在菜单栏中执行"文件"|"新建"命令，或按快捷键Ctrl+N新建空白文档即可。

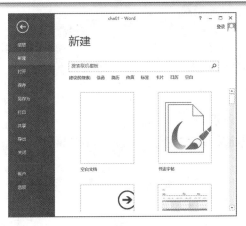

图1-3　　　　　　　　　　　　　　　图1-4

1.1.2 根据范本新建文档

如果空白文档不能设置到我们想要的效果，可以根据新建对话框中的范本新建文档，先选择一个合适的范本，然后在其中创建内容。

01 新建文档，在弹出的"新建"界面中选择"学生报告"范本文档，如图1-5所示，单击即可创建。

02 创建的学生报告范本文档如图1-6所示。

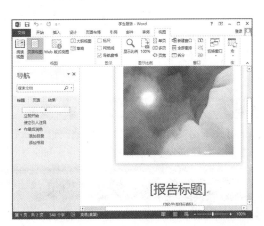

图1-5　　　　　　　　　　　　　　　图1-6

1.2 保存和关闭学生报告文件

效果文件	效果\cha01\学生报告.docx	难易程度	★☆☆☆☆
视频文件	视频\cha01\1.2保存和关闭学生报告文件.avi		

下面介绍如何保存和关闭文档。

1.2.1 保存文档

制作完成文档或修改文档后一定要记得保存对文档的保存，下面将介绍如何对学生报告文件进行保存。

01 在菜单栏中单击"文件"按钮，在弹出的窗口中单击"保存"命令，显示"另存为"信息，选择存储的位置为"计算机"，单击"浏览"按钮，如图1-7所示。

02 在弹出的"另存为"对话框中选择一个文档的保存位置，为文档命名，单击"保存"按钮即可，如图1-8所示。

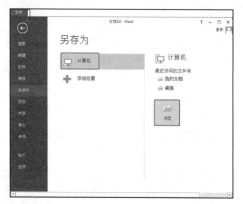

图1-7

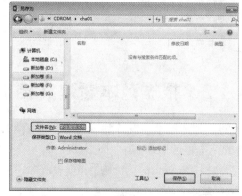

图1-8

快速保存Word文档的方法还有下面两种。

方法一：在快速访问栏中单击 🔲 （保存）按钮。

方法二：按快捷键Ctrl+S。

注 意

如果打开了已有的文档并对其进行修改过，又不想覆盖原来的文件，可以执行"文件"|"另存为"命令，以免覆盖原有的不想被覆盖的文件。

提 示

在创建或修改文档的时候，一定要及时按快捷键Ctrl+S保存文档，以免错误地关闭从而丢失文件。

🖥 1.2.2 关闭文档

文档完成后接着就是关闭文档了，关闭文档有以下三种方法。

方法一：单击Word窗口右上角的 × （关闭）按钮。

方法二：执行"文件"|"关闭"命令。

方法三：按快捷键Ctrl+W。

🔵 提 示

在关闭文档之前，首先要保存需要的文档，如果修改过文档，在执行关闭命令之后会弹出"是否保存"对话框，如图1-9所示。根据个人需要单击"保存"、"不保存"和"取消"三个按钮。

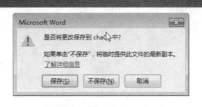

图1-9

1.3 输入学生报告的相关内容

效果文件	效果\cha01\学生报告.docx	难易程度	★☆☆☆☆
视频文件	视频\cha01\1.3输入学生报告的相关内容.avi		

下面介绍在学生报告中输入相关的文本内容。

🖥 1.3.1 打开文档

打开Word文档的方法有以下三种。

方法一：执行"文件"|"打开"命令，如图1-10所示。

执行"打开"命令后，在右侧的选项面板中选择文件的所在位置，可以单击"计算机"|"浏览"按钮，在弹出的对话框中选择文件位于计算机的位置，选择需要打开的文件，单击"打开"按钮即可，如图1-11所示。

图1-10   图1-11

方法二：按快捷键Ctrl+O。

方法三：双击桌面上的 （计算机）图标，打开计算机中文件所在的位置，找到相应的文件后，双击文件，即可打开。

打开的学生报告文件如图1-12所示。

图1-12

1.3.2　输入普通文本

打开文件后，在"报告标题"处单击，文本处于选择状态，如图1-13所示，输入文本内容"学生评语"，如图1-14所示。

图1-13

图1-14

采用同样的方法，在报告副标题上输入"六一班年终各人评语"，如图1-15所示。

将鼠标指针放在Administrator|[课堂标题]|[日期]的左侧，当光标呈现♨为向右选择的状态时，单击选择整行，如图1-16所示。选择之后输入时间"2012/02/01"，如图1-17所示。

将鼠标指针放置到内容页的最后文本和符号的后面，当光标呈现出I文本选择的形状时，单击并拖动鼠标选择到第二页的开始部分，如图1-18所示。

选择文本后，按Delete键，将选择的文本删除，删除文本后，输入相关内容，如图1-19所示。

图1-15

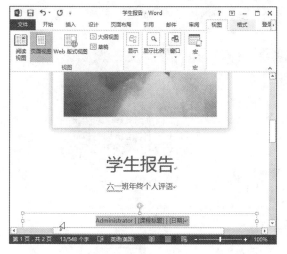

图1-16   图1-17

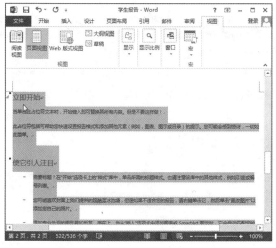

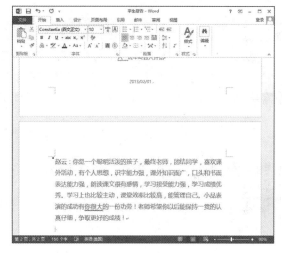

图1-18   图1-19

1.3.3　输入各类符号

在使用Word进行文字处理的时候，不可避免地会遇到一些符号的录入，有些比较常见的符号直接使用键盘输入即可完成，但不可避免地会遇到一些不常见的字符录入，下面介绍在Word中各类符号的录入方法。

接着使用学生报告文件，为了使各个学生的评语有明显的间隔，可在每条评语之间插入一行符号作为分隔。

01 在一个学生的评语后按Enter键，此时将出现一行空白，选择"插入"|"符号"选项卡，如图1-20所示。

图1-20

02 单击"符号"后的下拉按钮,如图1-21所示,在弹出的菜单中选择"其他符号"命令,弹出"符号"对话框,从中选择一种符号,如图1-22所示。

图1-21

图1-22

> **提 示**
>
> 切换到"特殊字符"选项卡,可以看到的是不常见的符号以及快捷键,如图1-23所示。

03 单击"插入"按钮,直到插入一行,单击"关闭"按钮即可,如图1-24所示。

图1-23

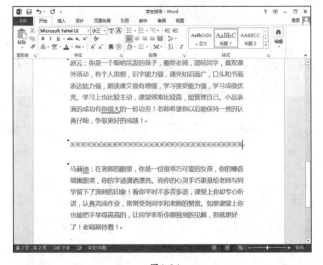

图1-24

> **提 示**
>
> 比较常见的符号如。、、;''、】【等等,都可以通过键盘来完成,不过需要结合Shift键和中英文切换来完成键盘上常用字符的输入。

1.3.4 输入公式

除了以上输入的文本和各类符号,比较常用的还有公式的录入。

采用同样的方法，单击"插入"|"符号"选项卡中的"公式"下拉按钮即可，如图1-25所示，从中选择合适的公式。

在弹出的公式下拉菜单中可以选择"Office.com中的其他公式"下相应的公式，如图1-26所示为"Office.com中的其他公式"下包含的公式。

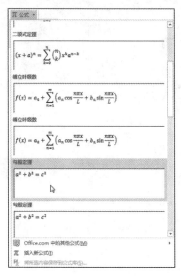

图1-25

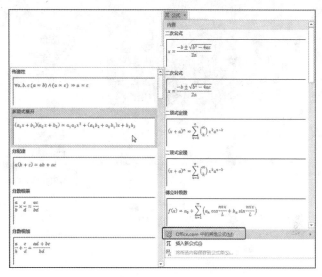

图1-26

如果选择"插入新公式"命令，Word将直接在文档中插入公式框，并显示该公式框相应的"设计"选项卡，在其中可设计公式用的工具符号，如图1-27所示。

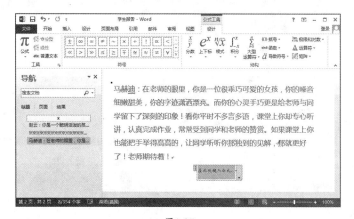

图1-27

1.4 综合应用1——创建新年工作计划文档

效果文件	效果\cha01\新年工作计划.docx	难易程度	★☆☆☆☆
视频文件	视频\cha01\1.4创建新年工作计划文档.avi		

下面将练习一下如何创建工作计划文档。

01 首先运行Word 2013，弹出新建文档页面，从中选择一个模板，如图1-28所示。

02 新建文档后，在标题处单击将其改为"工作计划"，如图1-29所示。

图1-28

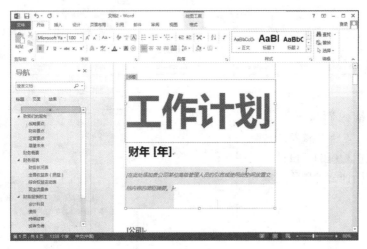

图1-29

03 输入相应的工作计划文本，这里就不详细介绍了，如图1-30所示。

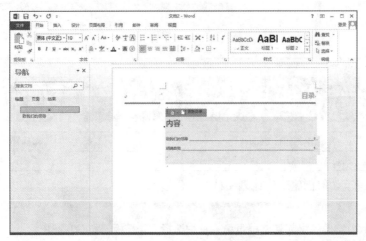

图1-30

1.5 综合应用2——保存新年工作计划文档

效果文件	效果\cha01\新年工作计划.docx	难易程度	★☆☆☆☆
视频文件	视频\cha01\1.5保存新年工作计划文档.avi		

综合前面介绍的保存文档的操作步骤，下面将创建的新年工作计划文档进行存储。

01 这里直接按快捷键Ctrl+S，弹出"另存为"面板，如图1-31所示，可以根据自己的喜好选择保存文档的方法。

02 选择"计算机"命令，单击"浏览"按钮，如图1-32所示，在弹出的"另存为"对话框中选择一个保存路径，为文件命名，单击"保存"按钮。

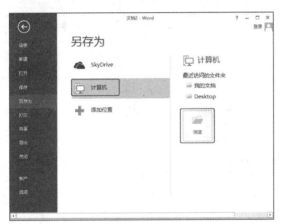
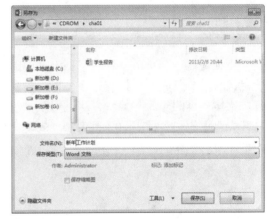

图1-31 图1-32

03 保存文档后，单击文档右上角的 × （关闭）按钮，即可将文档进行关闭。

 1.6 本章小结

本章介绍了文档的创建方法，其中主要介绍如何创建空白文档和模板文档，通过创建文档，学习了一些基本的文档操作，例如文档的打开、保存、关闭，并初步地学习了为文档录入一些简单的文本、符号以及公式。通过对本章的学习读者可以学会对文档的基本操作。

第2章　文档的编辑

在上一章中主要介绍了Word文档的建立，本章将介绍如何对创建的文本文档进行编辑，其中包括：文本的选定、修改、移动、复制、删除、恢复、查找与替换，并介绍如何使用批注来修订文档，最后将介绍如何对文本文档进行加密设置等。

2.1　编辑员工制度表内容

素材文件	素材\cha02\员工制度表.docx	难易程度	★☆☆☆☆
视频文件	视频\cha02\2.1编辑员工制度表内容.avi		

下面通过一个员工制度表文档对文本的选定、移动与复制、查找与替换、撤销与恢复等文本内容的修改与编辑方法进行学习。打开光盘中的"素材\cha02\员工制度表"文件，如图2-1所示。

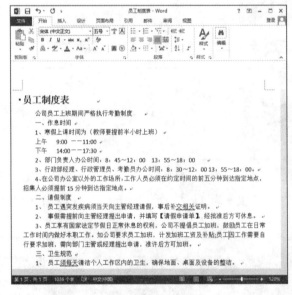

图2-1

2.1.1　文本的选定

最常用的选定文本的方法就是按住鼠标左键并拖动要选定的文本，使其在屏幕上反白显示。对于图形对象，可以单击进行选定。

选定文本内容的方法有如下三种。

1. 使用鼠标选择文本

使用鼠标可以选定一个单词、任意数量的文本或一句文本内容。

● 选定一个词语。在需要选定的词语上双击鼠标左键，即可将其选中，如图2-2所示为选择"请假申请单"这个词后的效果。

● 选定任意数量的文本。首先要把鼠标指针 I 指向要选定的文本开始处，按住鼠标左键并拖过想要选定的正文，当拖动到选择文本的末端时，释放鼠标左键，Word 2013 以灰色显示选定状态的文本，效果如图2-3所示。

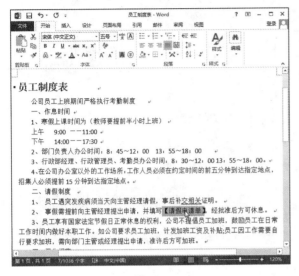

图2-2

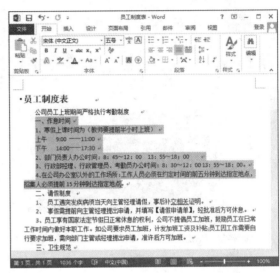

图2-3

● 选定一句文本（指以句号为准的一句话）。可以按住Ctrl键，再用鼠标左键单击句中的任意位置即可选定这句文本。

2. 利用选定栏选择文本

选定栏是指文档窗口左端至文本之间的空白区域，当鼠标指针在选定栏区域时鼠标指针会变成一个向右上指的箭头 ↗。

● 选定一行文本。将鼠标指针移动至该行左侧的选定栏，单击鼠标左键，如图2-4所示。
● 选定多行文本。将鼠标指针移动至第一行左侧的选定栏，按住鼠标左键并在选定栏中拖动至最后一行时释放按键，如图2-5所示。

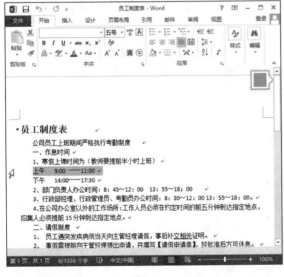

图2-4

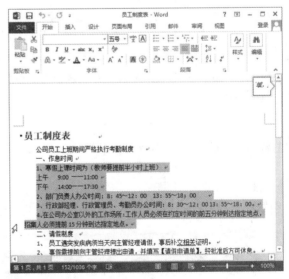

图2-5

- 选定整个文档。按住Ctrl键，再单击选定栏，如图2-6所示。
- 选定一个矩形文本块。先将鼠标指针移至要选择区域的左上角，按住Alt键，然后按住鼠标左键向区域的右下角拖动，如图2-7所示。

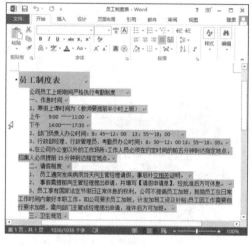

图2-6   图2-7

3. 利用扩展选定方式选定文本

在Word中，可以使用扩展选定方式来选定文本。先将鼠标指针移至要选择文本的末端单击鼠标左键，再按F8键，就可以一句句地扩展选定范围。多次按F8键可以选择整篇文档。如果想关闭扩展选定方式，只需要按Esc键即可。

2.1.2 修改输入的文本

在输入的文本中难免有需要修改的地方，下面就来介绍修改输入文本的两种方法。

1. 修改字符文本的方法

`01` 将需要修改的字符文本删除。把光标置于该字符的右边，然后按Backspace键（退格键），与此同时该字符后面的文本会自动左移一格来填补被删除字符的位置。也可以按Delete键（删除键）来删除光标右边的一格字符，与此同时光标右边的文本向左移一格填补被删除字符的位置。

`02` 输入文本。可以在删除文本后直接输入字符文本，或在需要删除的文本处于选定状态时输入字符文本。

2. 修改一大块文本的方法

`01` 将需要修改的一大块文本删除。可以先选定该文本块，然后在"开始"选项卡下单击"剪切板"中的 ✂ （剪切）按钮（把剪切下的内容存放在剪贴板上，以后可以粘贴到其他位置）。也可以按Delete键将选定的文本块直接删除。

`02` 输入文本。可以在删除文本后直接输入文本，也可以在需要删除的文本处于选定状态时输入或粘贴文本。

> 🅖 提 示
>
> 剪切操作的快捷键为Ctrl+X，粘贴操作的快捷键为Ctrl+V。

2.1.3 文本的移动与复制

1. 移动文本

在Word 2013中，移动文本的方法有如下两种。

（1）使用选定拖动法移动文本

01 选定需要移动的文本。

02 将鼠标指针移至选定的文本，此时鼠标指针变为 向左上箭头形状。

03 按住鼠标左键，此时鼠标指针变为 ，同时还会出现一条加粗的实线插入点，如图2-8所示。

04 拖动鼠标按键时，实线插入点表示的是将要移至的目标位置。

05 释放鼠标左键后，选定的文本便从原来的位置移至新的位置，如图2-9所示。

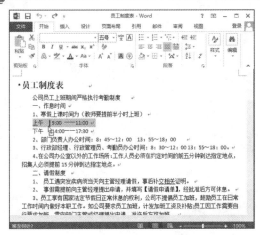

图2-8

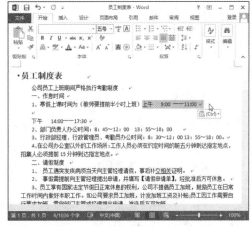

图2-9

（2）使用剪贴板移动文本

如果想要移动的文本原位置离目标位置较远或不在同一屏幕中显示，可以使用剪贴板来移动文本，具体操作步骤如下。

01 选定要移动的文本。

02 在"开始"选项卡下单击"剪切板"中的 （剪切）按钮，或者按快捷键Ctrl+X，选定的文本将从原位置删除，同时被存放到剪贴板中。

03 将鼠标指针移至目标插入点位置。如果在不同的文档之间移动文本内容，可将当前文档切换到目标文档中，再选择切入点。

04 在"开始"选项卡下单击 （粘贴）按钮，或按快捷键Ctrl+V。

2. 复制文本

复制到Office剪贴板中的内容可以使用"粘贴"命令多次插入，所以在输入较长的文本时使用"复制"命令可以提高效率、节省时间。下面介绍在Word 2013中复制文本的方法与操作步骤。

（1）使用复制粘贴法复制文本

01 选定要复制的文本。

02 在"开始"选项卡下单击 （复制）按钮，或者按快捷键Ctrl+C。

03 将插入点移至目标位置，按快捷键Ctrl+V粘贴至新的位置。

> **ⓕ 提 示**
>
> 也可以在选定文本后单击鼠标右键，在弹出的快捷菜单中选择"复制"命令。此方法同样可应用于剪切文本。

（2）选定拖放法复制文本

01 选定要复制的文本。

02 将鼠标指针指向选定的文本，此时鼠标指针变为 ↖ 向左上箭头形状。

03 按住Ctrl键，然后按住鼠标左键，此时鼠标指针变为 ↖，同时出现加粗的实线插入点，此插入点为将要复制的目标位置。

04 移动插入点至目标位置，释放鼠标左键，选定的文本便从原来的位置复制到新的位置。

2.1.4 撤销与恢复操作

在使用Word 2013编辑文档的过程中，如果进行了不合适的操作需要返回原来的状态，可以通过使用"撤销"或"恢复"功能进行撤销与恢复操作。

1. 撤销操作

在Word 2013中实现撤销功能有以下三种方法。

● 单击快速访问工具栏中的 ↩ （撤销）按钮，即可撤销最近一步的操作。

● 使用键盘上的快捷键Ctrl+Z或Alt+BackSpace可以撤销前一个操作。

> **ⓕ 提 示**
>
> 反复按下快捷键Ctrl+Z可以撤销前面的每一个操作，直到无法撤销为止。

● 单击快速访问工具栏中的 ↩ （撤销）按钮右侧的 ▾ 下拉按钮，可以打开一个最近操作的下拉列表，从中可以选择恢复到指定的某一操作，如图2-10所示。

图2-10

2. 恢复操作

如果撤销操作本身是错误操作，此时如果想恢复原来的操作，就需要使用恢复操作功能。在Word 2013中实现恢复功能有以下两种方法。

● 单击快速访问工具栏中的 ↪ （恢复）按钮，每单击一次该按钮就可以恢复一次最近的撤销操作。

● 按键盘上的快捷键Ctrl+Y可以实现恢复一次最近的撤销操作，反复按快捷键Ctrl+Y可以进行多次恢复撤销操作。

2.1.5 文本的查找与替换

在Word中查找和替换功能很多人都会使用，最通常是用它来查找和替换文字，但实际上还可用于查找和替换格式、段落标记、分页符和其他项目，并且还可以使用通配符和代码来扩展搜索。

1. 文本的查找

01 在选项卡中依次选择"开始"｜"编辑"命令，在弹出的菜单中选择"查找"命令，如图2-11所示，或者按快捷键Ctrl+F。

02 在弹出的"导航"窗格中输入需要查找的文字，例如查找"请假"，按Enter（回车）键确定查找，此时"导航"面板中会显示查找到的信息，Word以淡黄色显示查找到的文本，如图2-12所示。

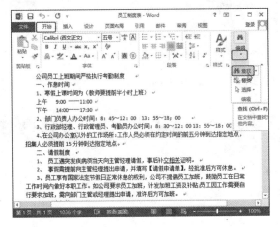
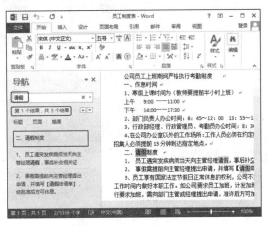

图2-11   图2-12

除了普通文本的查找还可以使用通配符查找，下面是通配符查找的操作。

01 在左侧查找"导航"窗格中单击文本框右侧的▼下拉按钮，在下拉菜单中选择"高级查找"命令，如图2-13所示。

02 弹出"查找和替换"对话框，选择"查找"选项卡，在"搜索选项"中勾选"使用通配符"复选项，在"查找"文本框中输入"查找内容"为【*】，单击"查找下一处"按钮，如图2-14所示。

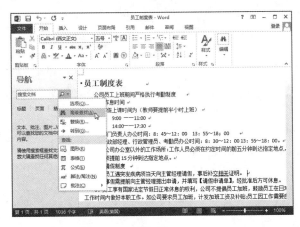

图2-13   图2-14

> 🔍 **提 示**
>
> 通过"查找和替换"对话框中的"查找"选项，可以查找"搜索"选项中的全部搜索类型，这里就不逐一介绍了。可在"查找"选项中选择查找的"格式"以及"特殊格式"，包括字体、段落、图文框语言、制表位、分页符等。

03 此时在文档中搜索到"请假申请单"字符，如图2-15所示。

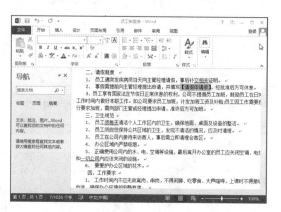

图2-15

提 示

常用通配符如下。

- 任意字符串——*，例如，"S*d"可以查找"Sad"和"Started"。
- 任意单个字符——? ，例如，"S?d"可以查找"Sat"和"Set"。
- 词的开头——<，例如，"(inter)>"查找"interesting"和"intercept"，但不查找"Splintered"。
- 词的结尾——>，例如，"(in)>"，可以查找"Within"，但不查找"intercept"。
- 字定符之——[ ]，例如，"w[io]n"查找"win"和"won"。
- 规定范围内的任意单个字——[-]，例如，"[r-t]ight"(必须用升序表示范围)可查找"right"和"sight"。
- 规定范围外的任意单个字符——[!x-z]，例如，"t[!a-m]ck"查找"tock"和"tuck"，但不查找"tack"和"tick"。
- 多个重复字符或表达式——{n}，例如，"fe{2}d"查找"feed"，但不查找"fed"。
- n个字符或表达式——{n,}，例如，"fe{1,}d"查找"fed"和"feed"。
- n到m个前一字符或表达式——{n,m}，例如，"10{1,3}"查找"10"、"100"和"1000"。
- 相同一个或多个字符或表达式——@，例如，"lo@t"查找"lot"和"loot"。

2. 文本的替换

01 在选项卡中依次选择"开始"｜"编辑"命令，在弹出的菜单中选择"替换"命令，如图2-16所示，或者按快捷键Ctrl+H。

02 在弹出的"查找和替换"对话框中输入"查找内容"为"员工"，"替换为"为"职工"，如图2-17所示。单击"全部替换"按钮，即可将文档中的"员工"全部替换为"职工"。

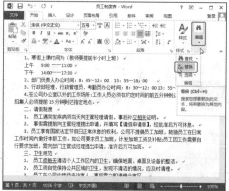

图2-16

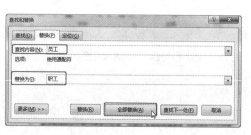

图2-17

2.2　批注修订培训方案

素材文件	素材\cha02\员工培训方案.docx	难易程度	★☆☆☆☆
视频文件	视频\cha02\2.2批注修订培训方案.avi		

下面介绍如何批注修订培训方案。

2.2.1　使用批注

在使用Word修改合同/待审批文档时，我们会给一些重要的地方加以批注，给予详细的说明，这样可以让读者更加清晰地明白其中的含义。下面通过一个员工培训方案文档介绍文档的批注修订，打开光盘中的"员工的培训方案.doc"文件，如图2-18所示。

图2-18

01 首先选择需要添加标注的词语或段落，如图2-19所示选择"认识不足"四个字，在选项卡中依次选择"插入" | "批注"命令，添加批注。

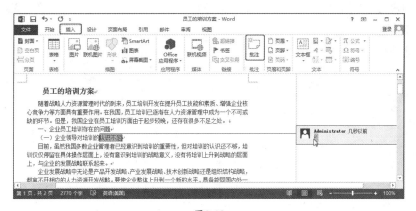

图2-19

02 在右侧的批注中输入修改的内容，如图2-20所示。

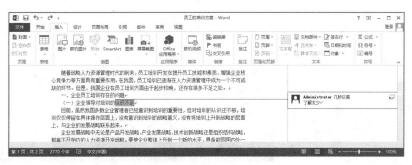

图2-20

添加标注后，可以对标注进行显示、隐藏等操作，首先是选择需要删除的批注，在选项卡中依次选择"审阅"｜"批注"命令，并从中选择"删除"和"显示批注"命令，即可删除或隐藏，再次单击"显示批注"命令可显示批注，如图2-21所示为隐藏的批注。

此外，"更改"选项卡中有"接受"和"拒绝"按钮，单击"接受"按钮文档中依然显示批注；单击"拒绝"按钮，可以删除批注，如图2-22所示为拒绝的批注。

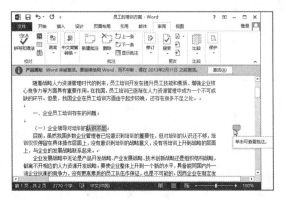

图2-21

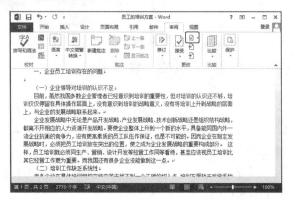

图2-22

2.2.2 修订文档

使用修订标记，即是对文档进行插入、删除、替换以及移动等编辑操作时，使用一种特殊的标记来记录所做的修改，以便于其他用户或者原作者知道文档所做的修改，这样作者还可以根据实际情况决定是否接受这些修订。

下面介绍如何对培训方案文档进行修订，其具体操作步骤如下。

01 在选项卡中依次选择"审阅"｜"修订"按钮，如图2-23所示。

图2-23

02 单击"修订"选项组右下角的 ⬚ （修订选项）按钮，在弹出的对话框中设置修订的选项，这里可以根据需要设置，设置后单击"确定"按钮，如图2-24所示。

03 对文档进行修订，如图2-25所示。

图2-24

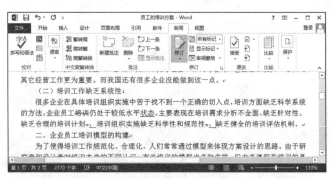

图2-25

在默认情况下，Word用单下划线标记添加的部分，用删除线标记删除的部分。用户也可以根据需要来自定义修订标记。如果是多位审阅者在审阅一篇文档时，更需要使用不同的标记颜色以互相区分，所以用户有时需要对修订标记进行设置，单击"修订"选项卡右下角的 ⬚（修订选项）按钮，从中单击"高级选项"按钮，弹出"高级修订选项"对话框，如图2-26所示，在其中可设置修订的标记。

图2-26

2.2.3 接受或拒绝修订

下面介绍文档进行了修订后，对修订的文档接受或拒绝的操作。

01 在修订的文档文本处单击，在选项卡中依次选择"审阅"｜"更改"命令，如图2-27所示，从中单击"接受"按钮，即可不显示标注，只显示修改后的文档。

02 在选项卡中依次选择"审阅"｜"更改"命令，从中单击"拒绝"按钮，即可将修改的文本删掉，只保留原始的文本文档。

图2-27

在接受和拒绝后，系统自动将光标显示到下一条修订上。

2.2.4 比较修订前后的文档

如果审阅者直接修改了文档，而没有让Word加上修订标记，此时可以用原来的文档对修改后的文档进行比较，以查看哪些地方进行了修改。

01 在选项卡中依次选择"审阅"｜"比较"命令，如图2-28所示。

02 单击"比较"下拉按钮，在弹出的菜单中选择"比较"命令，如图2-29所示。

图2-28

图2-29

03 在弹出的"比较文档"对话框中选择比较的文件，如图2-30所示。

04 如果Word发现两个文档有差异，Word会在原文档中做出修订标记，用户可以根据需要接受或拒绝这些修订。

图2-30

2.3 加密培训方案

素材文件	素材\cha02\员工培训方案.docx	难易程度	★☆☆☆☆
视频文件	视频\cha02\2.3加密培训方案.avi		

说起Word文档的安全性，人们想到的恐怕就是设置打开和修改权限密码。在实际的应用中，则需要更加周密的保护。例如禁止别人对原文档的格式进行修改、禁止编辑或修改Word原文档等，其实这些在Word 2013中可以很轻松地实现。

2.3.1 设置文档的编辑权限

确定"员工培训方案"文档处于打开状态，为该文档设置文档的访问权限操作如下。

01 在选项卡中依次选择"开始"｜"信息"命令，在右侧的命令面板中单击"保护文档"按钮，在弹出的菜单中选择"限制编辑"命令，如图2-31所示。

02 选择"限制编辑"命令后，在文档的右侧显示"限制编辑"面板，从中选择需要的选项即可，如图2-32所示。

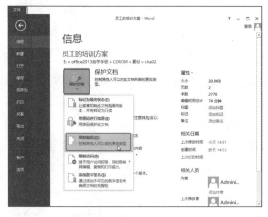

图2-31

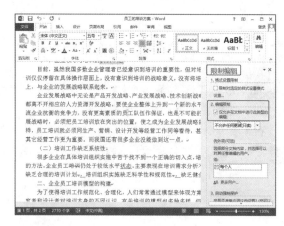

图2-32

2.3.2 设置文档加密

设置文档加密的操作步骤如下。

01 在选项卡中依次选择"开始"｜"信息"命令，在右侧的命令面板中单击"保护文档"按钮，在弹出的菜单中选择"用密码进行加密"命令，如图2-33所示。

02 弹出"加密文档"对话框，在其中设置密码，单击"确定"按钮即可创建密码，如图2-34所示。

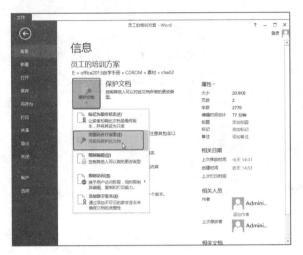

图2-33

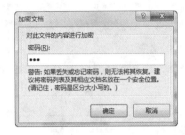

图2-34

03 保存加密的文档后，再次打开文档会出现提示输入"密码"对话框，输入设置的密码即可打开文档，如图2-35所示。

04 如果输入的密码不正确，会出现如图2-36所示的提示框，所以在设置密码之前一定要选择一个容易记住的密码。

图2-35

图2-36

2.4 综合应用1——编辑新年工作计划文档

素材文件	素材\cha02\新年工作计划.docx	效果文件	效果\cha02\新年工作计划.docx
视频文件	视频\cha02\2.4编辑新年工作计划文档.avi	难易程度	★☆☆☆☆

下面介绍编辑工作计划文档中的文本。

01 首先新建一个空白文档。

02 输入新年工作计划或直接打开光盘中的"素材\cha02\新年工作计划"文档，如图2-37所示。

03 按快捷键Ctrl+H，打开"查找和替换"对话框，在"查找内容"文本框中输入"2013"，在"替换为"文本框中输入"新"，单击"全部替换"按钮，如图2-38所示，即可将文档中的数字"2013"替换为"新"。

04 下面再将第一条和第二条互换。在第一条处使用鼠标左键连续三次单击，选择该段，如图2-39所示。

05 选择一段文本后，按住鼠标左键将其拖曳到第三条的最前端，如图2-40所示。

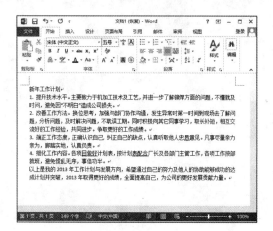

图2-37

图2-38

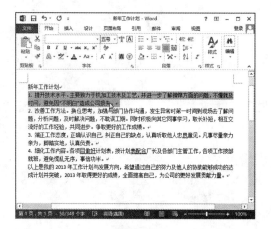

图2-39

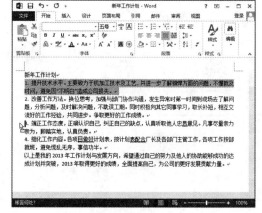

图2-40

06 松开鼠标，即可将段落放置到第三条的上方，如图2-41所示。

07 接下来将数字1改为2、数字2改为1。在文档中将鼠标左键放置到2的前方，按住并拖动鼠标到2的后方，选择该字，如图2-42所示。

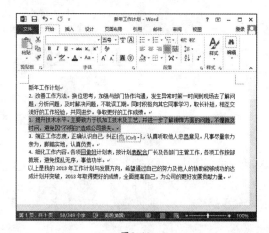

图2-41

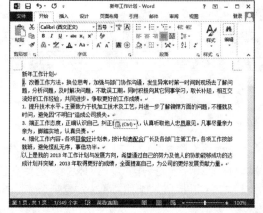

图2-42

08 选择数字2后，将其改为1，如图2-43所示。采用同样的方法更改另一个数字为2，如图2-44所示。

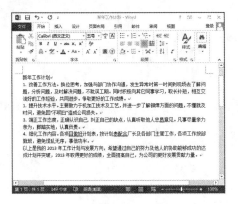
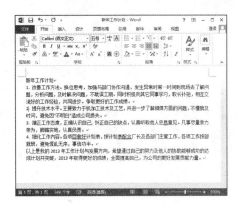

图2-43   图2-44

2.5   综合应用2——设置文档加密

素材文件	素材\cha02\新年工作计划.docx	难易程度	★☆☆☆☆
视频文件	视频\cha02\2.5设置文档加密.avi		

下面介绍将新年工作计划文档进行加密操作。

01 打开"新年工作计划"文档，在选项卡中依次选择"开始"｜"信息"命令，在右侧的命令面板中单击"保护文档"按钮，在弹出的菜单中选择"用密码进行加密"命令，如图2-45所示。

02 弹出"加密文档"对话框，在其中设置"密码"，单击"确定"按钮即可创建密码，如图2-46所示。

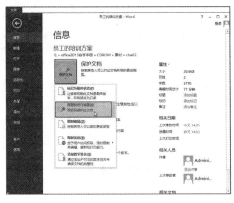

图2-45   图2-46

03 加密文件后保存文件，加密的文件即可生效，这里就不详细介绍了。

2.6   本章小结

本章介绍了文档的基本编辑方法，包括文本的选定、修改输入的文本、移动复制文本，撤销与恢复、查找与替换、批注、修订、加密等一些基础的文本操作和对文档的一些基本编辑方法。通过对本章的学习，读者可以掌握如何对文档进行基础的修改与编辑操作。

第3章 文档的排版

文档的排版是文档编辑处理中不可缺少的重要环节。无论是一篇文章、一份报告、一份合同、一份通知等，在排版格式上或多或少地都有一些要求，例如标题和正文的字体、段落的格式、纸张的大小等。文档在打印输出之前必须合理地编排文档格式，这样才能真正得到一份视觉效果不错的文字作品。

3.1 奖惩制度整体布局纸张

素材文件	素材\cha03\员工奖惩制作条例.docx	难易程度	★☆☆☆☆
视频文件	视频\cha03\3.1奖惩制度整体布局纸张.avi		

下面通过"员工奖惩制度条例"文档对页面布局进行详细的介绍，打开光盘中的"素材\cha03\员工奖惩制度条例"文件，如图3-1所示。

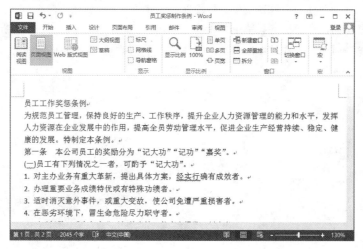

图3-1

3.1.1 设置纸张大小

使用Word编辑文档时，用户需要确定打印出的Word文档页面的大小，因此需要设置Word文档页面对应的纸张大小，Word 2013所使用的打印机驱动程序中提供了多种该打印机支持的纸张大小，用户可以在纸张列表中选择合适的纸张大小。下面介绍"员工奖惩制度条例"的纸张大小设置。

01 选择"页面布局"|"页面设置"选项卡，在其中单击"纸张大小"按钮，如图3-2所示。

02 在弹出的菜单中选择合适的纸张大小即可，如图3-3所示。

03 如果在菜单中没有合适的选项，选择"其他页面大小"命令，即可弹出"页面设置"对话框，从中设置一个合适的纸张大小即可，如图3-4所示。这里使用默认的A4纸即可。

图3-2

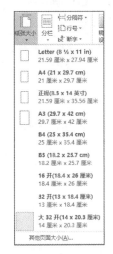

图3-3

图3-4

3.1.2 设置纸张方向

在Word 2013文档中，纸张方向包括"纵向"和"横向"两种方向。用户可以根据页面版式要求选择这时的纸张方向，具体操作步骤如下。

01 选择"页面布局"｜"页面设置"选项卡，在其中单击"纸张方向"按钮，弹出"纵向"和"横向"两种方向选项，如图3-5所示。

02 或者在"页面设置"对话框中选择"页边距"选项卡，从中选择页面纸张的方向，如图3-6所示。

图3-5

图3-6

> **提示**
>
> 在"页面设置"选项组中单击右下角的 （页面设置）按钮，即可打开"页面设置"对话框。

3.1.3 设置页边距

页边距是文本与页面之间的距离，下面介绍设置页边距操作。

01 选择"页面布局"｜"页面设置"选项卡，在其中单击"页边距"按钮，在弹出的菜单中选择合适的页边距，如图3-7所示，这里选择"窄"选项。

02 如果要精确设置边距的参数，在弹出的菜单中选择"自定义边距"命令，打开"页面设置"对话框，在其中可设置页边距的参数。

03 设置页边距的前后对比效果如图3-8所示。

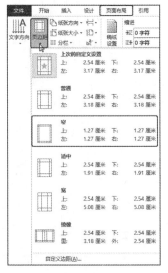

图3-7

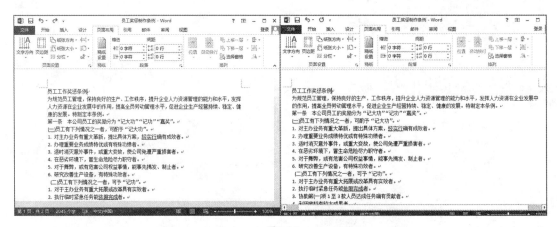

图3-8

3.1.4 设置页面背景

为了使Word文档更具表现力，用户可以根据需要设置其背景。Word页面背景设置可以表现为水印和页面颜色，值得注意的是页面颜色不会被打印出来。下面为员工奖惩制度条例设置页面背景。

当为页面设置水印时，其操作步骤如下。

01 选择"设计"｜"页面背景"选项卡，单击"水印"按钮，在弹出的菜单中选择"自定义水印"命令，如图3-9所示。

02 在弹出的"水印"对话框中选择"文字水印"单选按钮，输入"文字"，设置"字体"、"字号"选项，并设置"版式"为"斜式"，单击"确定"按钮，如图3-10所示。

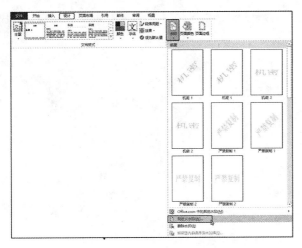

图3-9   图3-10

03 添加水印的效果如图3-11所示。

除此之外，还可通过"水印"对话框为背景设置背景图片，操作步骤如下。

01 在"水印"对话框中选择"图片水印"单选按钮，单击"选择图片"按钮，如图3-12所示。

图3-11   图3-12

02 在弹出的"插入图片"对话框中单击"来自文件"选项，如图3-13所示。

03 弹出"插入图片"对话框，选择对应的图像，单击"插入"按钮即可，如图3-14所示。

图3-13   图3-14

04 单击"插入"按钮后返回到"水印"对话框，设置"缩放"为150%，取消"冲蚀"复选框的勾选，如图3-15所示。

05 设置的背景效果如图3-16所示。

图3-15

图3-16

提 示

选择"设计"｜"页面背景"选项卡，单击"页面颜色"按钮，在弹出的菜单中可以设置文档的颜色，读者可依次尝试菜单中的各项，这里就不详细介绍了。

3.1.5 设置页面边框

用户在使用Word编辑文档时，常常需要在页面周围添加边框，从而使Word文档更加美观，在本节中将介绍如何设置奖惩制度文档的边框和底纹，操作步骤如下。

01 确定打开需要设置文档边框和底纹的文档。

02 单击"设计"｜"页面背景"选项卡中的"页面边框"按钮，弹出"边框和底纹"对话框，如图3-17所示。

03 在"设置"列表框中选择类型为"阴影"，并在"样式"列表框中选择一种合适的样式，并选择一种合适的"颜色"和"宽度"，单击"确定"按钮，如图3-18所示。

图3-17

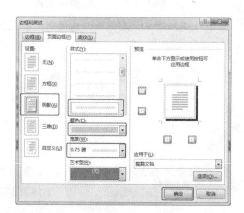

图3-18

04 此时设置的边框效果如图3-19所示。

05 还可设置艺术边框，采用同样的方法打开"边框和底纹"对话框，并在"艺术型"下拉列表中选择一个艺术类型的边框，单击"确定"按钮，如图3-20所示。

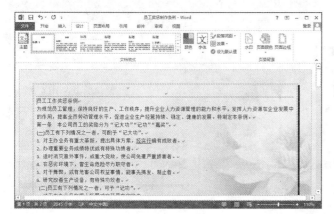

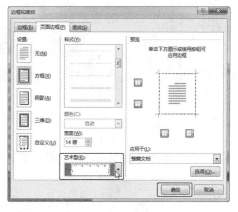

图3-19 图3-20

06 设置的艺术边框效果如图3-21所示。

提 示

在"边框和底纹"对话框的右侧"预览"窗口中单击□按钮，隐藏或显示顶部的边框；单击□按钮，隐藏或显示底部的边框；单击□按钮，隐藏或显示右侧的边框；单击□按钮，隐藏或显示左侧的边框。

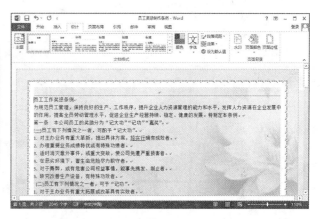

图3-21

3.2 设置奖惩制度文本格式

视频文件	视频\cha03\3.2设置奖惩制度文本格式.avi
难易程度	★☆☆☆☆

文本格式的设置主要包括字体、字号、颜色、字符间距、加粗、倾斜、方向等，通过对文本格式的设置可以使编排达到理想的效果。

3.2.1 设置字体大小

设置字体大小的方法有以下三种。

方法一：通过选择"开始" | "字体"选项卡中的 五号·字号可设置字体的大小。

01 在奖惩制度文档中选择"员工工作奖惩条例"文本，如图3-22所示。

02 单击"开始"｜"字体"选项卡中的 五号 字号设置下拉按钮,在弹出的下拉列表中选择"三号"字体,如图3-23所示。

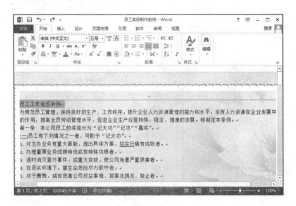

图3-22

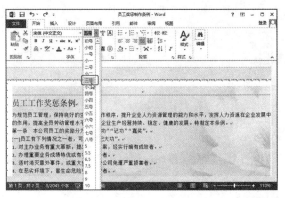

图3-23

> **提 示**
>
> 除了可以在字号下拉列表中选择字号和字体大小数字外,还可以在字号文本框中输入自己需要的字体大小。

方法二:使用鼠标滑选出文本后,将鼠标停留在选择的文本上,弹出相应的文本格式设置工具栏,如图3-24所示。

方法三:选择文本后右击鼠标,在弹出的快捷菜单中选择"字体"命令,如图3-25所示。在弹出的"字体"对话框中有相应的字体大小设置区,如图3-26所示。

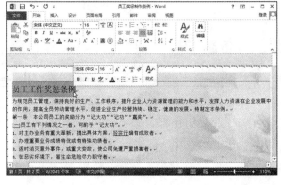

图3-24

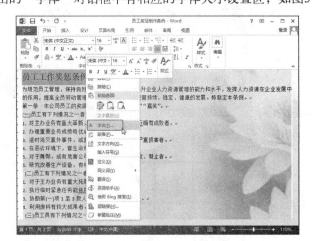

图3-25

图3-26

3.2.2 选择字体

选择字体与设置字体大小方法基本相同,同样也有三种方法,这里介绍如何在选项卡中设置字体。

01 在文档中选择"员工工作奖惩条例"文本，选择"开始"｜"字体"选项卡，在字体框后单击下拉按钮，从下拉列表中选择"华文行楷"，或者可以根据情况选择字体，如图3-27所示。

02 设置字体的效果如图3-28所示。

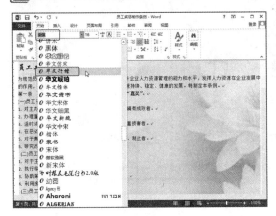

图3-27

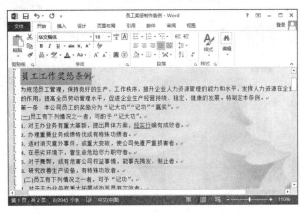

图3-28

3.2.3 设置字体颜色

设置字体颜色的方法与选择字体、字号的设置方法相同，这里介绍在"开始"｜"字体"选项卡中进行设置。

同样还是选择"员工工作奖惩条例"文本，在"开始"｜"字体"选项卡中单击 ▲▾（字体颜色）按钮，默认的颜色为红色，单击下拉按钮，在弹出的拾色器中选择合适的颜色，如图3-29所示。

如果在弹出的拾色器中没有需要的颜色，可以选择"其他颜色"命令，然后在弹出的"颜色"对话框中设置自定义颜色，如图3-30所示。

除了上面的两种设置效果外，单击 ▲▾（字体颜色）下拉按钮，在弹出的菜单中选择"渐变"｜"其他渐变"命令，如图3-31所示。

在文档的右侧出现设置文本效果窗口，从中选择"渐变填充"单选按钮，选择一个合适的"预设渐变"，在"渐变光圈"中单击色标，设置渐变颜色即可，如图3-32所示。

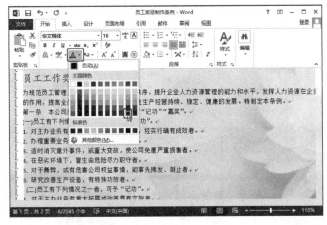

图3-29

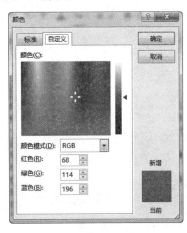

图3-30

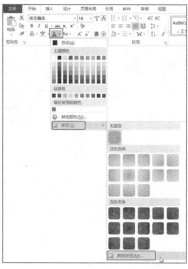

图3-31

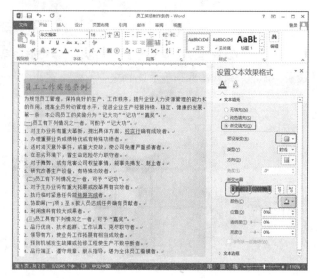

图3-32

3.2.4 设置字符间距

字符间距决定行内文字之间的距离。下面介绍字符间距的设置,操作步骤如下。

01 在文档中选择"员工工作奖惩条例"文本。

02 在"开始"|"字体"选项卡中单击右下角的 (字体)按钮,弹出"字体"对话框,然后选择"高级"选项卡,如图3-33所示。

在"高级"选项卡中可以看到间距的三个选项"标准"、"加宽"和"紧缩",如图3-34所示。选择合适的即可;或者在间距的后面设置"磅值"参数,正数为加宽的磅值;负数则是紧缩的磅值。

03 设置"间距"为"加宽",在"预览"窗口中预览设置的字符间距,如图3-35所示。

图3-33   图3-34   图3-35

提示

在"字体"对话框的"高级"选项卡中可以调试其他参数,在"预览"窗口中预览设置的参数效果,这里就不详细介绍了。

3.2.5 设置字符加粗

设置字符加粗的方法有以下4种。

方法一：在"开始"｜"字体"选项卡中单击 **B**（加粗）按钮。

方法二：选择需要加粗的文字，在弹出的字体工具栏中单击 **B**（加粗）按钮，如图3-36所示。

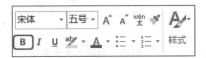

图3-36

方法三：选择字体后，右击鼠标，在弹出的快捷菜单中选择"字体"命令，并在弹出的"字体"对话框中选择"加粗"选项，如图3-37所示。

方法四：按快捷键Ctrl+B，加粗选择的文字，再次按快捷键Ctrl+B取消加粗。

使用上述任意方法都可以设置字体的加粗效果，如图3-38所示为将奖惩的重要条例和标题进行加粗的效果。

图3-37

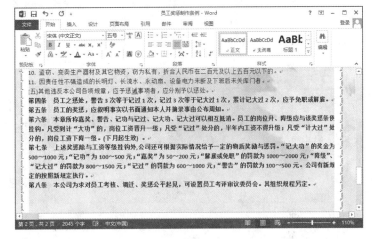

图3-38

3.2.6 设置字符倾斜

设置字符倾斜与加粗的方法基本相同，可以参照字符加粗的方法，单击 **I**（倾斜）按钮或选择"倾斜"命令，字符倾斜的快捷键为Ctrl+I。

在奖惩制度条例中设置细分的小条例为倾斜，如图3-39所示。

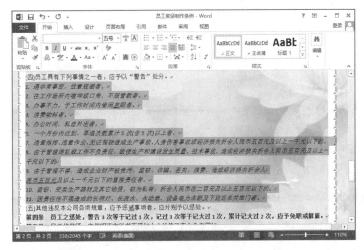

图3-39

3.3 编辑奖惩制度段落格式

效果文件	效果\cha03\员工奖惩制作条例.docx	难易程度	★☆☆☆☆
视频文件	视频\cha03\3.3编辑奖惩制度段落格式.avi		

凡是以段落标记 ↵ 结束的一段内容都称之为一个段落，按Enter键产生一个新段落；按Shift+Enter键强行换行，但不产生新的段落。

本节介绍编辑奖惩制度段落的格式，其中包括常用的段落对齐、缩进、间距、行间距、项目符号和编号等格式。

设置段落格式的方法有如下两种。

方法一：选择"开始"｜"段落"选项卡中的选项段落的格式。

方法二：选择段落并右击鼠标，在弹出的快捷菜单中选择"段落"命令，弹出"段落"对话框，从中设置相应的段落格式。

3.3.1 设置段落对齐方式

段落对齐方式应用范围为段落，对齐段落的操作步骤如下。

01 在奖惩制度中选择"员工工作奖惩条例"这一个段落，将光标放置在该段落中即可，如图3-40所示。

02 单击"开始"｜"段落"选项卡中的 ≡（居中对齐）按钮，如图3-41所示。

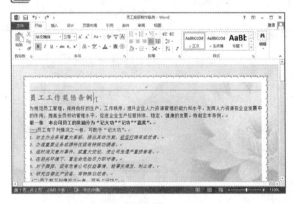
图3-40

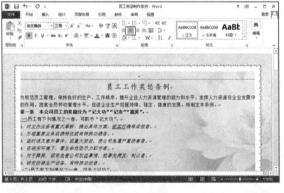
图3-41

03 选择标题下面的段落，将其设置为 ≡（左对齐）。

段落的对齐方式分别为 ≡ ≡ ≡ ≡ 左对齐、居中对齐、右对齐、两端对齐和分散对齐，可以根据情况设置对齐方式。

3.3.2 设置段落缩进方式

设置段落缩进的方法有两种。

方法一：选择"开始"｜"段落"选项卡，从中单击 ≡ ≡ 增加缩进量和减少缩进量按钮。

💠 **提 示**

⤴ ⤴ 按钮增加缩进和减少缩进是指内侧（左侧）的缩进量和减少缩进量。

方法二：将光标放置到需要设置缩进的段落，右击鼠标，在弹出的"段落"对话框中选择"缩进和间距"选项卡，在"缩进"选项组中设置缩进参数，如图3-42所示。

01 选择奖惩制度中的正文内容，右击鼠标，在弹出的快捷菜单中选择"段落"命令，并在弹出的"段落"对话框中选择"缩进和间距"选项卡，在"缩进"选项栏中选择"特殊格式"为"首行缩进"，设置"缩进值"为2字符，如图3-43所示，单击"确定"按钮。

02 设置的首行缩进效果如图3-44所示。

图3-42

图3-43

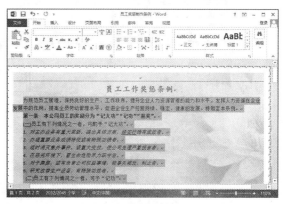

图3-44

03 确定正文内容处于选择状态，打开"段落"对话框，在"缩进"选项组中设置"内侧"和"外侧"的缩进参数为3字符，如图3-45所示，单击"确定"按钮。

04 设置的缩进效果如图3-46所示。

图3-45

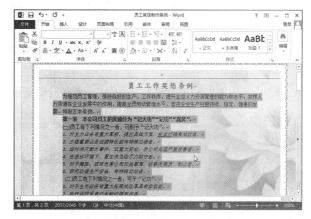

图3-46

🔲 3.3.3　设置段落间距

通过设置段落的间距可增加或减少段落之间的距离，操作步骤如下。

01 在文档中选择第一段文本，选择"开始"｜"段落"选项卡，单击⤴（行和段落间距）按钮，在弹出的菜单中选择合适的段落间距，如图3-47所示，或选择"增加段前间距"和"增加段后间距"命令；若在段前段后间距后，该菜单中的命令更换为"删除段前间距"、"删除段后间距"，如图3-48所示。行和段落间距菜单中的数字为设置每行之间的参数。

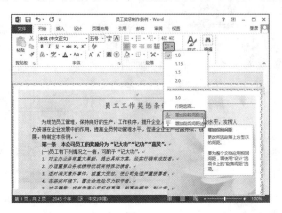

图3-47   图3-48

02 单击 ≡ （行和段落间距）按钮，在弹出的菜单中选择"行距选项"命令，弹出"段落"对话框，选择"缩进和间距"选项卡，从中设置"间距"选项组中的"段前"、"段后"均为6磅，设置每段的段前和段后间距，如图3-49所示，设置的效果如图3-50所示。

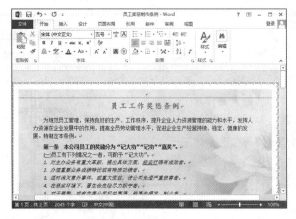

图3-49   图3-50

03 接着再设置"行距"为"多倍行距"，设置数值为1.5，如图3-51所示，设置行距的效果如图3-52所示。

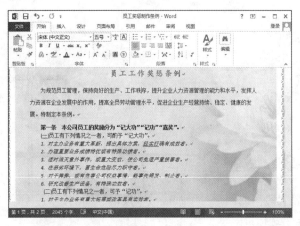

图3-51   图3-52

3.3.4 添加项目符号与编号

Word的编号功能是很强大的，可以轻松地设置多种格式的编号以及多级编号等。一般在一些列举条件的地方会采用项目符号来进行，本节中将主要介绍项目符号与编号的使用方法。

01 在文档中将光标放置到"奖励条例"的"（一）"中，单击"开始"｜"段落"选项卡中的 ≔·（项目符号）按钮，在弹出的菜单中选择一个项目符号，如图3-53所示。

如果该菜单中没有想要的项目符号，可以选择"定义新项目符号"命令，在弹出的对话框中选择需要的项目符号，如图3-54所示。

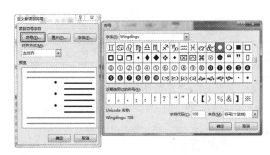

图3-53   图3-54

02 单击"开始"｜"剪贴板"中的 ❖（格式刷）按钮，将同等层级的条例单击刷为项目符号的格式，如图3-55所示。

03 框选详细列出的条例，单击"开始"｜"段落"选项卡中的 ≔·（编号）按钮，在弹出的菜单中选择合适的编号，如图3-56所示。

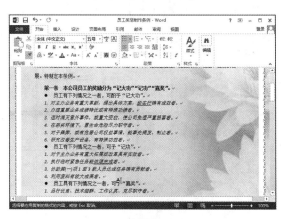
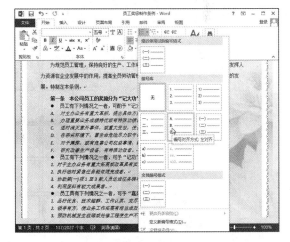

图3-55   图3-56

04 采用同样的方法设置条例的编号，这里就不详细介绍了，如图3-57所示。

> 💠 **提 示**
>
> 如果在编号列表中没有合适的编号格式，可以在菜单中选择"定义新编号格式"命令，然后在弹出的对话框中选择设置编号格式，如图3-58所示。

图3-57

图3-58

3.3.5 应用首字下沉

首字下沉是指将Word文档中段首的一个文字放大，并进行下沉的设置，以突显段落或整篇文档的开始位置。下面以编辑奖惩制度为例，为其设置首字下沉效果，在Word 2013中设置首字下沉的操作步骤如下。

01 在打开的奖惩制度中选择首字"为"，如图3-59所示。

02 选择"插入"｜"文本"选项卡，在其中单击 首字下沉 下拉按钮，弹出相应的菜单，如图3-60所示。

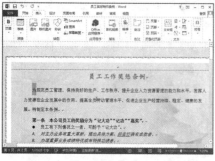

图3-59

图3-60

03 在弹出的菜单中选择相应的"下沉"或"悬挂"命令，如果需要设置下沉文字的字体或下沉的行数等选项，可以在菜单中选择"首字下沉选项"命令，打开"首字下沉"对话框，从中设置首字的下沉或悬挂参数，如图3-61所示。

04 设置的首字下沉效果如图3-62所示。

图3-61

图3-62

◻3.3.6 分栏排版

在Word软件中分栏是常用的排版命令，下面介绍为奖惩制度设置分栏排版，操作步骤如下。

01 首先选择需要分栏的文字部分，如图3-63所示。

02 选择"页面布局"｜"页面设置"选项卡，在其中单击 ▤ 分栏 按钮，在弹出的菜单中选择合适的分栏数，如图3-64所示。

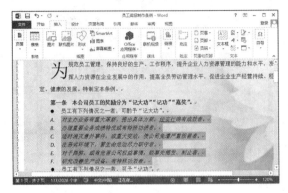

图3-63

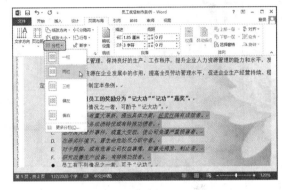

图3-64

03 这里选择"更多分栏"命令，在弹出的对话框中设置合适的"栏数"，勾选"分隔线"复选框，在其中还可以设置栏宽和间距，如图3-65所示。

04 设置分栏的效果如图3-66所示。

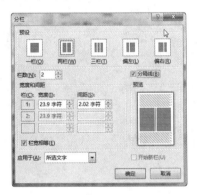

图3-65

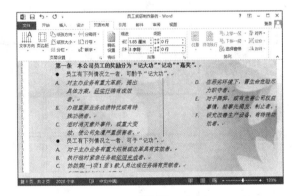

图3-66

3.4 综合应用1——会议通知书

素材文件	素材\cha03\会议通知书.docx	效果文件	效果\cha03\会议通知书.docx
视频文件	视频\cha03\3.4会议通知书.avi	难易程度	★☆☆☆☆

下面介绍制作会议通知书版式，操作步骤如下。

01 首先新建一个空白文档。

02 输入会议通知书内容，或直接打开光盘中的"素材\cha03\会议通知书"文档，如图3-67所示。

03 在文档中选择标题段落，并在"开始"｜"字体"选项卡中设置字体为"楷体"，字体大小为"二号"，设置字体的"加粗"，并选择"段落"选项卡中的"居中"按钮，如图3-68所示。

图3-67

图3-68

04 选择第二段标题，并设置字体为"宋体"、字号为"小三"；在"段落"选项卡中单击"居中"按钮，如图3-69所示。

05 选择第三段标题，设置字体为"新宋体"、字号为"小四"；在"段落"选项卡中单击"居中"按钮，如图3-70所示。

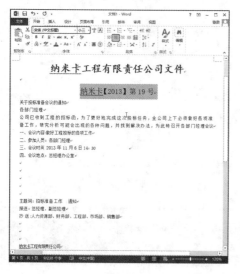

图3-69

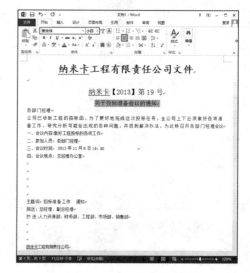

图3-70

06 选择如图3-71所示的两段文本，并按快捷键Ctrl+B，设置文本的加粗效果。

07 选择"会议内容"部分的内容分类，单击"段落"选项组右下角的 ▣ （段落设置）按钮，在弹出的对话框中设置"缩进"选项组中的"特殊格式"为"首行缩进"，并设置"缩进值"为"2字符"，如图3-72所示。

08 设置的正文段落缩进效果如图3-73所示。

09 选择如图3-74所示的文本段落，并按快捷键Ctrl+B，将文本加粗。

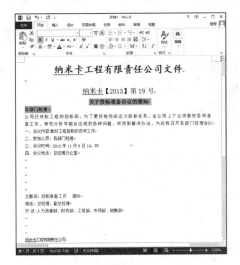

图3-71

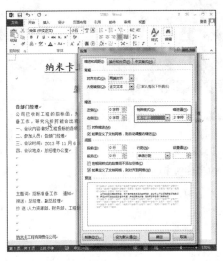

图3-72

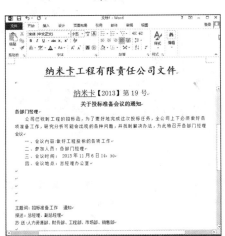

图3-73

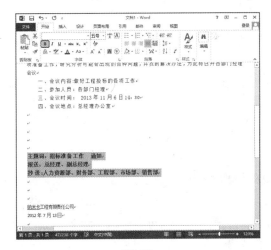

图3-74

10 选择底部的两行落款文本段落，并将其设置为"右对齐"，如图3-75所示。

11 选择"页面布局"｜"页面设置"选项卡，并单击"纸张方向"按钮，在弹出的菜单中选择"横向"，设置纸张方向为横向，如图3-76所示。

图3-75

图3-76

3.5 综合应用2——辞职信

素材文件	素材\cha03\辞职信.docx	效果文件	效果\cha03\辞职信.docx
视频文件	视频\cha03\3.5辞职信.avi	难易程度	★☆☆☆☆

下面介绍设置辞职信的版式，操作步骤如下。

01 新建空白文档，输入辞职信内容，或打开光盘中的"素材\cha02\辞职信"文档，如图3-77所示。

02 在文档中选择"辞职信"标题文字，在"开始"｜"字体"选项卡中设置字体为"楷体"，设置字号为"小二"，单击"段落"选项卡中的"居中对齐"按钮，如图3-78所示。

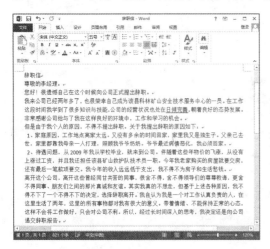

图3-77

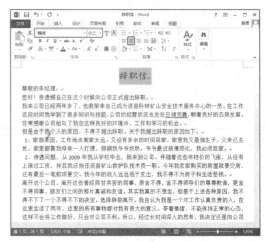

图3-78

03 选择除标题外的正文内容，单击"段落"选项组右下角的 ▣（段落设置）按钮，在弹出的对话框中设置"缩进"选项组中的"特殊格式"为"首行缩进"，并设置"缩进值"为"2字符"，如图3-79所示。

04 设置首行缩进的正文效果如图3-80所示。

图3-79

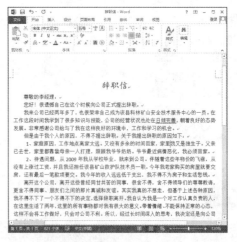

图3-80

05 选择"敬礼"段落文本，单击"段落"选项卡中的 ▤（增加缩进量）按钮，如图3-81所示。

06 选择辞职落款日期，单击"段落"选项组中的"右对齐"按钮，如图3-82所示。

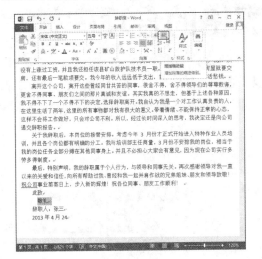
图3-81

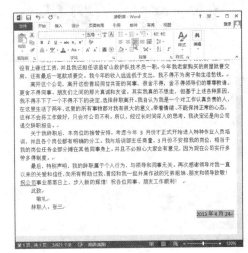
图3-82

07 选择"设计"｜"页面背景"选项卡，并单击"水印"按钮，在弹出的菜单中选择"自定义水印"命令，弹出"水印"对话框，从中设置水印即可，如图3-83所示。

08 设置水印后的效果如图3-84所示。

图3-83

图3-84

3.6 本章小结

　　本章介绍了文档的排版，其中包括对页面整体的布局，如纸张大小、方向、边距、背景、边框等；文本的格式如字体大小、字体颜色、间距、加粗、倾斜等；段落的格式如对齐方式、缩进方式、段落间距、项目符号、编号、首字下沉、分栏排版等。

　　通过对本章的学习，读者可以对基本的页面布局、字体格式设置和段落的格式设置有一个初步的了解，并能够独立完成基本的公司文档的编排工作。

第4章　图片、表格的合理安排

为了使Word文档更加美观，可以为其插入图片、图形、艺术字等，并对它们进行调整。表格则是一种简明扼要的表达方式，SmartArt图形用来更直观地表现信息内容和流程。本章将为大家介绍图片、表格的使用方法。

4.1　制作婚礼签到台卡

素材文件	素材\cha04\玫瑰.jpg	效果文件	效果\cha04\婚礼签到台卡.docx
视频文件	视频\cha04\4.1婚礼签到台卡.avi	难易程度	★★☆☆☆

在本节中将介绍如何插入和处理图片，如何设置图片的环绕方式，以及艺术字、文本框等的使用方法。

4.1.1　插入图片

首先介绍如何插入图片，操作步骤如下。

01 新建空白文档，设置纸张方向为"横向"，并设置纸张大小为30cm×15cm。

02 单击"插入"|"插图"选项卡中的 (图片)按钮，弹出"插入图片"对话框，在光盘中选择所需要插入的"素材\cha04\玫瑰.jpg"图像，如图4-1所示，单击"插入"按钮即可。

03 插入的图像如图4-2所示。

图4-1　　　　　　　　　　　　　　　图4-2

4.1.2　调整图片的大小和位置

插入图像后，下面接着介绍如何调整其位置，操作步骤如下。

01 双击插入的图片，显示"格式"选项卡，在"大小"选项组中设置📐（形状高度）为15厘米、📏（形状宽度）为30厘米，如图4-3所示。

02 在"排列"选项组中单击🔲（位置）按钮，然后在弹出的菜单中单击"中间居中"图标，如图4-4所示。

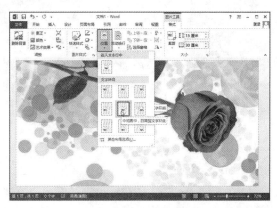

图4-3   图4-4

> **⊕ 提示**
>
> 在"格式"|"排列"选项卡中有两个重要的命令，即"上移一层"和"下移一层"，如果两个图片或者是文本框相重叠，这两个命令可以调整需要作为底层的下移，需要在上方显示的图片或文本上移一层，使其排列有序。

03 如果"位置"菜单中没有需要设置的图像位置选项，可以选择"其他布局选项"命令，弹出"布局"对话框，如图4-5所示。其中包括了三个选项卡，即"位置"、"文字环绕"和"大小"，从中也可以设置图片的位置和大小，这里选择"环绕方式"为"衬于文字下方"。

> **⊕ 提示**
>
> "衬于文字下方"选项可以使文字和图片同时并存时，图片位于文字的下方，相当于背景。

图4-5

🔲4.1.3　简单处理图片

插入图片后，Word中还有对图片进行处理的多种选项，如图4-6所示为"格式"选项卡中的"调整"、"图片样式"等。

图4-6

01 双击图片后，在显示的"格式"|"调整"选项卡中单击"更正"按钮，在弹出的菜单中选择"锐化和柔化"和"亮度/对比度"效果，如图4-7所示。

02 设置更正后，单击"颜色"按钮，在弹出的菜单中选择合适的"颜色饱和度"、"色调"等，如果没有合适的选项，可选择"图片颜色选项"命令，如图4-8所示。

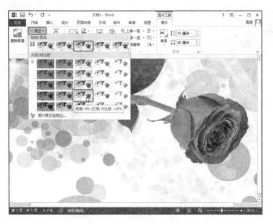
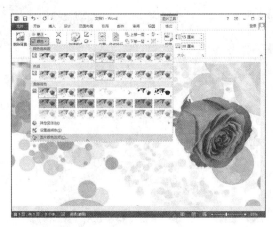

图4-7   图4-8

03 选择"图片颜色选项"命令后，在文档窗口的右侧显示"设置图片格式"窗格，从中设置图片的颜色，如图4-9所示，设置完成后可以关闭该窗口。

04 设置"颜色"后，单击"艺术效果"按钮，在弹出的对话框中选择合适的图案叠加效果，如图4-10所示。

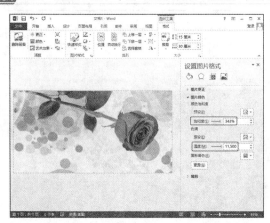
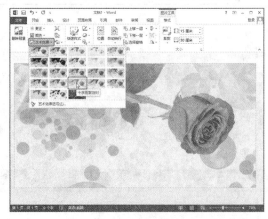

图4-9   图4-10

05 如果没有合适的艺术效果，可以在弹出的菜单中选择艺术效果选项，同样在文档窗口的右侧显示"设置图片格式"窗格，如图4-11所示。

> **提 示**
>
> 　　该"设置图片格式"窗格可以设置图片的多重参数效果，用户可以根据情况自己调试一种合适的效果，这里就不详细介绍了。

06 在"格式"|"图片样式"选项卡中单击"快速样式"按钮，在弹出的菜单中选择一种合适的样式，如图4-12所示。

> **提 示**
>
> 　　除"快速样式"菜单中的样式外，还可以通过 ☑ ▾（图片边框）和 ◱ ▾（图片效果）设置图样的样式。

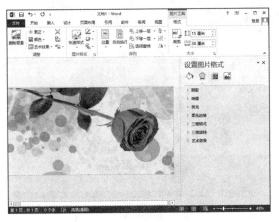

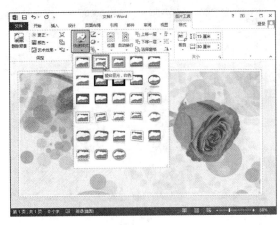

图4-11

图4-12

4.1.4 插入艺术字

下面介绍在婚礼签到台卡中插入艺术字，操作步骤如下。

01 选择"插入"|"文本"选项卡，从中单击 4、（插入艺术字）按钮，在弹出的菜单中选择一种艺术字格式，如图4-13所示。

02 单击一种艺术字格式后，在文档中出现艺术字文本框，如图4-14所示。

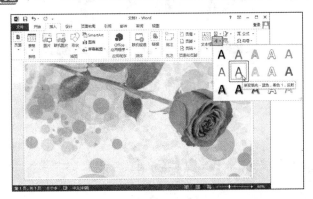

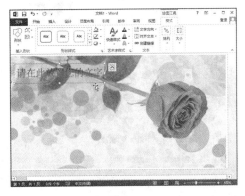

图4-13

图4-14

> **提 示**
>
> 当光标呈现 形状时，按住鼠标左键移动该文本框，文本框上显示8个白色控制点，拖动控制点可以缩放文本；当光标放置到文本框中间向上的位置时呈现 形状，此时可以对该文本框进行旋转。

03 在文本框中更改输入文本"签到台"，调整艺术字的位置，并在"开始"|"字体"选项卡中设置字体和大小，如图4-15所示。

04 选择"格式"|"艺术字样式"选项卡，单击 ▲、（文本填充）按钮，在弹出的菜单中选择合适的颜色，这里选择"其他填充颜色"命令，如图4-16所示。

05 在弹出的"颜色"对话框中选择一种填充颜色，单击"确定"按钮，如图4-17所示。

06 选择"格式"|"艺术字样式"选项卡，单击 ▲、（文字效果）按钮，从中设置合适的文字效果即可，如图4-18所示。

Office 2013 办公应用 从新手到高手 :::::::

图4-15

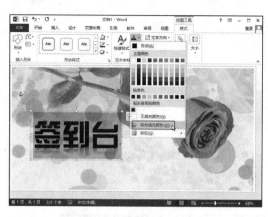

图4-16

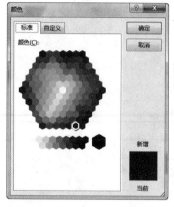

图4-17

图4-18

4.1.5 设置文本框

下面介绍如何插入并设置文本框，操作步骤如下。

01 选择"插入"|"文本"选项卡，单击"文本框"按钮，在弹出的菜单中选择"简单文本框"命令，插入文本框，如图4-19所示。

02 在插入的文本框中输入文本，设置"字体"和"段落"，这里就不详细介绍了，如图4-20所示。

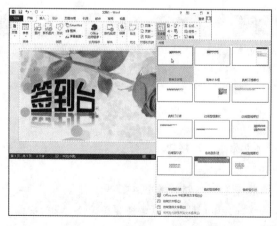

图4-19

图4-20

03 切换到"格式"|"形状样式"选项卡，单击 （形状填充）按钮，在弹出的菜单中选择"无填充颜色"命令，如图4-21所示。

04 单击 （形状轮廓）按钮，在弹出的菜单中选择"无轮廓"命令，如图4-22所示。

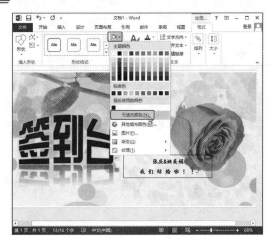 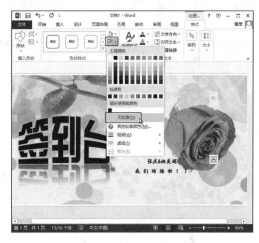

图4-21　　　　　　　　　　　图4-22

05 在"格式"|"艺术字样式"选项卡中单击 （文字效果）按钮，在弹出的菜单中选择合适的文字效果，如图4-23所示。

图4-23

4.2　绘制公司结构分布图

效果文件	效果\cha04\公司结构分布图.docx	难易程度	★★☆☆☆
视频文件	视频\cha04\4.2公司结构分布图.avi		

　　Word的自选图形库中内置有多种多边形，例如三角形、长方形、星形等。本节介绍使用修改形状绘制公司结构分布图。

4.2.1　绘制形状

首先介绍如何绘制形状，操作步骤如下。

01 新建一个空白文档，设置纸张方向为"横向"。

02 在"插入"｜"插图"选项卡中单击 （形状）按钮，在弹出的菜单中选择"圆角矩形"，如图4-24所示。

03 在文档中绘制圆角矩形，如图4-25所示。

图4-24

图4-25

04 在"插入"｜"插图"选项卡中单击 （形状）按钮，在弹出的菜单中选择"箭头"，如图4-26所示。

05 在文档中绘制箭头，如图4-27所示。

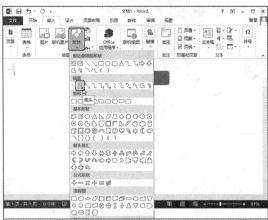
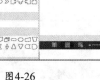

图4-26

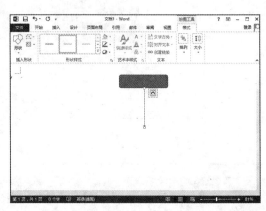

图4-27

4.2.2 设置形状格式

　　绘制一个圆角矩形和一个箭头后，下面将以这两个形状为例介绍如何设置形状，操作步骤如下。

01 这里需要一个没有填充、黑边的圆角矩形。选中矩形，选择"格式"｜"形状样式"选项卡，从中选择形状样式为黑色边框无填充的样式，如图4-28所示。

02 单击 （形状轮廓）按钮，在弹出的菜单中选择"粗细"｜"2.25磅"线条，如图4-29所示。

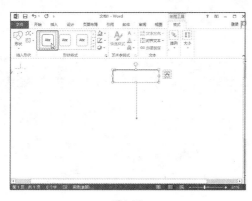

图4-28

图4-29

03 选中箭头，选择"格式"|"形状样式"选项卡，从中选择形状样式为黑色，如图4-30所示。

04 单击 ☑（形状轮廓）按钮，在弹出的菜单中选择"粗细"|"2.25磅"线条，如图4-31所示。

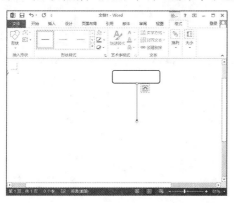

图4-30

图4-31

05 在文档中选择圆角矩形，按住Ctrl键，鼠标移动即可对形状进行复制，复制出形状后，选择形状，通过调整形状周围出现的控制手柄，可以调整形状，如图4-32所示。

06 采用同样的方法绘制直线和箭头，并复制直线和箭头，如图4-33所示。

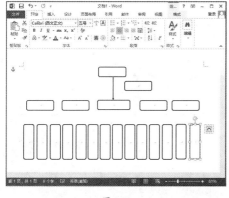

图4-32

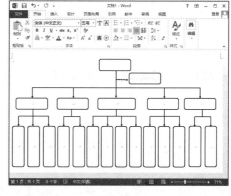

图4-33

> **提 示**
>
> 　　调整图形的形状一种方法是通过调整控制点来进行，另一种方法是通过"格式"|"大小"选项卡，设置宽度和高度的参数完成形状的精确调整。

4.2.3　排列与组合形状

下面介绍如何排列与组合形状，操作步骤如下。

01 在文档中按住Shift键，一次选择所有的形状，在"格式"|"排列"选项卡下，选择"组合"|"组合"命令，将所选的形状组合在一起，如图4-34所示。

02 组合形状后可以一次选择形状，并对其进行调整，如图4-35所示。

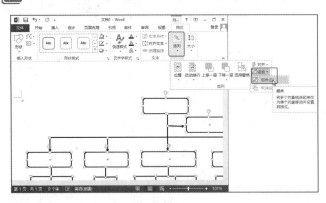

图4-34　　　　　　　　　　图4-35

03 即使组合形状，还可以单独选择形状，在圆角矩形中输入文字，并设置文字的字体和大小，如图4-36所示，根据情况调整形状。

04 选择组合的形状，可以为其设置效果，如图4-37所示。

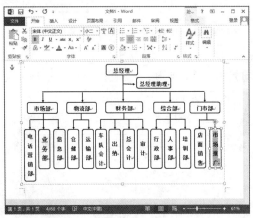
图4-36

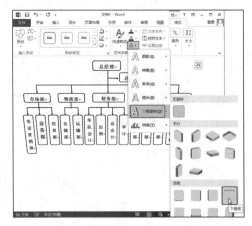
图4-37

05 组合后的好处就是可以对所有的形状设置统一的效果，这里可以根据自己的喜好设置效果，如图4-38所示。

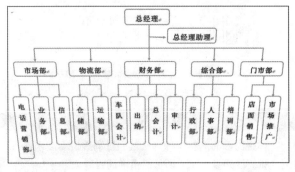
图4-38

4.3 使用SmartArt图形绘制考勤流程图

效果文件	效果\cha04\考勤流程图.docx	难易程度	★★☆☆☆
视频文件	视频\cha04\4.3考勤流程图.avi		

　　SmartArt工具可以制作出精美的文档，SmartArt图形主要用于演示流程图、层次结果图、循环或关系。SmartArt图形包括水平列表、垂直列表、组织结构图、射线图和维恩图。

4.3.1　插入SmartArt图形

　　下面介绍如何使用SmartArt图形绘制考勤流程图，插入SmartArt图形的操作步骤如下。

01 选择"插入"|"插图"选项卡，单击 （SmartArt）按钮，弹出"选择SmartArt图形"对话框，如图4-39所示。

02 在左侧的列表中选择"流程"，并在图形窗口中选择合适的流程图，如图4-40所示，单击"确定"按钮。

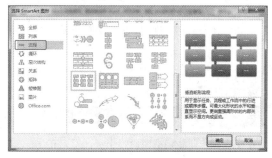

图4-39　　　　　　　　　　　　　　　　　　图4-40

03 插入SmartArt图形后，弹出"在此处键入文字"框，在其中依次输入流程文本，如图4-41所示。

04 输入文本后的流程图，如图4-42所示。

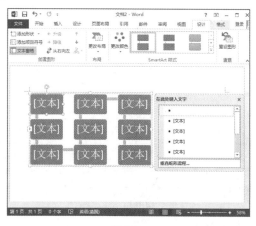

图4-41　　　　　　　　　　　　　　　　　　图4-42

05 如果SMARTART图形不够用可以选择绘制的SMARTART流程图，在"SMARTART工具设计"|"创建图形"选项卡中单击 ⬚（添加形状）按钮，在弹出的菜单中选择"在后面添加形状"命令，再次添加三个形状，如图4-43所示。

06 再次输入流程文本，如图4-44所示。

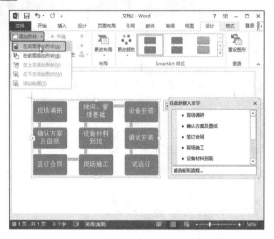

图4-43

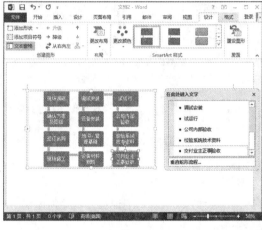

图4-44

📄 4.3.2 更改图形布局和样式

SmartArt图形创建后不是一成不变的，还可以对SmartArt图形进行修改，更改图形布局和样式的操作如下。

01 在文档中选择SmartArt图形，在"SMARTART工具设计"|"布局"选项卡的弹出菜单中选择合适的布局，如图4-45所示。

> **📷 提 示**
>
> 由于在制作时我们把窗口缩小了，所以布局的样式会呈现为"更改布局"按钮，正常情况下该选项卡如图4-46所示。

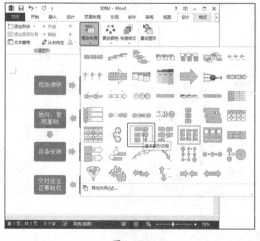

图4-45

图4-46

02 更改样式后的效果如图4-47所示。

03 单击"更改颜色"按钮，在弹出的菜单中选择合适的颜色，如图4-48所示。

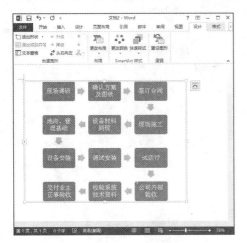
图4-47

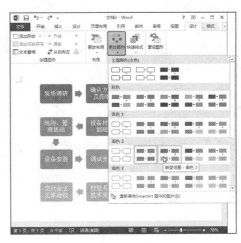
图4-48

04 单击"快速样式"按钮，在弹出的菜单中选择合适的样式，如图4-49所示。

05 更改样式后的效果如图4-50所示。

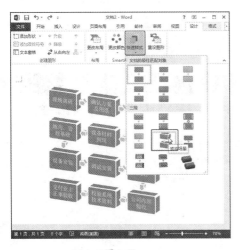
图4-49

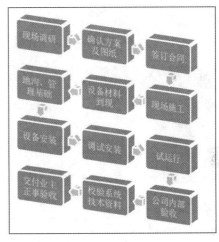
图4-50

4.4 使用表格制作简历

素材文件	素材\cha04\简历背景.jpg	效果文件	效果\cha04\个人简历.docx
视频文件	视频\cha04\4.4个人简历.avi	难易程度	★★☆☆☆

表格是一种简明扼要的表达方式，本节中将介绍如何使用表格制作简历。

4.4.1 创建封面

下面介绍个人简历的封面设计。

01 新建空白文档，单击"插入"｜"插图"选项卡中的"图片"按钮，在弹出的对话框中选择光盘中的
"素材\cha04\简历背景.jpg"文件，单击"插入"按钮，如图4-51所示。

02 插入图像后，双击图像，显示"图片工具"｜"格式"｜"排列"选项卡，在其中单击"位置"按
钮，在弹出的菜单中选择"其他布局选项"命令，弹出"布局"对话框，切换到"文字环绕"选项
卡，单击"衬于文字下方"图标，单击"确定"按钮，如图4-52所示。

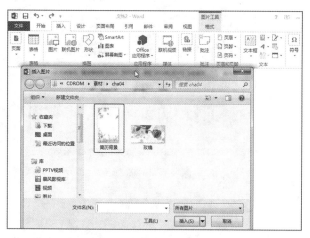
图4-51

图4-52

03 调整图片的大小至文档页面的大小，如图4-53所示。

提 示

选择插入的图像，图像周围会出现调整图像大小的控制手柄，通过调整控制手柄可调整图像的大小，这里就不详细介绍这种方法了。

04 单击"插入"｜"文本"选项卡中的"文本框"按钮，在弹出的菜单中选择"简单文本框"命令即可，在文档中插入文本框，并输入文本"个人简历"，如图4-54所示。

图4-53

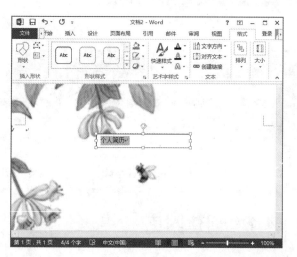
图4-54

05 设置文本的字体和大小，如图4-55所示。

06 在文本框的"格式"选项卡中，设置无底纹和无边框，并为其设置一个"映像效果"，如图4-56所示。

 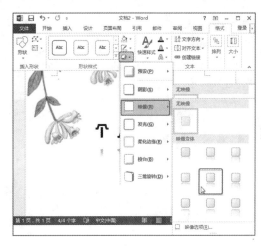

图4-55   图4-56

07 设置文本颜色，如图4-57所示。

08 采用同样的方法插入文本框，输入文字，并设置文本框的效果，如图4-58所示。

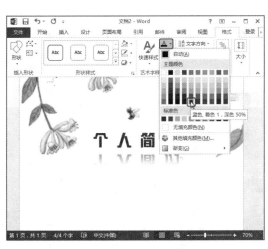 

图4-57   图4-58

🅖 提 示

　　文本框的创建和设置方法相同，可以参照前面介绍的文本框内容。

4.4.2　插入空白页和表格

　　封面制作完成后，下面接着制作个人简历的内容页。

01 在文档的空白处单击，单击"插入"｜"页面"选项组中的"空白页"按钮，插入空白页，如图4-59所示。

02 单击"插入"｜"表格"选项组中的"表格"按钮，在弹出的菜单中选择"插入表格"命令，如图4-60所示。

图4-59

图4-60

> **提示**
>
> 在表格的菜单中移动鼠标，在方格中即可智能跟随鼠标选择表格的行列数，单击鼠标即可在文档中插入鼠标移动选择的表格行列数，创建表格的方法可以根据自己的习惯进行创建。

03 在弹出的"插入表格"对话框中设置"列数"为3、"行数"为14，单击"确定"按钮，如图4-61所示。

04 插入表格后，将光标放置到表格的网格线上，光标呈现 ╫ 形状，即可按住鼠标左键移动网格线，如图4-62所示。

图4-61

图4-62

4.4.3　合并、拆分表格

合并与拆分表格是制表中非常重要和常用的两个命令。

01 将光标放置到第一行第二列的表格中，单击"表格工具"｜"布局"｜"合并"选项卡中的 囲（拆分单元格）按钮，在弹出的对话框中设置拆分"列数"为5、"行数"为1，单击"确定"按钮，如图4-63所示。

02 选择如图4-64所示的单元格。

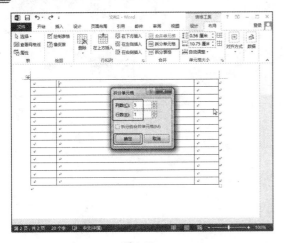 

图4-63   图4-64

03 单击"表格工具"｜"布局"｜"合并"选项卡中的▦（拆分单元格）按钮，在弹出的对话框中设置拆分"列数"为4、"行数"为2，单击"确定"按钮，如图4-65所示。

04 在文档中选择如图4-66所示的表格。

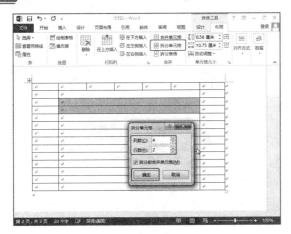

图4-65   图4-66

05 单击"表格工具"｜"布局"｜"合并"选项卡中的▦（合并单元格）按钮，如图4-67所示。

图4-67

4.4.4 设置表格样式

下面介绍如何设置表格的样式，使表格更加美观。

01 选择"表格工具"｜"设计"｜"边框"选项卡，从中选择一种合适的边框样式和粗细，并单击 （边框刷）按钮，在边框上按住鼠标从一端到另一端描绘，设置出边框，如图4-68所示。

02 选择表格，单击"设计"｜"表格样式"选项卡中的 （底纹）按钮，在弹出的菜单中选择合适的颜色，如图4-69所示。

03 将表格下移两行，并输入文本，设置文本效果，效果如图4-70所示。

图4-68

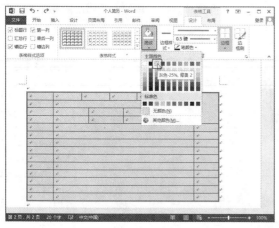

图4-69

图4-70

04 接着为表格输入文本，在制作中可以再次调整单元格，如图4-71所示合并单元格。

05 调整单元格的大小，如图4-72所示。

图4-71

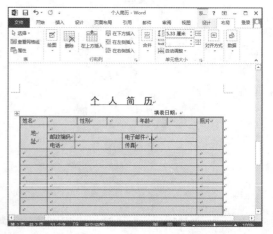

图4-72

06 选择整个表格，在"表格工具"｜"布局"｜"对齐方式"选项卡中单击 （水平居中）按钮，设置表格中的文本为水平居中，如图4-73所示。

07 调整单元格，效果如图4-74所示。

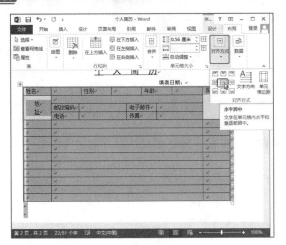

图4-73　　　　　　　　　　　　　　　图4-74

08 继续调整其他单元格，如果有多余的单元格，可以将其删除。首先选择多余的单元格，然后在"表格工具"｜"布局"｜"行和列"选项卡中单击"删除"按钮，在弹出的菜单中选择"删除单元格"命令，如图4-75所示。

09 弹出"删除单元格"对话框，使用默认的选项即可，单击"确定"按钮，如图4-76所示。

10 删除单元格后的表格如图4-77所示。

11 完成的个人简历内容页效果如图4-78所示。

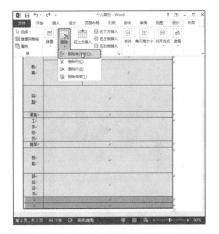

图4-75

图4-76

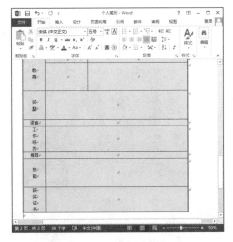

图4-77

图4-78

4.5 综合应用1——制作药品的使用说明书

素材文件	素材\cha04\药品说明背景.jpg等	效果文件	效果\cha04\药品说明书.docx
视频文件	视频\cha04\4.5药品说明书.avi	难易程度	★★☆☆☆

下面介绍制作药品的使用说明书，操作步骤如下。

01 新建一个空白文档，选择"页面布局"｜"页面设置"选项卡，单击"纸张大小"按钮，在弹出的菜单中选择"32开（13×18.4厘米）"命令，如图4-79所示。

02 单击"插入"｜"插图"选项卡中的"图片"按钮，在弹出的对话框中选择光盘中的图像"素材\cha04\药品说明背景.jpg"，如图4-80所示。

图4-79

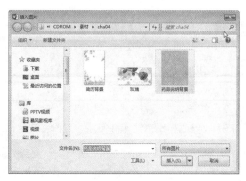

图4-80

03 双击图像，显示"图片工具"｜"格式"｜"排列"选项卡，单击"位置"按钮，弹出"布局"对话框，单击"文字环绕"选项卡中的"衬于文字下方"图标，单击"确定"按钮，如图4-81所示。

04 在文档中调整图像的大小，以覆盖页面大小，如图4-82所示。

图4-81

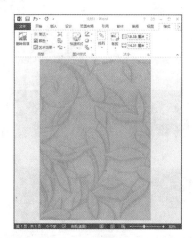

图4-82

05 在页面中双击图像，显示"图片工具"｜"格式"｜"调整"选项卡，单击"艺术效果"按钮，在弹出的菜单中选择合适的艺术效果，如图4-83所示。

06 选择"插入"｜"文本"选项卡，单击"文本框"按钮，在弹出的菜单中选择合适的文本框，如图4-84所示。

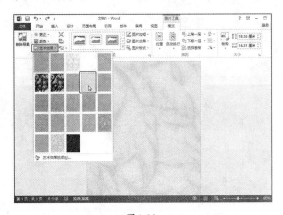 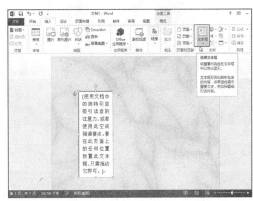

图4-83 图4-84

07 选择文本框中的文字，并将其删除，单击"插入"｜"插图"选项卡中的"图片"按钮，在弹出的对话框中选择光盘中的图像"素材\cha04\保健食品.jpg"，单击"插入"按钮，如图4-85所示。

08 插入图片到文本框中后，设置无边框和无底纹即可，调整图像的大小，如图4-86所示。

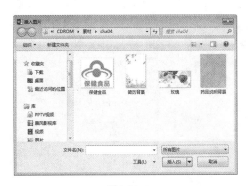 

图4-85 图4-86

09 双击文本框中的图像，选择"图片工具"｜"格式"选项卡，单击"颜色"按钮，然后选择"设置透明色"命令，如图4-87所示。

10 在文档中的图像白色区域单击，即可设置白色为透明区域，如图4-88所示。

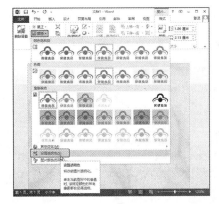 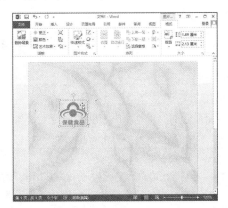

图4-87 图4-88

11 继续插入图像"药片.jpg",如图4-89所示。

12 插入图像后,采用同样的方法设置该图像的白色为透明色,如图4-90所示。

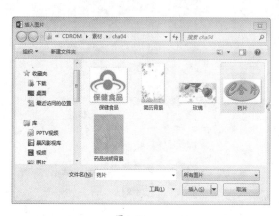

图4-89

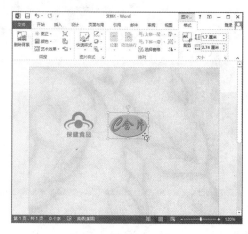

图4-90

13 单击"视图"｜"显示比例"选项卡中的"显示"按钮,显示文档中的标尺,调整正文的标尺,输入文本,如图4-91所示。

14 输入并设置文本的效果,如图4-92所示。

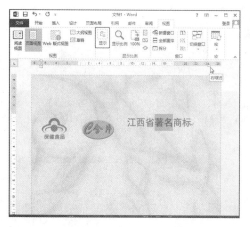

图4-91

图4-92

4.6 综合应用2——制作员工就餐卡

素材文件	素材\cha04.jpg\员工就餐卡背景01.jpg	效果文件	效果\cha04\就餐卡.docx
视频文件	视频\cha04\4.6就餐卡.avi	难易程度	★★☆☆☆

下面通过插入图片和表格制作员工就餐卡。

01 新建一个空白文档,单击"插入"｜"插图"选项卡中的"图片"按钮,在弹出的对话框中选择光盘中的"素材\cha04\员工就餐卡背景01.jpg和员工就餐卡背景02.jpg"文件,如图4-93所示,单击"插入"按钮。

02 插入图像后的文档如图4-94所示。

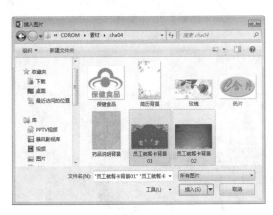

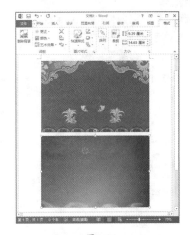

图4-93　　　　　　　　　　　　　　　图4-94

03 双击图像，单击"格式"｜"排列"选项卡中的"位置"按钮，在弹出的对话框中选择"文字环绕"选项卡，并单击"衬于文字下方"图标，如图4-95所示，单击"确定"按钮。

04 单击"插入"｜"文本"选项卡中的"文本框"按钮，在弹出的菜单中选择合适的文本框类型，如图4-96所示，重新输入文本，设置文本框无形状填充和无形状边框。

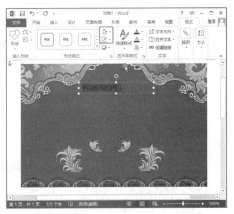

图4-95　　　　　　　　　　　　　　　图4-96

05 设置文本的字体、颜色和大小，如图4-97所示。

06 选择文本框，并单击"绘图工具"｜"艺术字样式"选项卡下的 ▣（设置形状格式）按钮，在弹出的右侧窗格中设置字体的发光，颜色为黑色，"大小"为5、"透明度"为0，如图4-98所示。

图4-97　　　　　　　　　　　　　　　图4-98

07 在选项卡的空白处单击鼠标右键，在弹出的快捷菜单中选择"自定义功能区"命令，然后在弹出的对话框中选择"显示"选项，并在右侧的显示命令中取消"段落标记"复选框的勾选，单击"确定"按钮，如图4-99所示。

08 采用同样的方法插入并设置文本框的属性，如图4-100所示。

图4-99

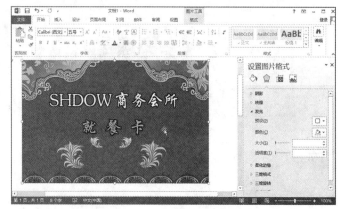

图4-100

09 插入并设置文本框的属性继续创建文本，如图4-101所示。

10 接下来介绍背面的就餐表格，单击"插入"｜"表格"选项卡中的"表格"按钮，在弹出的菜单中选择"插入表格"命令，弹出对话框，设置"列数"为17、"行数"为10，单击"确定"按钮，如图4-102所示。

图4-101

图4-102

11 插入表格后，调整表格的位置，在表格中输入文本，并全选表格内容，单击"表格工具"｜"布局"｜"单元格大小"选项卡中的"自动调整"按钮，在弹出的菜单中选择"根据内容自动调整表格"命令，如图4-103所示。

12 选择"表格工具"｜"设计"｜"表格样式"选项卡，并选择表格样式，如图4-104所示。

13 在文档中选择第二行"日期"，并设置底纹的颜色为黑色，如图4-105所示。

14 完成的就餐卡效果如图4-106所示。

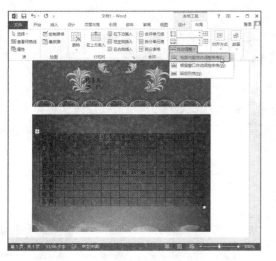

图4-103

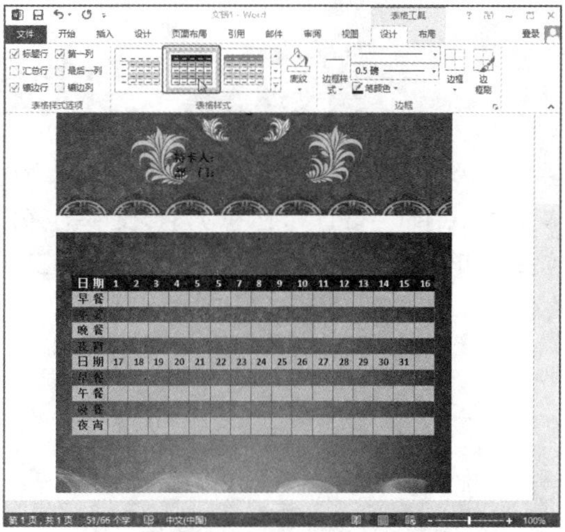

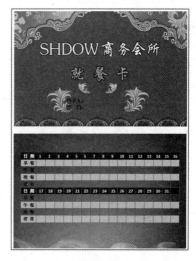

图4-104

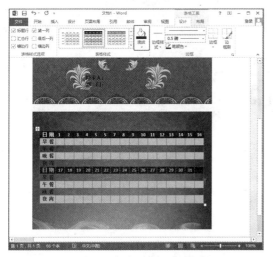

图4-105

图4-106

4.7 本章小结

　　本章主要介绍了为文档添加图片、艺术字、文本框、形状和表格，使制作的文档更加丰富多彩。通过对本章的学习，读者可以通过实例的形式熟悉如何插入图片、艺术字、文本框、形状和表格。

第5章　快速格式化文档

本章介绍如何设置和应用段落、文本的格式样式，使用工作大纲和导航窗格快速查看和定位文档位置，如何生成和更新目录，以及如何为工作界面插入页眉、页脚和页码，从而实现文档的快速格式化。

5.1　快速格式化段落

素材文件	素材\cha05\工作大纲.docx	难易程度	★★☆☆☆
视频文件	视频\cha05\5.1快速格式化段落.avi		

本节介绍使用样式快速格式化段落。

5.1.1　使用样式快速格式化工作大纲段落

使用快速样式的具体步骤如下。

01 新建一个空白文档，并在文档中输入文本，或打开光盘中的文件"素材\cha05\工作大纲"，如图5-1所示。

02 在文档中将光标放置到标题的位置，选择"开始"｜"样式"选项卡中的"标题1"样式，如图5-2所示。

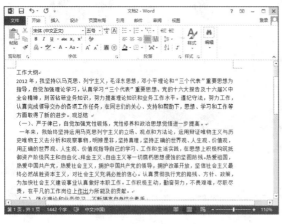

图5-1

图5-2

03 选择第二项标题，选择"开始"｜"样式"选项卡中的"标题2"样式，如图5-3所示，采用同样的方法设置二级标题。

04 选择文档中的文字"一是"，然后选择"开始"｜"样式"选项卡中的"要点"样式，如图5-4所示。

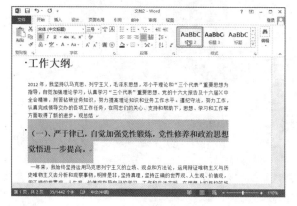

图5-3

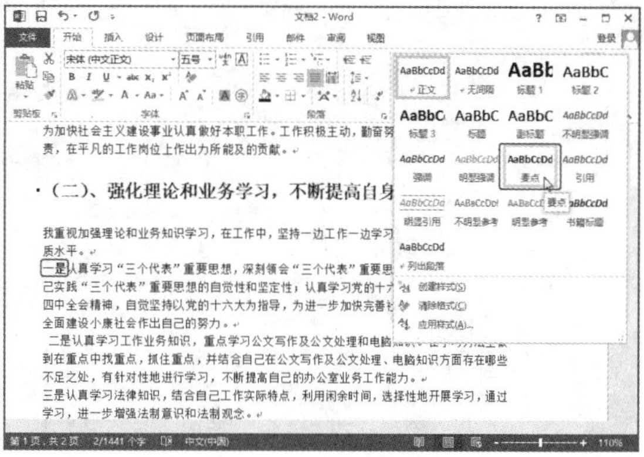

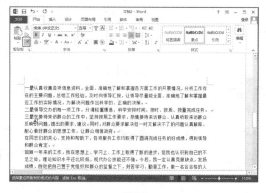

图5-4

05 若设置相同的样式，可以使用 ✍ （格式刷）工具，如图5-5所示。

> **⊙ 提 示**
>
> 　如果有重复的样式，可以在设置好的样式文本中单击放入光标，选择 ✍ （格式刷）工具，在想要成为该样式的文本上进行滑选，选择文本，即可将文本变为需要设置的样式。

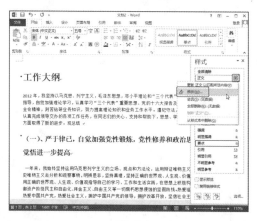

图5-5

5.1.2　修改样式

　下面介绍对文档中用到的样式进行修改的方法，操作步骤如下。

01 将光标放置到正文的位置，此时可看到正文格式。在"开始"｜"样式"选项卡中单击 🔲 （样式）按钮，在弹出的"样式"窗格中选择"正文"样式后的下拉按钮，在弹出的菜单中选择"修改"命令，如图5-6所示。

02 弹出"修改样式"对话框，单击"格式"按钮，在弹出的菜单中选择"段落"命令，如图5-7所示。

图5-6

图5-7

03 弹出"段落"对话框，在"缩进"选项组中，设置"特殊格式"为"首行缩进"，"缩进值"为2字符，如图5-8所示，单击"确定"按钮。

04 修改正文样式后的正文首行缩进效果如图5-9所示。

图5-8

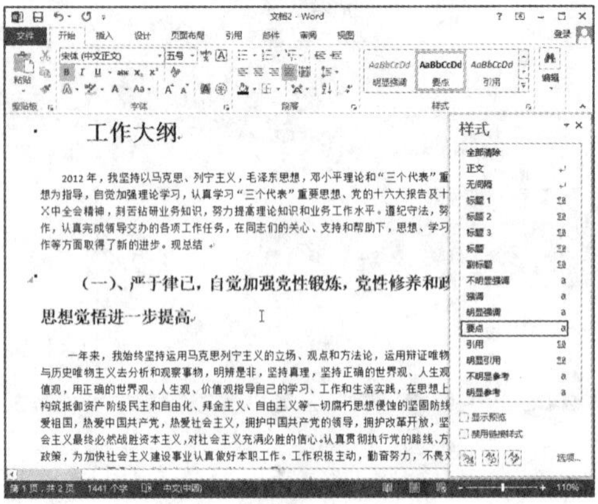

图5-9

05 将光标放置到"标题1"上,在"样式"窗格中单击"标题1"右侧的下拉按钮,在弹出的菜单中选择"修改"命令,如图5-10所示。

06 在弹出的标题1"修改样式"对话框中单击"格式"按钮,在弹出的菜单中选择"段落"命令,弹出"段落"对话框,在"间距"选项组中设置"段前"为6磅、"段后"为6磅,"行距"为"多倍行距",设置行距的"设置值"为0.5,如图5-11所示,单击"确定"按钮。

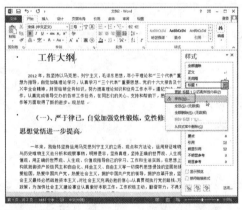

图5-10

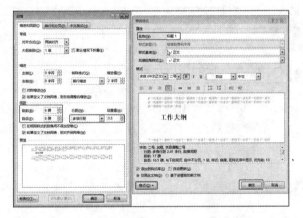

图5-11

07 选择标题2,修改其样式。在标题2的"修改样式"对话框中单击"格式"按钮,在弹出的菜单中选择"段落"命令,弹出的"段落"对话框,设置"间距"选项组中的"段前"为6磅、"段后"为6磅,"行距"为"多倍行距",行距的"设置值"为0.5,如图5-12所示,单击"确定"按钮。

08 接着在标题2的"修改样式"对话框中单击"格式"按钮,在弹出的菜单中选择"字体"命令,然后在弹出的"字体"对话框中设置"字号"为"五号",如图5-13所示,单击"确定"按钮。

09 设置后的效果如图5-14所示。

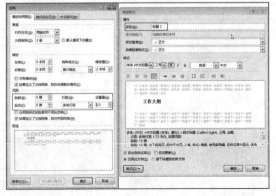

图5-12

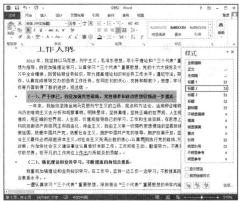

图5-13　　　　　　　　　　　　　　　　　　　　图5-14

10 在文档中选择"要点"格式，并打开其"修改样式"对话框，从中单击"格式"按钮，在弹出的菜单中选择"字体"命令，并在弹出的对话框中设置"字体颜色"为蓝色，如图5-15所示。

11 此时要点样式的效果如图5-16所示。

图5-15　　　　　　　　　　　　　　　　　　　　图5-16

5.2　快速定位查看工作大纲

视频文件	视频\cha05\5.2快速定位查看工作大纲.avi
难易程度	★★☆☆☆

　　本节介绍如何快速定位查看文档。

5.2.1　使用标题级别定位

　　使用标题级别定位的操作步骤如下。

01 选择"视图"｜"显示"选项卡，从中勾选"导航窗格"复选框，在文档的左侧显示"导航"窗格，如图5-17所示。

02 从中选择相应的标题，即可在正文的文档中显示对应的标题部分，如图5-18所示。

图 5-17

图 5-18

5.2.2 使用文档缩略图

使用文档缩略图定位时，操作步骤如下。

01 在左侧的"导航"窗格中选择"页面"选项卡，即可在"导航"窗格中显示缩略图，如图5-19所示。

02 选择相应的缩略图，即可显示相应的页面，如图5-20所示。

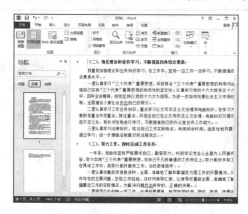

图 5-19

图 5-20

5.2.3 使用导航窗格搜索定位

使用导航窗格搜索定位的操作步骤如下。

01 在"导航"窗格中有一个文本框，在其中输入需要搜索的文字，如"三个代表"，按Enter键，即可搜索全文中的"三个代表"文本。

02 搜索的文本将在正文中以黄色底纹显示，同样在"导航"窗格中有"三个代表"词语的标题也以黄色底纹显示，如图5-21所示。

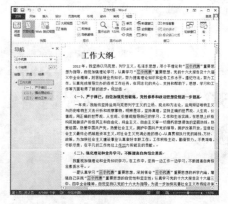

图 5-21

5.3 文件目录自动生成

视频文件	视频\cha05\5.3文件目录自动生成.avi
难易程度	★★☆☆☆

　　自动生成目录的前提是设置了标题格式，在已有的标题格式上自动生成目录，下面介绍目录的自动生成方法。

5.3.1 插入目录

　　下面介绍为工作大纲插入目录，操作步骤如下。

01 将光标放置到首行文本的左侧，并单击"引用"｜"目录"选项卡中的（目录）按钮，在弹出的菜单中选择"自动目录1"命令，如图5-22所示。

02 这样即可在文档正文的最顶部创建目录，如图5-23所示。

图5-22

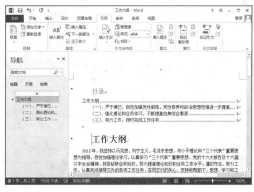

图5-23

5.3.2 更新目录

　　如果对文档中的标题进行修改，那么目录页必须随时进行更新，下面介绍更新目录的操作。

01 在"工作大纲"文档中将"要点"样式改为"标题3"样式，如图5-24所示。

02 设置"标题3"样式的段落格式，如图5-25所示。

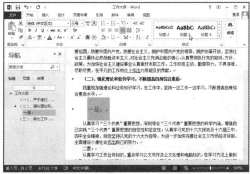

图5-24

图5-25

03 更改格式后的标题"导航"窗格如图5-26所示。

04 单击"引用"｜"目录"选项卡中的 📋（更新目录）按钮，弹出相应的对话框，在其中选择"更新整个目录"单选按钮，单击"确定"按钮，如图5-27所示。

图5-26

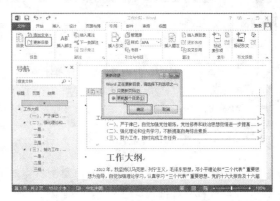

图5-27

05 更新的整个目录如图5-28所示。

> **💡 提 示**
>
> 在自动生成的目录文本上方有快捷方式 📋（目录）和 📄（更新目录）两个命令，如图5-29所示。如果目录插入的位置不合适，可以单击目录上方的 📋（目录）按钮，在弹出的菜单中选择"删除目录"命令，重新插入正确位置的目录。

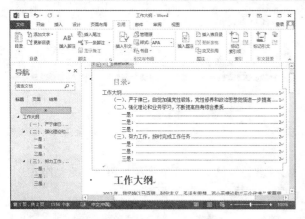

图5-28

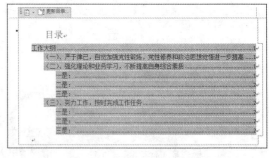

图5-29

5.4 完善工作大纲页面

效果文件	效果\cha05\工作大纲.docx	难易程度	★★☆☆☆
视频文件	视频\cha05\5.4完善工作大纲页面.avi		

下面介绍完善工作大纲页面，既然上面介绍了目录的生成，那么下面将介绍如何为页面设置页眉、页脚并如何为页面添加页码，通过添加页码可以方便地查找文档所在的页数。

5.4.1 自定义页面

下面介绍自定义页面，可以通过对页面的排列、显示等对文档进行查看。

01 在"视图"｜"显示比例"选项卡中单击（单页）按钮，在文档中显示页面视图，另外在文档的右下角显示阅读文档的模型，如图5-30所示。

02 单击（多页）按钮，文档将在现有Word窗口大小上更改显示比例，以便在窗口中查看多页，如图5-31所示。

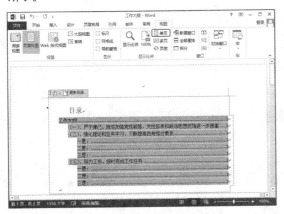

图5-30

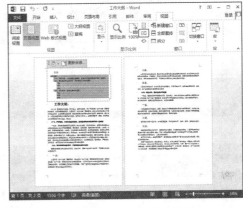

图5-31

03 显示多页后缩小页面的比例，通过单击"视图"｜"显示比例"选项卡中的（显示比例）按钮，在弹出的"显示比例"对话框中设置窗口的显示比例，如图5-32所示。

提 示

显示比例的方法还有其他两种。

方法一： 在文档的右下角处拖动缩放比例的滑块，设置缩放的百分比。

方法二： 按住Ctrl键滚动中轴，即可缩小放大文档。

---

04 单击（页宽）按钮，文档跟随窗口大小尽量显示为最大。

05 在"视图"｜"窗口"选项卡中单击（新建窗口）按钮，可以弹出一个新的文档窗口，方便同时在不同的位置工作，如图5-33所示。

图5-32

图5-33

06 在"视图"｜"窗口"选项卡中单击（全部重排）按钮，堆叠排列窗口，以便查看所有打开的Word

文档窗口，如图5-34所示。

07 单击 ▭（拆分）按钮，可以在窗口中心位置将文档拆分为两节，以方便在编辑一节时同时查看其他节内容，如图5-35所示。

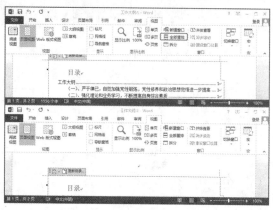

图5-34

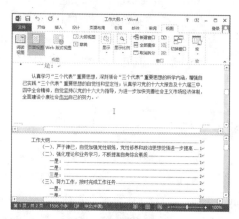

图5-35

💡 **提 示**

单击"拆分"按钮后，该按钮即可变为"取消拆分"按钮，单击该按钮即可取消文档中的拆分窗口。

- ▭（并排查看）：在工作界面上并排查看文档。
- ▭（同步滚动）：同时滚动两个并排查看的文档。
- ▭（重设窗口位置）：并排放置正在比较的文档，并使它们平均分配屏幕。

5.4.2 插入页眉与页脚

下面介绍为文档插入页眉和页脚，操作步骤如下。

01 在"插入"｜"页眉和页脚"选项卡中单击 ▭（页眉）按钮，在弹出的菜单中选择"奥斯汀"命令，如图5-36所示。

02 进入编辑页眉和页脚模式，在页眉处输入文本作为页眉即可，如图5-37所示。

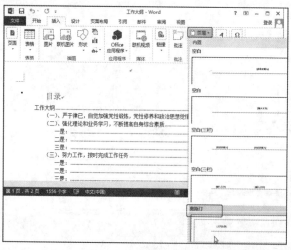

图5-36

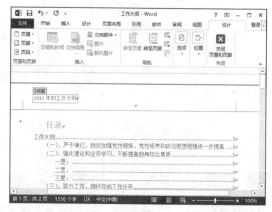

图5-37

03 在"页眉和页脚工具"│"设计"│"位置"选项卡中设置 （顶端页眉位置）为1.7厘米，如图5-38所示。

04 单击 （插入"对齐方式"选项卡）按钮，在弹出的"对齐制表位"对话框中选择对齐方式为"右对齐"，单击"确定"按钮，如图5-39所示。

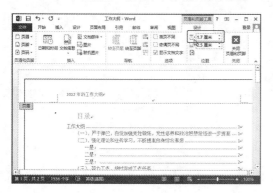

图5-38　　　　　　　　　　　　　　　　　　　图5-39

05 设置右对齐后的页眉效果如图5-40所示。

06 设置好页眉后，单击"页眉和页脚工具"│"设计"选项卡中右侧的 （关闭页眉和页脚）按钮，如图5-41所示。

图5-40　　　　　　　　　　　　　　　　　　　图5-41

07 下面接着为文档插入页脚，单击"插入"│"页眉和页脚"选项卡中的 （页脚）按钮，在弹出的菜单中选择"奥斯汀"命令，如图5-42所示。

08 在页脚处输入页脚文本，如图5-43所示。

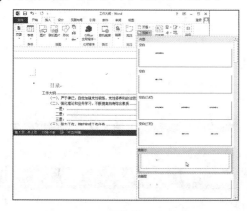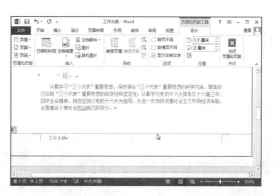

图5-42　　　　　　　　　　　　　　　　　　　图5-43

5.4.3 插入页码

01 下面介绍如何插入页码，单击"插入"｜"页眉和页脚"选项卡中的 ⬚ （页码）按钮，在弹出的菜单中选择页码的位置，这里选择了在"页面底端"，如图5-44所示。

02 此时可以看到的是页码替换掉了页脚，如图5-45所示。

图5-44

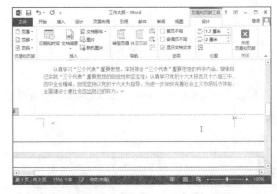

图5-45

🔅 **提 示**

> 同样页码出现在顶端时也会替换页眉。

---

03 选择插入页脚时，页脚同时也可以是页码，如图5-46所示，选择页脚为"奥斯汀"。

04 页脚默认的便是"页1"，如图5-47所示。

图5-46

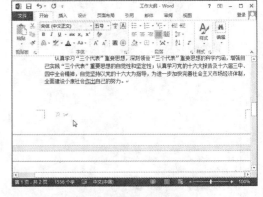

图5-47

🔅 **提 示**

> 在制作页眉和页脚时，可以尝试使用其他样式的页眉和页脚。

5.5 综合应用1——快速格式化装修风格手册

素材文件	素材\cha05\装修风格手册.docx	难易程度	★★☆☆☆
视频文件	视频\cha05\5.5快速格式化装修风格手册.avi		

下面介绍如何快速生成目录，具体操作步骤如下。

01 新建文档或打开光盘中的文件"素材\cha05\装修风格手册"，如图5-48所示。

02 在文档中将光标放置到第一段文本中，选择"开始"｜"样式"选项卡中的"标题1"，如图5-49所示。

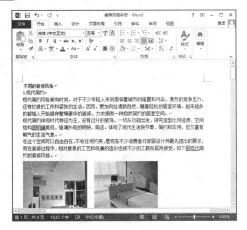

图5-48　　　　　　　　　图5-49

03 单击"开始"｜"样式"选项卡右下角的（样式）按钮，在弹出的"样式"窗格中单击"标题1"后的下拉按钮，在弹出的菜单中选择"修改"命令，如图5-50所示。

04 在弹出的标题1"修改样式"对话框中单击"格式"按钮，在弹出的菜单中选择"段落"命令，如图5-51所示。

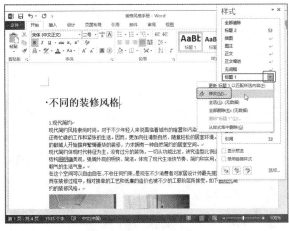
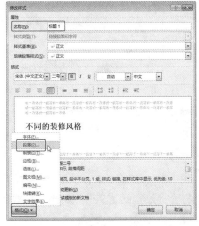

图5-50　　　　　　　　　图5-51

05 在弹出的标题1"段落"对话框中设置"段前"为0行、"段后"为0行，设置"行距"为"多倍行距"、"设置值"为0.5，如图5-52所示，单击"确定"按钮。

06 回到标题1的"修改样式"对话框，单击"格式"按钮，在弹出的菜单中选择"字体"命令，如图5-53所示。

07 在弹出的标题1"字体"对话框中设置"字体颜色"为红色，如图5-54所示。

08 在文档中将光标放置到二级标题的段落中，选择"开始"｜"样式"选项卡中的"标题2"，如图5-55所示。

图5-52　　　　　　　图5-53　　　　　　　图5-54

09 修改标题2的样式。在标题2的"修改样式"对话框中单击"格式"按钮，在弹出的菜单中选择"段落"命令，并在弹出的标题2"段落"对话框中设置"段前"为0行、"段后"为0行，设置"行距"为"多倍行距"、"设置值"为0.5，如图5-56所示，单击"确定"按钮。

10 回到标题2的"修改样式"对话框，单击"格式"按钮，在弹出的菜单中选择"字体"命令，并在弹出的标题2"字体"对话框中设置"字体颜色"为红色，如图5-57所示。

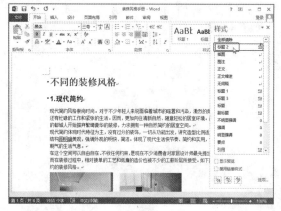  

图5-55　　　　　　　图5-56　　　　　　　图5-57

11 选择"开始"｜"剪贴板"选项卡中的（格式刷）工具，将作为标题2的段落刷成段落2格式，如图5-58所示。

12 将光标放置到正文中，定义好格式后，选择正文的"修改"命令，如图5-59所示。

13 进入正文的"修改样式"对话框，单击"格式"按钮，在弹出的菜单中选择"段落"命令，然后在弹出的正文"段落"对话框中设置"特殊格式"为"首行缩进"、"缩进值"为2字符，如图5-60所示，单击"确定"按钮。

14 此时正文的格式效果如图5-61所示。

图 5-58

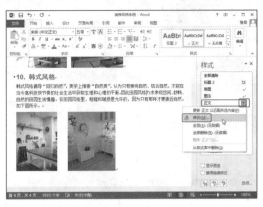

图 5-59

图 5-60

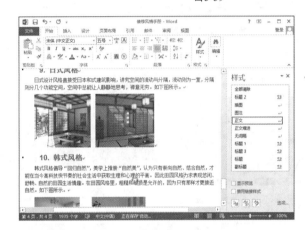

图 5-61

5.6　综合应用2——装修风格手册的目录和页码

效果文件	效果\cha05\装修风格手册.docx	难易程度	★★☆☆☆
视频文件	视频\cha05\5.6装修风格手册的目录和页码.avi		

　　下面接着为装修风格手册插入目录和页码，其具体操作步骤如下。

01 在文档第一页的最左上方置入光标，选择"插入"｜"页面"选项卡中的"空白页"命令，如图5-62所示。

02 在空白页中输入几行再按Enter键，并单击"引用"｜"目录"选项卡中的▤（目录）按钮，在弹出的菜单中选择"自动目录1"命令，如图5-63所示。

03 在空白页中插入的目录如图**5-64**所示。

04 接下来为文档插入页脚。单击"插入"｜"页眉和页脚"选项卡中的▤（页脚）按钮，在弹出的菜单中选择"奥斯汀"命令，如图5-65所示。

05 插入的页脚显示为页码状态，如图**5-66**所示。

06 在"页眉和页脚工具"｜"设计"｜"导航"选项卡中，单击▤（转至页眉）按钮，在页眉的位置输入页眉文本，如图5-67所示。

图 5-62

图 5-63

图 5-64

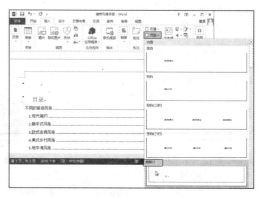

图 5-65

图 5-66

图 5-67

5.7 本章小结

　　本章介绍了如何使用样式快速格式化段落，如何修改样式的段落和字体，如何使用"导航"窗格查看文档、目录的生成，并介绍了页眉、页脚以及页码的应用。

　　通过对本章的学习，读者可以通过实例的形式熟悉如何快速化段落、快速查看标题文档、生成目录以及设置页眉、页脚及页码。

第6章 转换文件和打印输出

本章介绍如何将Word文档转换为其他格式的文档，内容包括如何将文档转换为较为常用的PDF和文本文档，以及如何在Word中打印出需要的文档设置和具体的操作步骤。

6.1 转换文件

素材文件	效果\cha05\工作大纲.docx	效果文件	效果\cha06\工作大纲.pdf/工作大纲.txt
视频文件	视频\cha06\6.1转换文件.avi	难易程度	★☆☆☆☆

在Word 2013中，可以将制作的文档转换为其他文档，例如常用的PDF、Text、XPS、RTF等格式的文件。

下面介绍将文档转换为PDF和Text文档的操作，同样可以采用同样的方法将文档转换为其他需要的格式。

6.1.1 转换PDF文件

将文档转换为PDF文件格式的操作步骤如下。

01 打开一个需要转换的文档，选择"文件"｜"另存为"命令，在工作界面中单击"计算机"｜"浏览"按钮，如图6-1所示。

02 在弹出的"另存为"对话框中选择一个合适的文件路径，为文件命名，在"保存类型"下拉列表中选择需要转换的文件格式，这里选择"PDF"，如图6-2所示，单击"保存"按钮。

图6-1

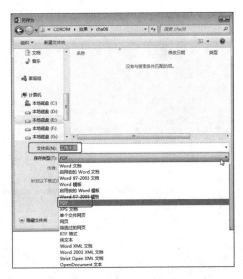

图6-2

03 保存PDF文件，弹出如图6-3所示的"选项"对话框，在其中设置转换为PDF的一些选项，最后单击"确定"按钮。

04 这样即可将文档存储为PDF格式，如图6-4所示为使用PDF文件阅览器阅览文件。

图6-3

图6-4

6.1.2 转换文本文件

将文件转换为Text文件的操作步骤如下。

01 采用相同的方法，打开需要转换为Text文件的文档，在弹出的"另存为"对话框中选择"保存类型"为"纯文本"，如图6-5所示。

02 单击"保存"按钮后，弹出"文件转换"对话框，在其中设置文档转换为Text文件的一些选项，如图6-6所示。

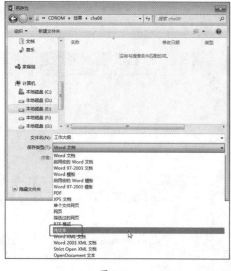

图6-5

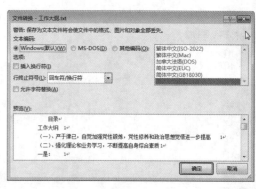

图6-6

03 找到文档转换的存储位置，可以看到转换后的文件格式，如图6-7所示。

04 可以将转换后的文件打开并进行查阅，如图6-8所示为纯文本文件。

图6-7

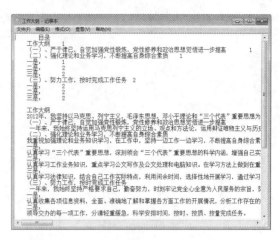

图6-8

05 另外，还可以使用"导出"的方法，将文档转换为其他文件格式，如图6-9所示。

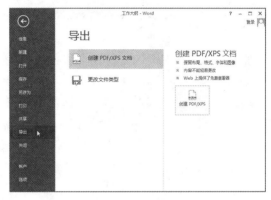

图6-9

6.2 打印输出

素材文件	素材\cha05\装修风格手册.docx	难易程度	★★☆☆☆
视频文件	视频\cha05\6.2打印输出.avi		

通过前面章节的学习，已经可以使用Word进行文件的处理，最后学习如何打印输出文件。

打印输出文件之前首先要设置页面，在前面的章节中已经介绍了页面的基本设置，下面主要介绍如何设置打印。

6.2.1 打印选项

在设置好页面后，打印之前必须要打印预览，查看文档的结构是否满意。打印预览的具体操作步骤如下。

01 打开光盘中的文件"素材\cha05\装修风格手册"，如图6-10所示。将在此文档的基础上介绍打印选项的设置。

02 单击"页面布局"｜"页面设置"选项卡右下角的 （页面设置）按钮，如图6-11所示。

图6-10

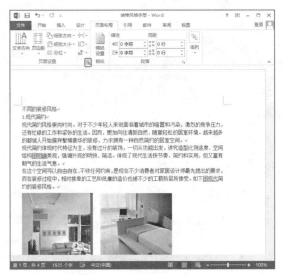

图6-11

03 在弹出的"页面设置"对话框中设置纸张，单击"打印选项"按钮，如图6-12所示。

04 弹出"Word选项"对话框，在左侧的列表中选择"显示"选项，在右侧的"打印选项"选项组中设置打印的项目，在其中勾选"打印在Word中创建的图形"和"打印背景色和图像"复选框，其他选项可以根据情况设置，如图6-13所示。

图6-12

图6-13

6.2.2 打印输出

继续接着上一节进行设置打印输出，具体操作步骤如下。

01 选择"文件"｜"打印"命令，即可显示"打印"窗口，如图6-14所示。

02 在其中可以自己设置打印的"页数"，因为整个文档有4页，所以这里输入4，在打印中可以选择"手动双面打印"选项，也可以选择其他的打印选项，如图6-15所示。设置好打印选项后，单击"打印"按钮，即可对文件进行打印。

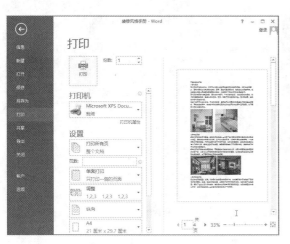

图6-14

图6-15

6.3 综合应用1——将装修风格手册转换为 PDF格式

素材文件	效果\cha05\装修风格手册.docx	效果文件	效果\cha06\装修风格手册.pdf
视频文件	视频\cha06\6.3将装修风格手册转换为 PDF格式.avi	难易程度	★☆☆☆☆

下面介绍如何将文件转换为PDF格式，操作步骤如下。

01 打开"装修风格手册"文档，选择"文件"|"导出"命令，在"导出"窗口中选择"创建PDF/XPS 文档"命令，单击"创建PDF/XPS"按钮，如图6-16所示。

02 弹出"发布为PDF或XPS"对话框，从中选择"保存类型"为PDF，选择一个存储路径，为文件命 名，单击"发布"按钮，如图6-17所示。

图6-16

图6-17

03 导出文件后使用PDF浏览软件打开，效果如图6-18所示。

图6-18

6.4 综合应用2——打印药品说明书

素材文件	效果\cha04\药品说明书.docx	难易程度	★☆☆☆☆
视频文件	视频\cha06\6.4打印药品说明书.avi		

下面以打印药品说明书为例，练习打印设置。

01 打开光盘中的文件"效果\cha05\药品说明"，该文件为制作好的药品说明书，如图6-19所示。

02 单击"页面布局"|"页面设置"选项卡右下角的 🖫（页面设置）按钮，如图6-20所示。

图6-19

图6-20

03 在弹出的"页面设置"对话框中，单击"打印选项"按钮，如图6-21所示。

04 弹出"Word选项"对话框，在左侧的列表中选择"显示"选项，在右侧的"打印选项"选项组中设置打印的项目，如图6-22所示。在其中勾选"打印在Word中创建的图形"和"打印背景色和图像"复选框，单击"确定"按钮。

图6-21

图6-22

05 选择"文件"｜"打印"命令，即可显示"打印"窗口，在其中可以预览打印窗口和设置打印选项，如图6-23所示。单击"打印"按钮即可对文件进行打印输出。

图6-23

6.5 本章小结

　　本章介绍文件的转换和打印输出的设置。通过对本章的学习，读者可以学会将Word文件转换为其他文件格式，并学会如何设置打印选项。

Chapter

第2篇

Excel数据表格处理篇

Excel是微软公司的办公软件Microsoft Office的组件之一，是由Microsoft为Windows和Apple Macintosh操作系统的计算机而编写和运行的一款表格制作软件。Excel是微软办公套装软件的一个重要的组成部分，它可以进行各种数据的处理、统计分析和辅助决策操作，广泛地应用于管理、统计财经、金融等众多领域。

第7章　工作表数据的编辑

本章主要介绍工作簿、工作表和单元格的用法，包括如何工作表中插入文本、数值、货币符号等，如何输入相同的数据、递增/递减数据和有规律的数据以及指定范围数值的输入，还介绍了如何修改、复制、移动、查找和替换单元格数据。

 ## 7.1　认识工作簿、工作表与单元格

视频文件	视频\cha06\7.1认识工作薄、工作表与单元格.avi	难易程度	★☆☆☆☆

在学习Excel之前，首先介绍一些Excel最基础的内容，通过对基础内容的了解，才能畅通无阻地对Excel进行更深入的学习。

在新建工作簿时，具体操作步骤如下。

01 首先在运行Excel时，与Word相同的是新建或打开最近的文档，如图7-1所示。

02 在进入Excel首页后单击"空白工作簿"，新建的空白工作簿如图7-2所示。

图7-1

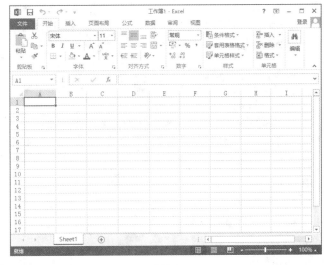

图7-2

03 新建的工作簿大致分为如图7-3所示的几大部分。

其中重要的部分为工作表和单元格两部分，工作表区是一个个单元格组成的，用户可以在"工作表区"中输入信息，事实上，Excel的强大功能主要是依靠对"工作表区"中的数据进行编辑及处理来实现的，而组成工作表区的重要成员就是单元格。单元格主要用来输入、分割和统计信息。

图 7-3

7.2 普通数据的输入——电器销售表

效果文件	效果\cha07\电器销售表.xlsx	难易程度	★★☆☆☆
视频文件	视频\cha07\7.2电器销售表.avi		

　　Excel允许在工作表区的单元格中输入文本、数值、日期、时间、批注、公式等多种类型的信息，下面通过制作电器销售表案例介绍普通数值的输入。

7.2.1　文本、数值数据的输入

　　下面介绍简单的文本和数据的输入，具体操作步骤如下。

01 新建一个空白的工作簿，如图7-4所示。

02 使用鼠标在需要的A2单元格中单击，这时在单元格名称中显示为A2，在编辑栏中输入"名称"文本，如图7-5所示。

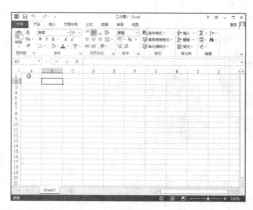

图 7-4

> **提示**
>
> 　　在单元格中输入文本有两种方法，第一种是可以选择相应的单元格，直接输入文本；第二种是在单元格编辑栏中输入文本。

03 继续在B2、C2、D2单元格中输入相应的文本内容，如图7-6所示。

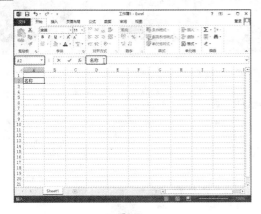

图7-5

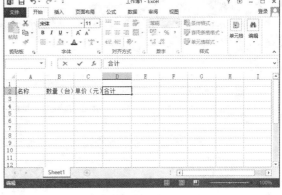

图7-6

04 采用同样的方法输入文本内容和数字，如图7-7所示。

图7-7

7.2.2 插入货币符号

下面介绍常用的货币符号的插入，具体操作步骤如下。

01 在工作簿中按住鼠标左键由上到下框选需要插入货币符号的数值，单击"开始数字"选项卡中的 ▾ （会计数字格式货币符号）按钮，在弹出的菜单中选择"¥中文（中国）"命令，如图7-8所示。

02 插入的货币符号如图7-9所示。

其他特殊符号的插入均在"插入"｜"符号"选项卡中，其插入方法与在Word中相同，这里就不详细介绍了。

图7-8

图7-9

7.3   使用规律数据制作学生学号表

视频文件	视频\cha07\7.3使用规律数据制作学生学号表.avi
难易程度	★★☆☆☆

下面介绍如何在Excel中输入相同的数据、递增/递减数据、规律日期数据等内容。

7.3.1   相同数据的输入

在Excel中录入数据时，经常需要在多个单元格中输入相同的内容，如果逐一输入效率就会很低，下面介绍快速地输入相同的数据。

01 新建工作簿，并输入学生成绩表的相关内容，如图7-10所示。

02 在工作簿中选择"入学时间"单元格，按住鼠标左键拖动到最后一名同学的"入学时间"单元格，如图7-11所示。

03 按下键盘上的F2键，再按快捷键Ctrl+Enter，相同的数据将会出现在相邻的单元格中，如图7-12所示。

图7-10

图7-11

图7-12

🔆 **提 示**

这里用到的F2键为修改单元格内容；Ctrl+Enter为填充的快捷键。

04 选择班级"机电一班"单元格，将光标放置到单元格右下角处（这里称之为"填充柄"），当光标呈现为🔸形状时，如图7-13所示。按住鼠标左键拖动选择以下同学的班级单元格，这样也可以完成相同数据的输入，采用同样的方法，设置专业的相同数据，如图7-14所示。

图7-13

图7-14

7.3.2　递增/递减数据的输入

利用填充柄可以设置递增或递减的数据输入，操作步骤如下。

01 首先要输入特定序列的数据（至少两个），如图7-15所示为递增的数据。

02 框选这些特定的递增数据，并拖动填充柄，如图7-16所示。

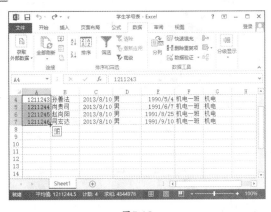

图7-15

图7-16

03 根据提示确定鼠标在需要设置到的学号位置松开，如图7-17所示填充递增数值。

04 如果需要设置递减的数据，可以在较大数据的相邻单元格中输入较小的数值，如图7-18所示。

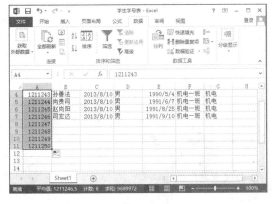

图7-17

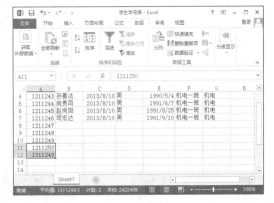

图7-18

05 选择两个递减的数据，拖动填充柄，如图7-19所示。

06 根据提示松开鼠标，即可得到递减的数据，如图7-20所示。

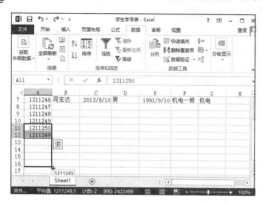
图7-19

图7-20

07 拖动填充柄除了可以递增、递减参数外，还可以填充相同的数据，这里选择如图7-21所示的入学时间单元格。

08 拖动填充柄，可以看到填充的日期为递增的（这种行为称之为"记忆法填充"），如图7-22所示。

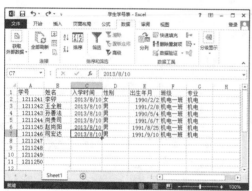
图7-21

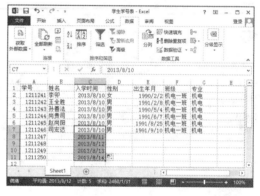
图7-22

09 如果这种模式不是我们想要的，而需要的是相同的日期。可单击快速复制出的单元格右侧的（快速复制）下拉按钮，在弹出的下拉菜单中选择"复制单元格"命令，如图7-23所示。

10 这样即可复制第一个单元格中的数字或文本，如图7-24所示。

图7-23

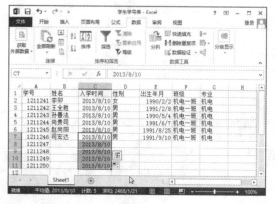
图7-24

7.4 学生学号表中特殊数据的输入

视频文件	视频\cha07\7.4学生学号表中特殊数据的输入.avi
难易程度	★★☆☆☆

本节将介绍如何输入固定有规律和指定范围的数据。

7.4.1 输入固定有规律的数据

有时可能需要大量输入如"1211***"的号码，即前面的一串数字是固定的，对于这种问题，采用"自定义"单元格格式的方法可以加快输入速度。

01 首先完善一下学生学号表格，如图7-25所示。

02 选择需要输入固定有规律的数据表格，如图7-26所示。

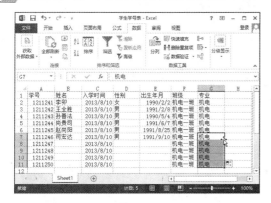

图7-25

图7-26

03 单击"开始"｜"数字"选项卡右下角的 （数字格式）按钮，在弹出的对话框中选择"数字"选项卡，并在"分类"列表框中选择"自定义"选项，如图7-27所示。

04 在对话框右侧的"类型"文本框中输入文本1211***，后面的不确定数值用0代替即可，如图7-28所示。

图7-27

图7-28

05 设置固定的数字后，确定单元格处于选择状态，在单元格中接着输入学号251，如图7-29所示。

06 按Tab键切换到下一个单元格中，同样输入数值，采用同样的方法只输入尾三位数即可，如图7-30所示。

图7-29

图7-30

7.4.2 指定范围数值的输入

在Excel中录入数据时难免会碰到大量的数据需要输入，如果需要输入的数据是有一定规律的，或者是数据范围固定，那么使用Excel自带的工具"数据验证"就再适合不过了。

01 继续在学生学号工作簿中编辑，在H1单元格中输入"期末总成绩"文本，并选择下列所属学生的单元格，如图7-31所示。

02 单击"数据"｜"数据工具"选项卡中的 🗒（数据验证）按钮，如图7-32所示。

图7-31

图7-32

03 打开"数据验证"对话框，从中选择"设置"选项卡，设置"允许"为"文本长度"，如图7-33所示。

> **提 示**
>
> 在"允许"下拉列表中可以选择需要界定的数值类型。

04 打开"数据"下拉列表，从中可选择"介于、未介于、等于、不等于、大于、小于、大于或等于、小于或等于"几种选项，如图7-34所示。

05 设置文本长度的"数据"为"大于或等于"，并设置"最小值"为3，如图7-35所示。

> **提 示**
>
> 这里设置的最小值是文本的长度数据，最小位数为3位数。

图7-33　　　　　　　　　　　图7-34　　　　　　　　　　　图7-35

06 在选择的文本框中输入文本，这里文本长度的最小值设置为3，如果小于三位数即可弹出"输入值非法"对话框，如图7-36所示。

07 大于3的数值就不会弹出"输入值非法"对话框，如图7-37所示。

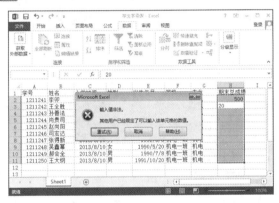
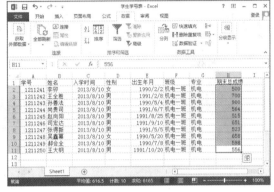

图7-36　　　　　　　　　　　　　　　　　　　图7-37

08 在"数据验证"对话框中，设置数据为"小于"，设置"最大值"为4，如图7-38所示。设置该值则表示最大值不超过四位数。

09 如果输入的数据超过四位数，将弹出"输入值非法"对话框，如图7-39所示。

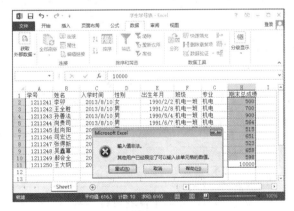

图7-38　　　　　　　　　　　　　　　　　　　图7-39

10 在"数据验证"对话框中，设置"允许"为"整数"，设置"数据"为"小于"，设置"最小值"为700，这样设置的整数不得超过700，如图7-40所示。

11 如果在选择的单元格中设置一个超过700的整数，则提示"输入值非法"，如图7-41所示。

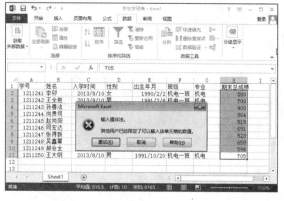

图 7-40   图 7-41

12 在"数据验证"对话框中,设置"允许"为"整数",设置"数据"为"大于",设置"最小值"为300,这样设置的整数不得低于300,如图7-42所示。

13 如果在选择的单元格中设置一个低于300的整数,则提示"输入值非法",如图7-43所示。

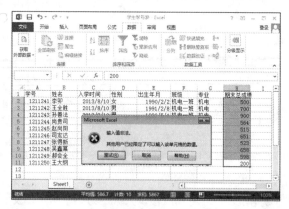

图 7-42   图 7-43

> **提 示**
>
> 在"数据验证"对话框中,通过选择"允许"类型,可设置固定数值的输入,读者可以逐一尝试,这里就不详细介绍了。

7.5   编辑学生学号表的数据

效果文件	效果\cha07\学生学号表. xlsx	难易程度	★★☆☆☆
视频文件	视频\cha07\7.5编辑学生学号表的数据.avi		

下面介绍如何对制作的工作表进行编辑。

7.5.1   修改单元格数据

修改单元格数据的方法有如下三种。

方法一：选择单元格，通过编辑栏修改数据。

01 选择需要修改的单元格，如图7-44所示。

> **提 示**
>
> 使用键盘也可以选择单元格，只需按上下左右键即可，以当前单元格为起点上下左右选择单元格。

02 在编辑栏中输入正确的数据，如图7-45所示。

图7-44

图7-45

方法二：双击单元格，修改数据。

01 双击需要修改数据的单元格，这时在单元格中出现闪动的光标，如图7-46所示。

02 选择数据并删除，然后重新输入新数据。

方法三：选择单元格后直接输入正确的数据，这种方法是最常用和快捷的，如图7-47所示。

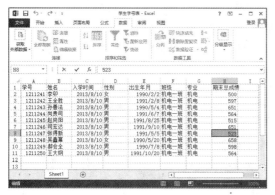

图7-46

图7-47

7.5.2 复制和移动数据

在Excel中，可以将选择的单元格移动或复制到同一个工作表中不同的位置、不同的工作表甚至不同的工作簿中。与Word中的移动和复制一样，可以通过剪贴板和鼠标移动的方式移动或复制Excel单元格。

移动单元格的位置有两种方法。

方法一：选择需要移动的单元格，使用鼠标拖动到合适的位置。

01 在工作簿中选择需要移动的单元格，如图7-48所示。

02 当光标呈现出移动工具图标时，拖动选择的单元格到合适的位置，如图7-49所示。

图7-48　　　　　　　　　　　　　　　图7-49

方法二：使用剪切命令。

01 选择需要移动的单元格，并右击鼠标，在弹出的快捷菜单中选择"剪切"命令，如图7-50所示。

02 选择到合适位置的起始单元格，如图7-51所示。

图7-50　　　　　　　　　　　　　　　图7-51

03 使用鼠标右击选择的单元格，在弹出的快捷菜单中单击 （粘贴）按钮，如图7-52所示。

04 粘贴后的单元格如图7-53所示。

图7-52　　　　　　　　　　　　　　　图7-53

🔘 提 示

　　使用剪切移动单元格的方法，可以将剪切的单元格移动到另一个工作簿中。

7.5.3 查找和替换资料

在Excel中，用户可以通过"查找"的方式定位工作表的某一位置，可以通过"替换"方式一次性替换工作表中特定的内容，下面介绍查找和替换资料的方法。

01 单击"开始"｜"编辑"选项卡中的 （查找和选择）按钮，在弹出的菜单中选择"查找"命令，如图7-54所示。

02 在弹出的"查找和替换"对话框中输入需要查找当前工作表中的数据或字符，如图7-55所示。

图7-54

图7-55

03 在"查找和替换"对话框中单击"查找全部"按钮，查找工作簿中的内容，显示在"查找和替换"对话框中如图7-56所示，在"查找和替换"对话框中提示有几个单元格被找到。

04 此时可以看到查找的内容在工作表中被选中，如图7-57所示。

图7-56

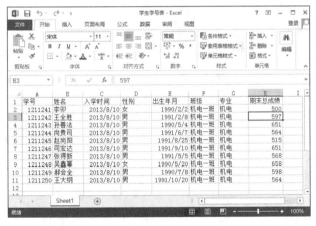

图7-57

> 💡 提 示
>
> 在Excel中，查找和替换功能的快捷键分别为Ctrl+F和Ctrl+H。

05 打开"查找和替换"对话框，选择"替换"选项卡，从中输入"查找内容"和"替换为"的字符或数据，单击"查找全部"按钮，在单元格中查找全部"查找内容"，找到的文本如图7-58所示。

06 单击"全部替换"按钮，将查找列出的内容全部替换掉，如图7-59所示。

图7-58

图7-59

07 替换工作表的内容，如图7-60所示。

08 在"查找和替换"对话框中单击"选项"按钮，显示查找的选项，如图7-61所示。

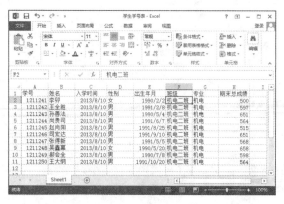

图7-60

图7-61

09 在选项中可以定位查找的范围，如"工作表"和"工作簿"，如图7-62所示。

10 同样在"查找和替换"对话框中也有替换的范围，如图7-63所示。

图7-62

图7-63

11 替换可以重新设定格式，如图7-64所示。单击"格式"按钮，在弹出的菜单中选择"从单元格选择格式"命令。

12 选择"从单元格选择格式"命令后，回到工作表中光标呈现 ⟨图标⟩ 形状，单击单元格，即可从单元格中选择需要的格式，如图7-65所示。单击"替换"按钮，即可在替换文字或数据的同时也将格式替换掉。

> **提 示**
>
> 当在"查找和替换"对话框中单击"查找下一个"按钮时，Excel会按照某个方向进行查找。如果在单击"查找下一个"按钮前，按住Shift键，Excel将按照与原查找方向相反的方向进行查找。

在查找过程中，有时"查找和替换"对话框中遮住了部分表格内容。在关闭"查找和替换"对话框后也可以继续查找下一个内容，方法是先进行一次查找，然后关闭"查找和替换"对话框，按快捷键Shift+F4即可继续查找下一个。

图7-64

图7-65

7.6 综合应用1——员工薪酬统计表

效果文件	效果\cha07\员工薪酬统计表.xlsx	难易程度	★★☆☆☆
视频文件	视频\cha07\7.6员工薪酬统计表.avi		

下面以制作员工薪酬统计表为例，介绍如何输入普通数据和快速复制单元格内容，操作步骤如下。

01 新建一个Excel工作簿，并在A1、B1、C1、D1、E1单元格中输入信息，如图7-66所示。

02 在"姓名"列下的单元格中输入名称，如图7-67所示。

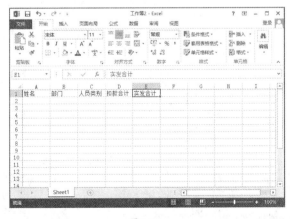

图7-66

图7-67

03 在"部门"列下的B2单元格中输入"经理办公室"，如图7-68所示。

04 向B3单元格中拖动填充柄，填充相同的内容，如图7-69所示。

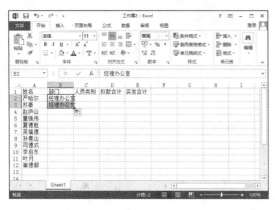

图7-68

图7-69

05 在B4单元格中输入"财务科"文本，拖动B4单元格的填充柄到B5单元格中，填充相同的内容，如图7-70所示。

06 在B6单元格中输入"人事科"文本，如图7-71所示。

图7-70

图7-71

07 拖动B6单元格填充柄，填充相同的内容到B7单元格，在B8单元格中输入"质检科"文本，如图7-72所示。

08 拖动B8单元格填充柄，填充相同的内容到B9单元格，在B10单元格中输入"行政科"文本，拖动B10单元格填充柄，填充相同的内容到B12单元格，如图7-73所示。

图7-72

图7-73

09 调整单元格B列的宽度，如图7-74所示。

10 采用相同的方法调整C列的宽度，如图7-75所示。

图7-74

图7-75

11 在C2单元格中输入文本"企业管理人"，并拖动填充柄到C12单元格，如图7-76所示。

12 复制相同的内容，如图7-77所示。

图7-76

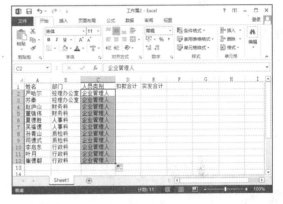

图7-77

13 在D2单元格中输入数值322.85，如图7-78所示。

14 拖动D2单元格的填充柄到D3单元格中，复制相同的内容，如图7-79所示。

图7-78

图7-79

15 在D4单元格中输入数值253.2，拖动填充柄到D12单元格中，如图7-80所示。

16 在E2单元格中输入文本5,150.00，如图7-81所示，拖动E2单元格的填充柄到E3单元格。

图7-80

图7-81

17 在E4单元格中输入数值2,500.00，拖动E4单元格的填充柄到E12单元格，如图7-82所示。

18 这样就完成了员工薪酬统计表的制作。

图7-82

7.7 综合应用2——员工联系电话

效果文件	效果\cha07\员工联系电话.xlsx	难易程度	★★☆☆☆
视频文件	视频\cha07\7.7员工联系电话.avi		

下面介绍移动数据、设置单元格格式、复制单元格和设置文本长度，以制作员工联系电话工作簿，具体操作步骤如下。

01 新建工作簿，并在A1、B1、C1和D1单元格中输入文本，如图7-83所示。

02 调整D列的宽度，如图7-84所示。

03 在A列中输入姓名，如图7-85所示。

04 选择输入到A列中的姓名，当光标呈移动形状时，如图7-86所示，移动到B列中。

05 在编号中输入001，如图7-87所示。

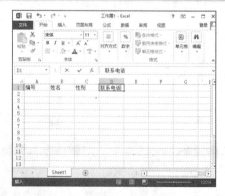
图7-83

图7-84

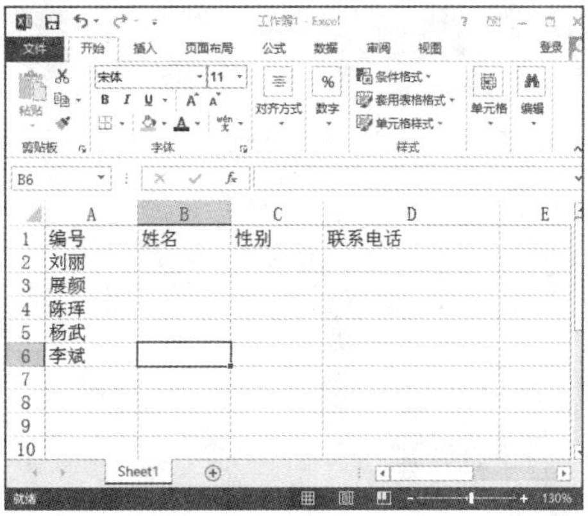

图7-85

图7-86

图7-87

06 按Enter键确定数值的输入，可以看到数值变为1，如图7-88所示。

07 选择需要输入编号的单元格，设置单元格数值的格式，如图7-89所示。

图7-88

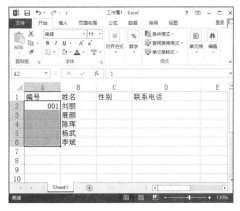

图7-89

08 单击"开始"│"数字"选项卡右下角的 （数字格式）按钮，在弹出的"设置单元格格式"对话框中选择"数字"选项卡，如图7-90所示。

09 在"设置单元格格式"对话框中选择"分类"为"自定义"，在"类型"文本框中输入000即可，如图7-91所示，单击"确定"按钮。

图7-90

图7-91

10 设置单元格格式后，在选择的单元格中输入001，按Tab键切换至选择的单元格下一个继续输入编号，如图7-92所示。

11 在"性别"列的C2单元格中输入"女"，选择单元格并右击鼠标，在弹出的快捷菜单中选择"复制"命令，如图7-93所示。

图7-92

图7-93

12 选择需要输入"女"的C5单元格，右击鼠标，在弹出的快捷菜单中单击 (粘贴) 按钮，如图7-94所示。

13 在C3单元格中输入"男"，拖动填充柄到C4单元格，复制内容，如图7-95所示。

图7-94

图7-95

14 采用复制的方法，将"男"文本粘贴到C6单元格中，如图7-96所示。

15 选择"联系电话"列下的5个单元格，单击"数据"｜"数据工具"选项卡中的 📝（数据验证）按钮，在弹出的菜单中选择"数据验证"命令，然后在弹出的"数据验证"对话框中设置"允许"为"文本长度"，设置"数据"为"小于或等于"，设置"最大值"为11位数，如图7-97所示。设置该对话框中的说明，选择的单元格可以输入小于11位数的数据。

图7-96

图7-97

16 在"联系电话"列的D2单元格中输入文本，如果文本大于11位数时，则提示"输入值非法"对话框，如图7-98所示。

17 只要输入的数值小于11位数，即可设置下一项，如图7-99所示。

图7-98

图7-99

18 选择"联系电话"列下的5个单元格，单击"数据"｜"数据工具"选项卡中的 📝（数据验证）按钮，在弹出的菜单中选择"数据验证"命令，然后在弹出的"数据验证"对话框中设置"允许"为"文本长度"，设置"数据"为"等于"，设置"长度"为11位数，如图7-100所示，单击"确定"按钮。

19 这样设置的表格只允许输入11位数的数据，超过或小于都会提示"输入值非法"对话框，如图7-101所示。

20 在"联系电话"列下的单元格中输入11位数的数值即可，如图7-102所示。

图7-100

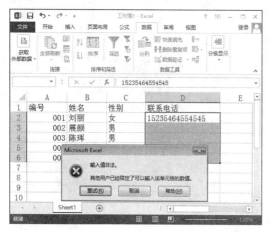

图7-101

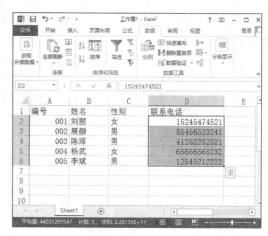

图7-102

 7.8　本章小结

　　本章介绍了工作簿、工作表以及单元格的使用方法，包括如何输入简单的文本和数据，输入固定有规律的数据和范围数据。另外，还简单介绍了修改、复制、移动单元格和查找替换单元格中的资料等内容。通过对本章的学习，读者可以制作简单的工作簿。

第8章 数据表格的美化

本章将介绍为工作表插入表格，修改并调整表格的样式和效果，设置表格中的文字对齐，设置单元格的边框和底纹，应用和套用单元格/表格样式等来美化数据表格。

8.1 入库表

视频文件	视频\cha08\8.1入库表.avi
难易程度	★★☆☆☆

下面介绍入库表的制作，其中主要应用到的命令有插入、删除单元格，定义与应用单元格名称、隐藏整行或整列单元格、合并单元格、设置单元格行高与列宽等等。

8.1.1 插入表格

在工作表中插入表格有以下两种方法。

方法一：

`01` 新建工作簿，在工作表上选择要包括在表格中的单元格区域，这些单元格可以为空，也可以包含数据，如图8-1所示。

`02` 单击"插入"｜"表格"选项卡中的▦（表格）按钮，如图8-2所示。

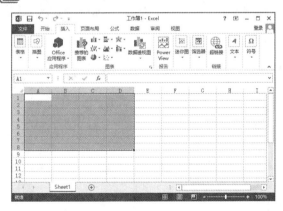

图8-1   图8-2

`03` 弹出"创建表"对话框，可以看到表格来源为A1到D9，这是选择的表格起始位置如图8-3所示，单击"确定"按钮。

`04` 插入的表格如图8-4所示。

方法二：

选择单元格，按快捷键Ctrl+L和Ctrl+T，也可以弹出"创建表"对话框，创建表格。

图8-3

图8-4

8.1.2 删除表格

删除表格的方法有以下4种。

方法一：在创建的表格上右击鼠标，然后在弹出的快捷菜单中选择"删除"命令，如图8-5所示。

方法二：单击"开始" | "编辑"选项卡中的 ▓（清除）按钮，在弹出的菜单中选择"全部清除"命令，如图8-6所示。

图8-5

图8-6

方法三：直接按键盘上的Delete键，删除表格。

方法四：单击"设计" | "单元格"选项卡中的 ▓（删除单元格）按钮，在弹出的菜单中选择相应的命令，如图8-7所示。

图8-7

8.1.3 定义与应用单元格名称

在Excel中定义名称的方法有三种。

方法一：使用公式栏左边的名称框。

01 在公式栏左侧的名称框中可以看到该表名称为"表3",如图8-8所示。

02 将名称改为"入库表",如图8-9所示。

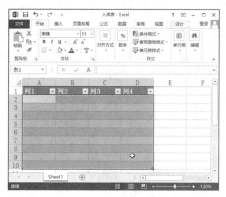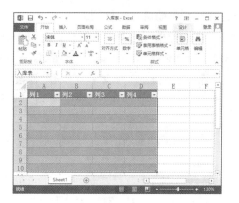

图8-8   图8-9

方法二:使用"设计" | "属性"选项卡设置名称。

01 选择表,在"设计"|"属性"选项卡中可以看到"表名称",如图8-10所示。

02 命名表名称即可,如图8-11所示。

图8-10   图8-11

方法三:使用"公式"|"定义的名称"选项卡来新建名称。

01 选择整个表,单击"公式"选项卡下的"定义的名称"按钮,在弹出的菜单中单击 ⬚（定义名称）按钮,如图8-12所示。

02 弹出"新建名称"对话框,在"引用位置"文本框中单击鼠标,可以查看需要命名的区域,命名"名称"为"入库表",如图8-13所示,单击"确定"按钮。

图8-12   图8-13

8.1.4 隐藏整行或整列单元格

下面介绍两种隐藏单元格的方法。

方法一：选择单元格并右击鼠标，通过弹出的快捷菜单可隐藏单元格。

01 选择一行或一列单元格，如图8-14所示。

02 右击鼠标，在弹出的快捷菜单中选择"隐藏"命令，如图8-15所示。

图8-14 　　　　　　　　　　　　　　图8-15

03 隐藏选择的单元格效果如图8-16所示。

04 在隐藏整列单元格的位置右击鼠标，在弹出的快捷菜单中选择"取消隐藏"命令，如图8-17所示为显示的单元格。

图8-16 　　　　　　　　　　　　　　图8-17

方法二：单击"表格工具"｜"设计"｜"单元格"选项卡中的 🔲 （格式）按钮。

01 选择任意需要隐藏的行或列的单元格，单击"表格工具"｜"设计"｜"单元格"选项卡中的 🔲 （格式）按钮，在弹出的菜单中选择"隐藏或取消隐藏"命令，从中选择隐藏行或列的命令，如图8-18所示。

图8-18

02 隐藏行或列之后，可以单击"表格工具"|"设计"｜"单元格"选项卡中的▦（格式）按钮，在弹出的菜单中选择"取消隐藏"命令。

⬛ 8.1.5　合并单元格

下面介绍两种合并单元格的方法。

方法一：选择需要合并的单元格，鼠标右击出现浮动工具栏，在其中单击▦（合并后居中）按钮。

01 选择整个表格，如图8-19所示。

02 移动表格到下一行，如图8-20所示。

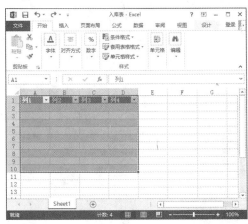

图8-19

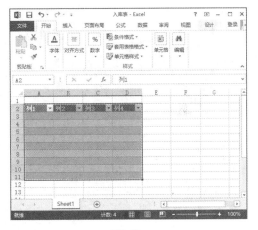

图8-20

03 选择表格上的一行单元格，右击鼠标，弹出浮动工具栏，在其中单击▦（合并后居中）按钮，如图8-21所示。

04 合并单元格后如图8-22所示。

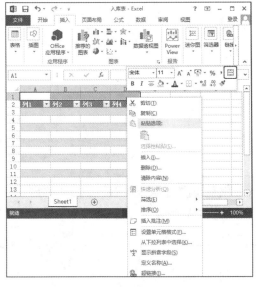

图8-21

图8-22

方法二：单击"开始"｜"对齐方式"选项卡中的 囲（合并单元格）按钮，在弹出的菜单中选择需要的合并方式，如图8-23所示。

图 8-23

🔲 8.1.6　设置单元格的行高与列宽

设置单元格的行高和列宽的操作步骤如下。

01 选择一列单元格，如图8-24所示。

02 单击"表格工具"｜"设计"｜"单元格"选项卡中的 囲（格式）按钮，在弹出的菜单中选择"列宽"命令，如图8-25所示。

03 弹出"列宽"对话框，可以看到选择的该列单元格的宽度，如图8-26所示。

图 8-24

图 8-25

图 8-26

> 💡 **提　示**
>
> 在弹出的设置行高和列宽的快捷菜单中，如果设置的字体过大或输入的字符过多，可以使用"自动调整行高"和"自动调整列宽"命令。

04 重新设置列宽为9，如图8-27所示，单击"确定"按钮。

05 或者可以选择多列一起设置列宽，如图8-28所示。

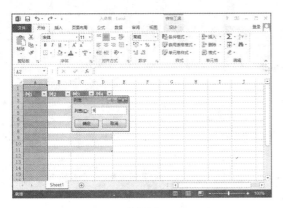
图8-27

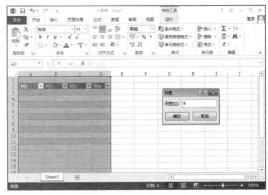
图8-28

06 选择需要设置行高的单元格行，如图8-29所示。

07 单击"表格工具"｜"设计"｜"单元格"选项卡中的▦（格式）按钮，在弹出的菜单中选择"行高"命令，弹出"行高"对话框，如图8-30所示。

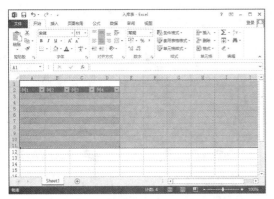
图8-29

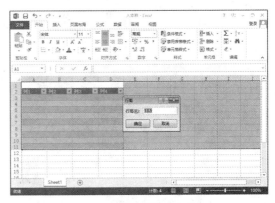
图8-30

08 在"行高"对话框中重新设置"行高"为15，如图8-31所示，单击"确定"按钮。

09 设置行高和列宽后的单元格如图8-32所示。

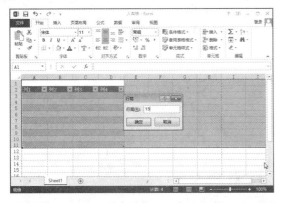
图8-31

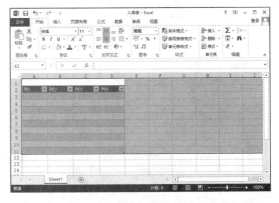
图8-32

> **提 示**
>
> 另一种设置行高和列宽的方法是通过拖动行或列名称分隔线的方式调整行高和列宽。

8.2 设置入库表的格式

视频文件	视频\cha08\8.2设置入库表的格式.avi
难易程度	★★☆☆☆

下面介绍为入库表输入文本，设置文本字体格式和对齐方式，设置数字格式、单元格边框和底纹等操作。

8.2.1 设置文本字体格式和对齐方式

设置单元格中的文本格式和对齐方式的操作步骤如下。

01 在表格中输入文本，如图8-33所示。

02 选择整个表格和表格上的单元格，如图8-34所示，单击"开始"｜"对齐方式"选项卡中的"垂直对齐"和"居中对齐"图标。

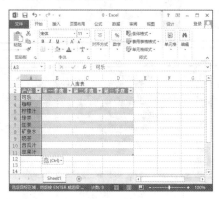
图8-33

图8-34

03 在表格中选择如图8-35所示的单元格，设置文本的字体格式。

> **提示**
>
> 在Excel中设置字体格式和Word中设置字体格式是一样的，这里就不详细介绍了。还可以通过在"开始"｜"数字"选项卡中单击右下角的 □（数字格式）按钮，弹出"设置单元格格式"对话框，选择"对齐"选项卡，在其中设置对齐方式，如图8-36所示。

图8-35

图8-36

8.2.2 向单元格中输入数据

下面介绍为入库表中输入数据。

01 选择各季度下的单元格,设置单元格格式。单击"开始"|"数字"选项卡中的 (快捷数字格式)按钮,在弹出的菜单中选择"¥中文(中国)"命令,如图8-37所示。

02 输入货币数值,如图8-38所示。

图8-37

图8-38

03 单击"开始"|"数字"选项卡中的 (增加小数位数)按钮,将选择的单元格数值的小数点在原始的两位中增加一位变为三位,如图8-39所示。单击 (减少小数位数)按钮可以减少小数点后的位置。

04 单击"开始"|"数字"选项卡中的 (千位分隔符)按钮,可以快速显示千位分隔符,如图8-40所示,该图是早就设置好的千位分隔符。

图8-39

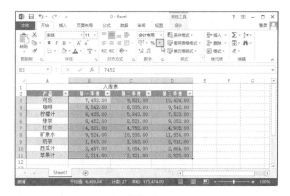

图8-40

05 在"开始"|"数字"选项卡中还有许多隐藏的单元格数字格式,单击"开始"|"数字"选项卡右下角的 (数字格式)按钮,弹出"设置单元格格式"对话框,从中选择"数字"按钮,在该选项卡中同样也可以设置小数位数、货币符号,如图8-41所示选择"会计专用"分类。

06 选择分类为"数值",在右侧显示设置项目,包括"小数位数"和是否"使用千位分隔符",如图8-42所示。

07 选择分类为"货币",在右侧显示设置项目,通过该对话框可以设置当前选择的单元格货币格式,如图8-43所示。

08 选择分类为"日期",在右侧显示设置项目,可以在日期类型中选择需要设置当前单元格的日期格式,如图8-44所示。

图8-41

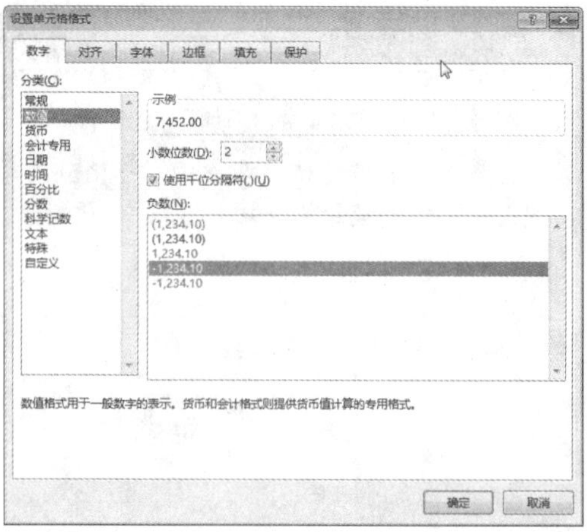

图8-42

图8-43

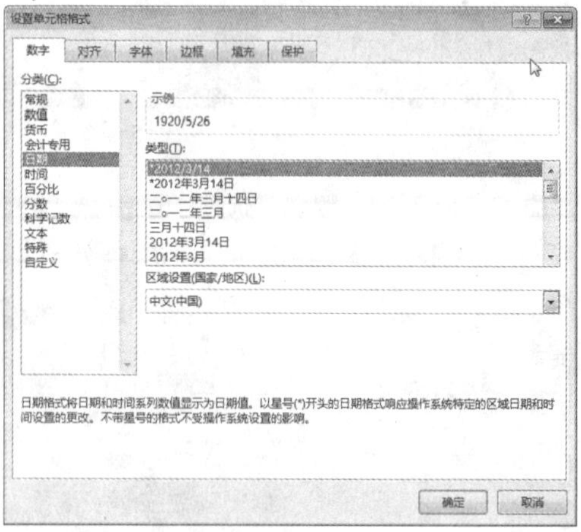

图8-44

09 选择分类为"时间",在右侧显示设置项目,选择时间类型,如图8-45所示,可以设置单元格的时间类型格式。

10 选择分类为"百分比",该类型只显示设置项目为"小数位数",如图8-46所示。

图8-45

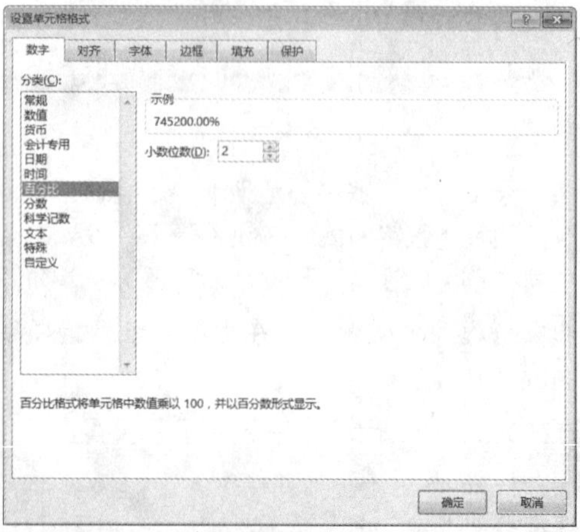

图8-46

11 选择分类为"分数"，在右侧显示设置项目，选择分数类型，如图8-47所示。

12 另外还可以选择分类为"科学记数"、"文本"、"特殊"等，这里就不详细介绍了。下面来看一下分类为"自定义"格式，如图8-48所示。从中可以定义单元格的时间、货币、日期等数据格式。

图8-47

图8-48

❶ 8.2.3 设置单元格边框和底纹

　　Excel单元格默认情况下没有边框，通过Excel的"边框"工具，可以快速设置单元格的边框、线形、颜色和粗细等属性。下面介绍如何设置单元格的边框和底纹。

01 首先选择需要设置边框和底纹的单元格，如图8-49所示。

02 单击"开始"｜"数字"选项卡右下角的 ⌐ （数字格式）按钮，弹出"设置单元格格式"对话框，从中选择"边框"选项卡，在"线条"样式组中选择一种合适的边框线条，如图8-50所示。

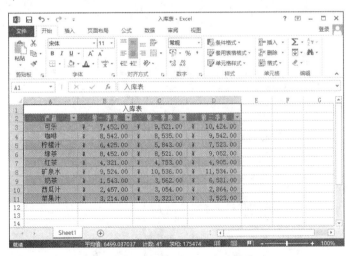

图8-49

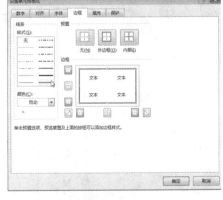

图8-50

03 在"颜色"下拉列表中选择合适的边框颜色，如图8-51所示。

04 在"预置"选项组中选择"外边框"和"内边框"，在"边框"选项组中，设置显示和隐藏边框的区域按钮，如图8-52所示。

图 8-51

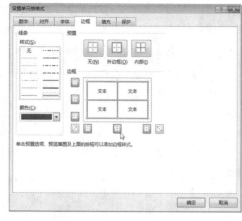

图 8-52

05 选择"填充"选项卡,在其中可以在"背景色"选项组中选择合适的颜色,如图8-53所示。

06 单击"填充效果"按钮,弹出"填充效果"对话框,在其中可以设置填充色的渐变样式,如图8-54所示。

图 8-53

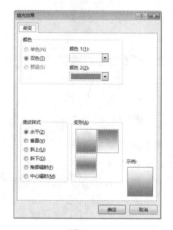

图 8-54

07 返回到"设置单元格格式"对话框中的"填充"选项卡,单击"其他颜色"按钮,可以在弹出的对话框中选择任意"标准"和"自定义"颜色,如图8-55所示。

08 单击"图案样式"下拉按钮,在弹出的下拉列表中选择合适的图案,如图8-56所示。

图 8-55

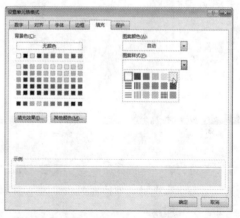

图 8-56

09 选择合适的图案后，单击"图案颜色"下拉按钮，在弹出的下拉列表中选择合适的图案颜色即可，如图8-57所示。

10 设置边框和底纹后的入库表如图8-58所示。

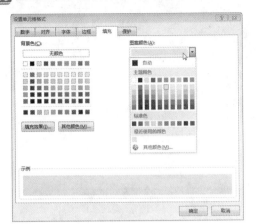

图8-57

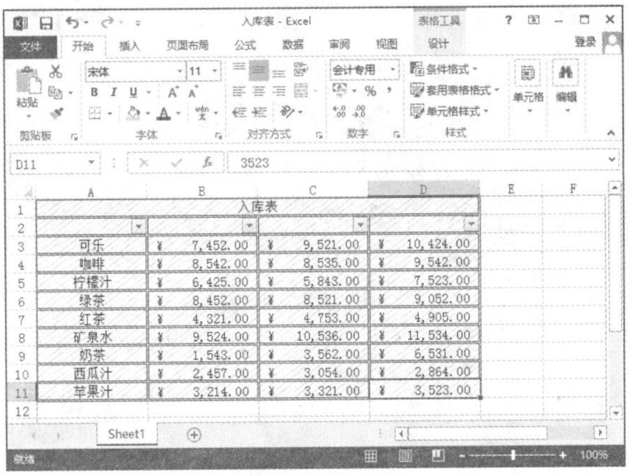

图8-58

8.3 快速设置入库表样式

效果文件	效果\cha08\入库表.xlsx	难易程度	★★☆☆☆
视频文件	视频\cha08\8.3快速设置入库表样式.avi		

下面介绍如何使用快捷方式设置工作表和单元格的样式。

8.3.1 应用单元格样式

下面介绍如何快速应用单元格样式，操作步骤如下。

01 选择需要设置样式的单元格，这里也可以选择表格，如图8-59所示。单击"开始"｜"样式"选项卡中的 🖋（单元格样式）按钮，在弹出的菜单中可以选择任意格式。

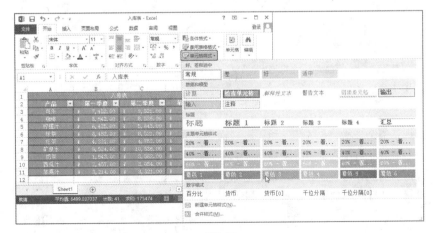

图8-59

02 如果没有满意的样式，可以在"单元格样式"菜单中选择"新建单元格样式"命令。

03 在弹出的"样式"对话框中单击"格式"按钮（如图8-60所示），弹出"设置单元格格式"对话框，在其中可以设置单元格的数字、对齐、字体、边框、填充等，如图8-61所示。

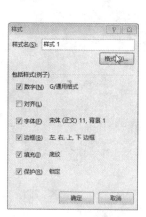

图8-60

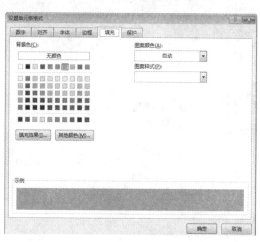

图8-61

8.3.2 套用表格样式

　　如果前面设置了单元格样式，那么必须取消掉表格的单元格样式才能套用表格样式。下面介绍表格样式的套用。

01 首先选择表格，单击"开始"｜"样式"选项卡中的 （单元格样式）按钮，在弹出的菜单中选择"常规"命令，如图8-62所示，这样就可以为表格设置样式了。

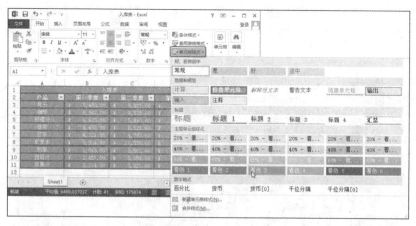

图8-62

02 确定当前选择了整个表格，单击"开始"｜"样式"选项卡中的 （套用表格格式）按钮，在弹出的菜单中选择合适的表格样式，如图8-63所示。

03 如果没有合适的样式，可以选择"新建表格样式"命令，打开"新建表样式"对话框，在"表元素"列表框中设置格式应用的表位置，如图8-64所示。

04 单击"格式"按钮，弹出"设置单元格格式"对话框，在其中设置字体、边框和填充效果，如图8-65所示。

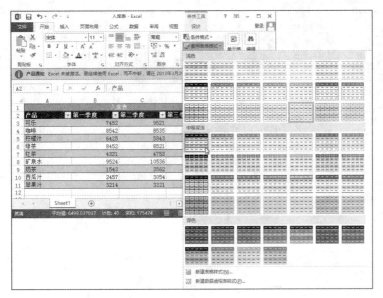

图8-63

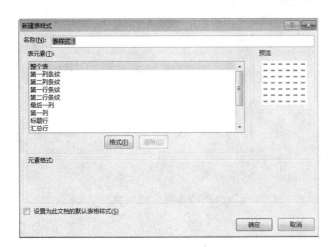

图8-64

图8-65

05 设置后单元格的效果如图8-66所示，
使用学过的方法设置入库表为满意的
效果即可。

图8-66

8.4 综合应用1——药品成分

效果文件	效果\cha08\药品成分.xlsx	难易程度	★★☆☆☆
视频文件	视频\cha08\8.4药品成分.avi		

下面介绍单元格的设置，其中包括合并单元格、设置单元格的行高或列宽、套用单元格格式等操作制作药品成分数据。

01 新建一个Excel工作簿，选择B列，如图8-67所示。

02 选择"开始"｜"单元格"选项卡，单击 （格式）按钮，在弹出的菜单中选择"列宽"命令，如图8-68所示。

图8-67

图8-68

03 弹出"列宽"对话框，设置"列宽"参数为50，如图8-69所示。

04 在工作簿中选择如图8-70所示的单元格，并选择"开始"｜"单元格"选项卡，单击 （格式）按钮，在弹出的菜单中选择"行高"命令，然后在弹出的对话框中设置当前"行高"为25，如图8-70所示。

图8-69

图8-70

05 选择A列单元格，选择"开始"│"单元格"选项卡，单击 ▦（格式）按钮，在弹出的菜单中选择"列宽"命令，然后在弹出的对话框中设置当前"列宽"为20，如图8-71所示。

06 在A1单元格中输入文本，如图8-72所示。

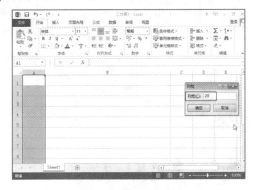

图8-71

图8-72

07 设置A1单元格中的字体大小为16，如图8-73所示。

08 为了统一和方便，可设置单元格为相同的字体大小。选择如图8-74所示的单元格，设置单元格字体的大小为16，如图8-74所示。

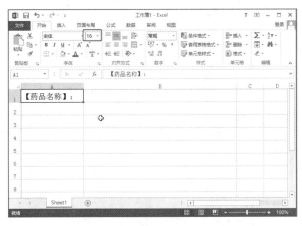

图8-73

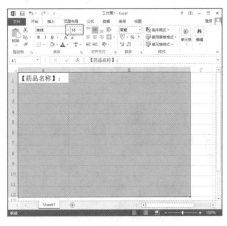

图8-74

09 在A列中输入文本，如图8-75所示。

10 在B列中输入相关的文本内容，如果输入的内容超出单元格，效果如图8-76所示。

图8-75

图8-76

11 选择超出单元格内容的行，选择"开始"｜"单元格"选项卡，单击▦（格式）按钮，在弹出的菜单中选择"自动调整行高"命令，如图8-77所示。

12 采用同样的方法输入B列中的相关文本，如图8-78所示。

图8-77　　　　　　　　　　　　　　　　图8-78

13 在工作簿中选择如图8-79所示的单元格，并将选择的单元格下移一行。

14 选择A1和B1单元格，右击鼠标，在弹出的快捷工具栏中单击▦（合并单元格并居中）按钮，如图8-80所示。

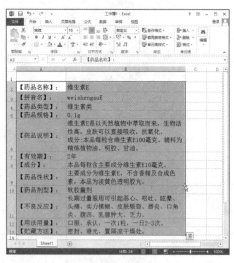
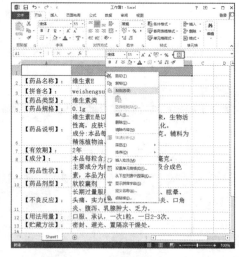

图8-79　　　　　　　　　　　　　　　　图8-80

15 合并单元格后，在单元格中输入文本，设置字体的大小，如图8-81所示。

16 选择需要设置格式的单元格，单击"开始"｜"样式"选项卡中的▧（单元格样式）按钮，在弹出的菜单中选择合适的格式，如图8-82所示。

17 选择作为标题的单元格，并为其设置一个单独的单元格样式，如图8-83所示。

18 完成的"药品成分"文件如图8-84所示，这里可以看到应用格式后字体和单元格为自适应状态，如果有需要还可以选择单元格并设置字体和单元格的样式。

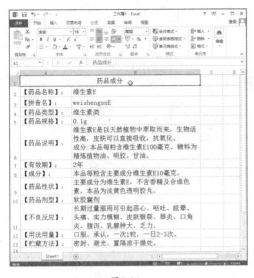

图8-81

图8-82

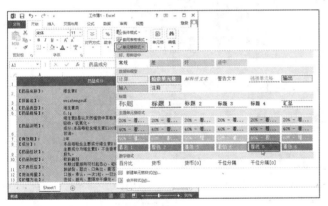

图8-83

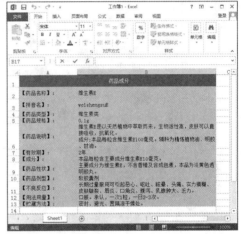

图8-84

8.5 综合应用2——员工业绩统计表

效果文件	效果\cha08\员工业绩统计表.xlsx	难易程度	★★☆☆☆
视频文件	视频\cha08\8.5员工业绩统计表.avi		

下面介绍使用表格制作员工业绩统计表，通过设置表格的格式和数字格式完成统计表。

01 新建工作簿，选择如图8-85所示的单元格。

02 单击"插入"｜"表格"选项卡中的▦（表格）按钮，如图8-86所示。

03 在弹出的对话框中看一下表格的范围，如图8-87所示。

04 选择插入表格中，移动表格到下一行，如图8-88所示。

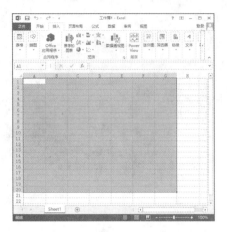

图8-85

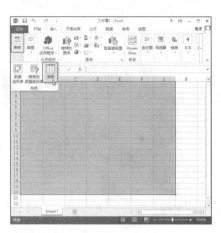

图8-86

图8-87

图8-88

05 选择第一行A至G单元格，并将其合并，输入文本，如图8-89所示。

06 在表格中输入文本，如图8-90所示。

图8-89

图8-90

07 选择所有需要用到的表格和单元格，单击"表格工具"｜"开始"｜"单元格"选项卡中的▦（格式）按钮，在弹出的菜单中选择"自动调整行高"和"自动调整列宽"命令，如图8-91所示。

08 设置好的单元格如图8-92所示。

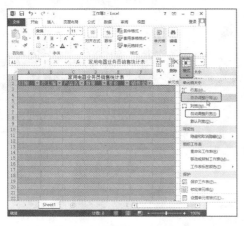

图8-91   图8-92

09 在3行单元格中输入文本数据，如图8-93所示。

10 选择"日期"一列，如图8-94所示。

图8-93   图8-94

11 单击"开始"｜"数字"选项卡右下角的 ⌐ （数字格式）按钮，弹出"设置单元格格式"对话框，选择"数字"选项卡，选择分类为"日期"，在右侧选择日期类型，如图8-95所示。

12 设置单元格日期格式后的效果如图8-96所示。

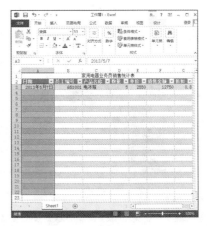

图8-95   图8-96

13 选择"员工编号"一列，如图8-97所示。

14 单击"开始"｜"数字"选项卡右下角的 ⌐（数字格式）按钮，弹出"设置单元格格式"对话框，选择"数字"选项卡，从中选择分类为"自定义"，在右侧设置类型为651000，如图8-98所示。

图8-97　　　　　　　　　　　　　　　　　图8-98

15 在员工编号中输入尾三位数即可，如图8-99所示。

16 选择单价的单元格，单击"开始"｜"数字"选项卡中的 ，（千位分隔样式）按钮，如图8-100所示。

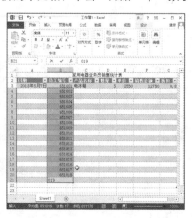

图8-99　　　　　　　　　　　　　　　　　图8-100

17 选择"折扣"列，单击"开始"｜"数字"选项卡中的 %（百分比样式）按钮，如图8-101所示。

18 在"日期"列中拖动日期的填充柄，以填充日期，如图8-102所示。

图8-101　　　　　　　　　　　　　　　　　图8-102

19 拖动填充柄后，单击▤按钮，在弹出的菜单中选择"复制单元格"命令，如图8-103所示。

20 复制相同的数据，如图8-104所示。

| 图8-103 | 图8-104 |

21 输入数据，效果如图8-105所示。

22 选择如图8-106所示的单元格，设置货币样式。

| 图8-105 | 图8-106 |

23 选择如图8-107所示的单元格，设置其单元格的 **%**（百分比样式）。

24 设置好单元格格式后，输入数据，如图8-108所示。

| 图8-107 | 图8-108 |

25 在工作簿中选择整个表格，单击"开始"｜"样式"选项卡中的 (套用表格格式)按钮，在弹出的菜单中选择合适的表格样式，如图8-109所示。

26 设置表格的样式如图8-110所示。

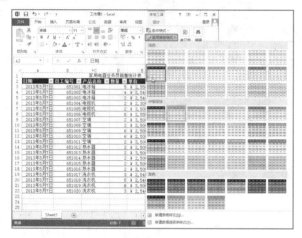

图8-109

图8-110

27 选择整个表格，设置对齐方式为居中，如图8-111所示。

28 在工作簿中选择如图8-112所示的单元格，设置单元格的样式。

图8-111

图8-112

8.6 本章小结

本章介绍了Excel中表格的插入、删除、编辑等，同时介绍了单元格和表格的样式等，重点介绍数据的单元格格式。通过对本章的学习，读者可以学会如何设置表格、单元格的格式和样式。

第9章　管理数据

本章主要介绍突出显示特殊数据、简单对数据排序、自定义排序、自定义序列、自定义筛选、自动筛选、高级筛选等命令，以管理制作的数据。

9.1　突出显示特殊数据制作加班记录

效果文件	效果\cha09\员工加班记录.xlsx	难易程度	★★☆☆☆
视频文件	视频\cha09\9.1突出显示特殊数据制作加班记录.avi		

下面通过介绍员工加班记录来学习一下如何使用条件格式突出单元格。

01 新建工作簿，在如图9-1所示的单元格中输入文本。

02 设置单元格的格式为"自动调整列宽和自动调整行高"，如图9-2所示。

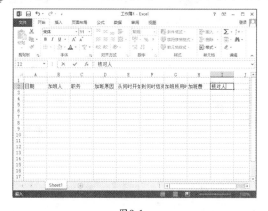

图9-1

图9-2

03 输入其他的数据，如图9-3所示。

04 选择如图9-4所示的单元格数据。

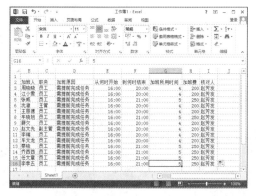

图9-3

图9-4

05 单击"开始"｜"样式"选项卡中的 🗒（条件格式）下拉按钮，在弹出的菜单中选择"突出显示单元格规则"｜"大于"命令，弹出"大于"对话框，在其中设置大于的数值为4.5，在"设置为"下拉列表中选择一个突出显示的样式，如图9-5所示。

06 如果在"设置为"下拉列表中没有合适的样式，可以选择"自定义格式"选项，弹出"设置单元格格式"对话框，在其中设置"字形"为"加粗"、"颜色"为蓝色，如图9-6所示，单击"确定"按钮。

图9-5

图9-6

07 此时可以看到设置"大于"4.5数值的数据显示为蓝色加粗，如图9-7所示。

08 在工作簿中选择加班费数据，单击"开始"｜"样式"选项卡中的 🗒（条件格式）下拉按钮，在弹出的菜单中选择"项目选取规则"｜"高于平均值"命令，如图9-8所示。

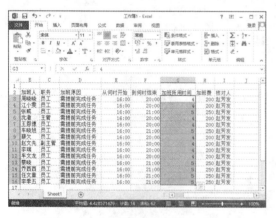

图9-7

图9-8

09 弹出"高于平均值"对话框，在"针对选定区域，设置为"下拉列表中选择"浅红填充色深红色文本"样式，如图9-9所示，单击"确定"按钮。

10 此时设置的加班费单元格数据的效果如图9-10所示。

11 继续设置"加班费"单元格数据的效果，选择"加班费"单元格数据，单击"开始"｜"样式"选项卡中的 🗒（条件格式）下拉按钮，在弹出的菜单中指向"数据条"命令，在其子菜单中选择一种合适的渐变填充，如图9-11所示。

12 如图9-12所示为设置的单元格渐变填充样式。

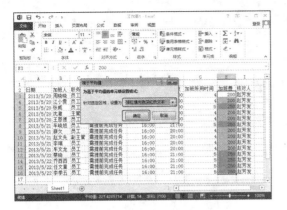

图9-9

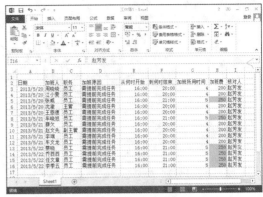

图9-10

图9-11

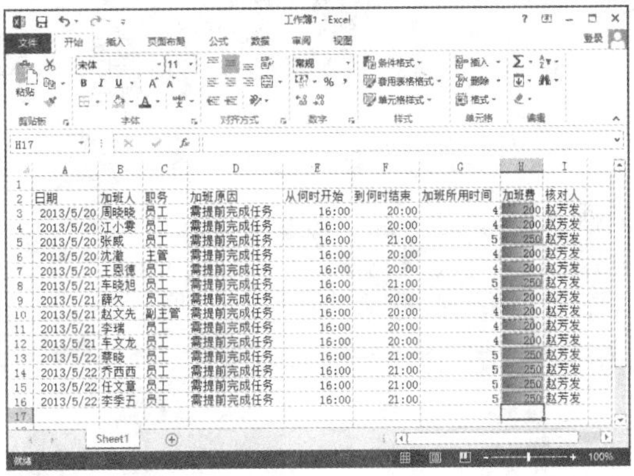

图9-12

13 选择 "加班所用时间" 的单元格数据，单击 "开始" | "样式" 选项卡中的 🔢（条件格式）下拉按钮，在弹出的菜单中指向 "图标集" 命令，然后在子菜单中选择合适的图标，如图9-13所示。

14 此时可以看到添加 "加班所用时间" 数据的图标效果，如图9-14所示。

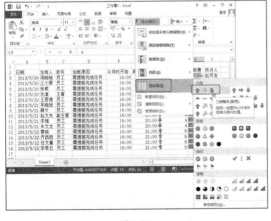

图9-13

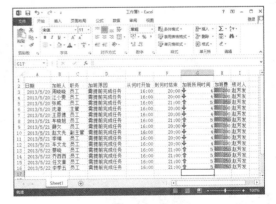

图9-14

15 继续选择加班所用的时间数据，如图9-15所示。

16 如果想进行更复杂的样式设置，这里单击 "开始" | "样式" 选项卡中的 🔢（条件格式）下拉按钮，在弹出的菜单中选择 "管理规则" 命令，如图9-16所示。

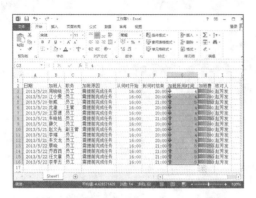

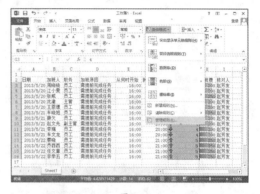

图9-15　　　　　　　　　　　图9-16

17 在弹出的"条件格式规则管理器"对话框中，可以查看当前的单元格管理格式，如图9-17所示。

18 单击"编辑规则"按钮，可以弹出"编辑格式规则"对话框，从中选择"选择规则类型"，在"编辑规则说明"选项组中设置各样式，如图9-18所示。

图9-17　　　　　　　　　　　图9-18

提 示

读者可以选择"选择规则类型"中的各种类型，对其进行逐一调试，这里就不详细介绍了。

9.2 加班记录排序

效果文件	效果\cha09\员工加班记录.xlsx	难易程度	★★☆☆☆
视频文件	视频\cha09\9.2加班记录排序.avi		

在使用Excel处理数据的时候，经常要对数据进行排序处理。下面将介绍如何对加班记录进行排序。

9.2.1 简单排序

下面介绍简单的排序方法，操作步骤如下。

01 在加班记录中选择"加班费"数据单元格，单击"开始"｜"编辑"选项卡中的 (排序和筛选)按钮，在弹出的菜单中选择"升序"命令，如图9-19所示。

02 选择"升序"命令后弹出如图9-20所示的对话框，根据提示选择"扩展选定区域"单选按钮，单击"排序"按钮。

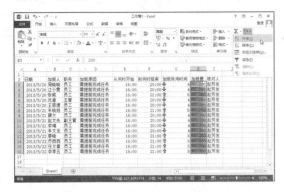

图9-19

图9-20

03 可以看到选择的数据以及对应的人物数据，这都是根据该数据值进行排序的，即从最低值到最高值进行排序，如图9-21所示。

04 选择如图9-22所示的单元格，单击"开始"｜"编辑"选项卡中的 按钮，在弹出的菜单中选择"降序"命令。

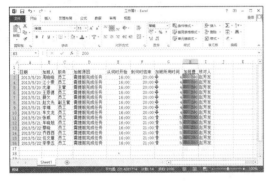

图9-21　　　　　　　　　　　　　　　　图9-22

05 在弹出的"排序提醒"对话框中如果选择"以当前选定区域排序"单选按钮，单击"排序"按钮，如图9-23所示。

06 出现如图9-24所示的打乱原本数据，只是针对了当前选择单元格进行了排序，所以在排序的过程中一定要注意，需要的是哪种排序方式。可见这种排序方式不适合该工作簿，按快捷键Ctrl+Z，回到上一步正确的排序中。

图9-23

图9-24

9.2.2 自定义排序

下面介绍复杂的自定义排序，操作步骤如下。

01 首先选择如图9-25所示的单元格，单击"开始"|"编辑"选项卡中的 ⒜ (排序和筛选) 按钮，在弹出的菜单中选择"自定义排序"命令。

02 弹出"排序"对话框，如图9-26所示。

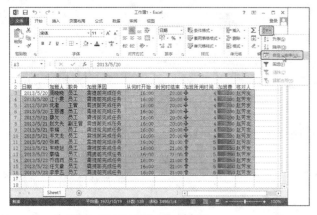

图9-25

图9-26

03 在"排序"对话框中设置"列"|"主要关键字"为"加班人"、"排列依据"为"数值"、"次序"为"升序"，单击"选项"按钮，弹出"排序选项"对话框，从中选择"方法"为"笔划排序"，如图9-27所示，单击"确定"按钮。

04 设置的加班人名称笔画排序效果如图9-28所示。

图9-27

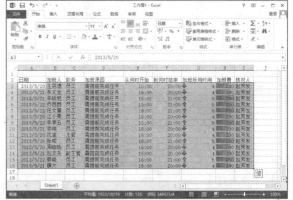

图9-28

05 可以换种方式对加班人进行排序。采用同样的操作方法，选择按照"字母排序"，如图9-29所示，单击"确定"按钮。

06 此时将会按照字母排序加班人的效果，如图9-30所示。

07 单击"开始"|"编辑"选项卡中的 ⒜ (排序和筛选) 按钮，在弹出的菜单中选择"自定义排序"命令，在弹出的对话框中可以按照任何相关内容对选择的单元格进行排序，在此选择的主要关键字为"日期"，如图9-31所示。

08 此时按照日期排序的效果如图9-32所示，这里就不详细介绍其他的排序方式了。

图9-29

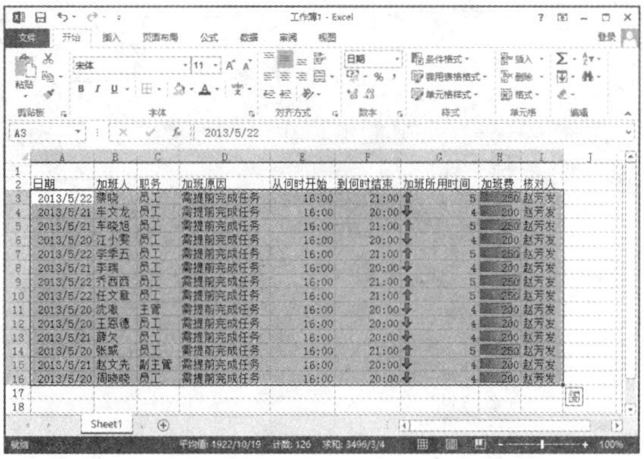

图9-30

图9-31

图9-32

9.2.3 自定义序列

前面介绍了快速填充和填充柄的作用，下面介绍自定义序列，为了方便介绍，这里新建一个空白的工作簿。

01 在工作簿的单元格中输入文本，选择如图9-33所示的单元格。

02 单击"开始"｜"编辑"选项卡中的 (排序和筛选) 按钮，在弹出的菜单中选择"自定义排序"命令，弹出"排序"对话框，在"次序"下拉列表中选择"自定义序列"选项，如图9-34所示。

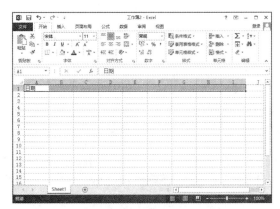

图9-33

图9-34

03 弹出"自定义序列"对话框，选择新序列，如图9-35所示。

04 在右侧输入序列，按Enter键分隔名称，如图9-36所示。

图9-35   图9-36

05 输入序列后，单击"添加"按钮，添加到右侧的序列中，如图9-37所示，单击"确定"按钮。

06 返回到"排序"对话框中，定义序列为刚添加的序列，如图9-38所示。

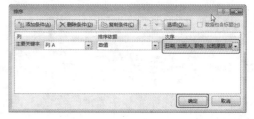

图9-37   图9-38

07 选择如图9-39所示的单元格。

08 拖动填充柄，填充序列文本，如图9-40所示。

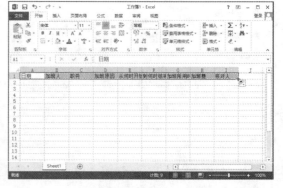

图9-39   图9-40

这样可以在统计加班时快速作出任务，也节省了不少时间。

9.3 筛选销售统计表

效果文件	素材\cha09\销售统计表.xlsx	难易程度	★★☆☆☆
视频文件	视频\cha09\9.3筛选销售统计表.avi		

打开前面章节中制作的销售统计表，本节将在该表的基础上为大家介绍如何使用筛选工具。

9.3.1 自动筛选

自动筛选是最为常见和简单的筛选模式，操作步骤如下。

01 选择如图9-41所示的表格内容。

🔅 **提示**

如果选中的是表格内容，那么该表格内容自动就会带有筛选功能。

02 单击"开始"｜"编辑"选项卡中的 ⬆ ↓（排序和筛选）按钮，在弹出的菜单中选择"筛选"命令，如图9-42所示。这样即可为选中的单元格施加筛选，如果是表格施加该命令后将去掉筛选功能，如想显示出来可以再次施加一次筛选命令。

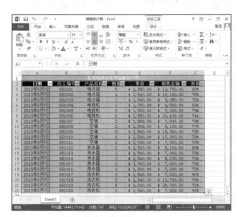

图9-41

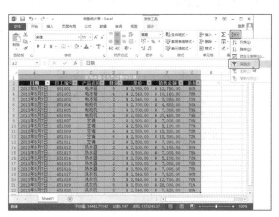

图9-42

03 施加筛选后，单击"产品名称"后的下拉按钮，在弹出的下拉列表中可以对该表格进行排序和筛选，如图9-43所示。

04 在"文本筛选"选项组中只勾选了"空调"复选框，如图9-44所示。

05 此时可看到筛选后的结果只显示了空调，如图9-45所示。

图9-43

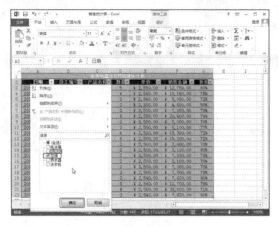

图9-44

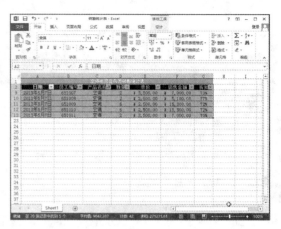

图9-45

9.3.2 自定义筛选

通过自定义筛选可以对数据进行更为复杂的筛选操作，实现更高要求的数据选取需求。

01 单击"单价"后的下拉按钮，在弹出的菜单中选择"数字筛选"│"介于"命令，如图9-46所示。

02 在弹出的对话框中设置第一栏的筛选方式为"大于或等于"，数值定义为"2000"，选择"与"选项，设置第二栏的筛选方式为"小于或等于"，数值定义为"3000"，如图9-47所示，该对话框设置的数值确定筛选数值介于2000到3000之间。

03 这时筛选了2000到3000之间数值，如图9-48所示。

图9-46

图9-47

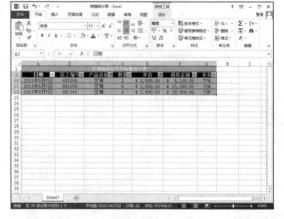

图9-48

04 选择产品名称后的下拉按钮，在弹出的菜单中选择"文本筛选"│"自定义筛选"命令，如图9-49所示。

05 在弹出的对话框中选择第一项筛选方式为"等于"，数据定义为"*机"；设置第二项筛选方式为"包含"，数据定义为"电*"，如图9-50所示。该筛选方式说明在表格中筛选出第一个字为"电"最后一个字为"机"的产品名称。

图9-49

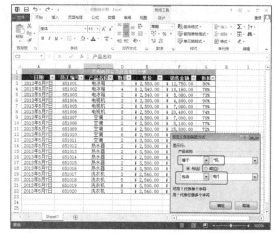

图9-50

> **提 示**
>
> 在Excel 2013中，可以使用两个通配符"*"和"?"。其中"*"代表同一位置上的任意一组字符，"?"代表同一位置上任何的一个字符。例如"商场?"，可以查找诸如"商场1"、"商场2"、"商场3"等数据，而"商场*"可以查找"商场规划"、"商场布局"等数据，不过，如果需要在数据清单中查找真正的"*"或"?"符号，那么要在"*"或"?"之前输入一个"~"，这个符号表示不再把"*"或"?"作为通配符。

06 筛选出的数据如图9-51所示，即第一个字为"电"，最后一个字为"机"的数据。

07 可以回到打开统计表的状态，设置产品名称的筛选，打开"自定义自动筛选方式"对话框，设置第一项筛选方式为"等于"，数据定义为"*机"；设置第二项筛选方式为"包含"，数据定义为"电*"，选择"或"选项，如图9-52所示。该筛选方式说明在表格中筛选出最后一个字为"机"和第一个字为"电"的名称。

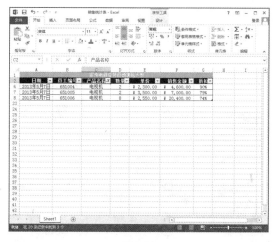

图9-51

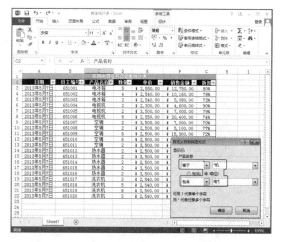

图9-52

08 筛选结果如图9-53所示。

图9-53

> **提 示**
>
> 在Excel 2013的"自定义自动筛选方式"对话框中，一定要明白"与"和"或"条件的区别，当多重条件为"与"关系时，必须所有的条件都要满足才可以执行；而当多重条件为"或"关系时，只要满足一个条件就可以执行。

9.3.3 高级筛选

高级筛选一般用于条件较复杂的筛选操作，其筛选的结果可显示在原数据表格中，不符合条件的记录被隐藏起来，也可以在新的位置显示筛选结果，不符合条件的记录同时保留在数据表中而不会被隐藏起来，这样就更加便于进行数据的比对了。

01 继续使用统计表学习高级筛选，在右侧的空白单元格中输入条件，如图"数量>=5;折扣>75%"，如图9-54所示。

02 选择需要筛选的单元格，如图9-55所示。

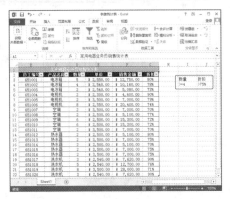

图9-54

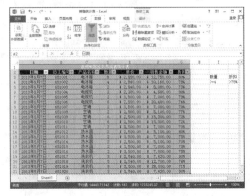

图9-55

03 单击"数据"｜"排序和筛选"选项卡中的 ▼ （高级筛选）按钮，弹出"高级筛选"对话框，从中可以看到"列表区域"为选择的需要筛选的单元格，单击"条件区域"后的 按钮，如图9-56所示。

04 选择右侧输入的条件区域单元格，如图9-57所示，拾取单元格后单击 按钮。

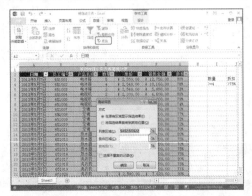

图9-56

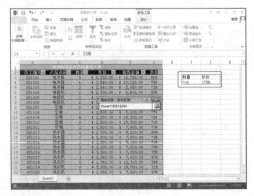

图9-57

05 返回到"高级筛选"对话框后单击"确定"按钮,筛选出的数据如图9-58所示。

06 除将未符合条件区域的数据隐藏之外,还可以将筛选结果复制到其他的位置。同样选择列表区域和条件区域,并选择"方式"为"将筛选结果复制到其他位置"选项,如图9-59所示。

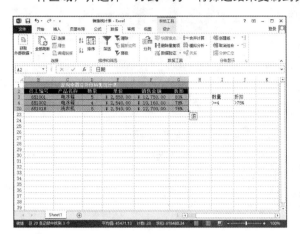

图9-58

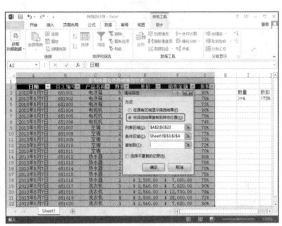

图9-59

07 单击"复制到"后的■按钮,在工作簿中选择位置,如图9-60所示。

08 在"高级筛选"对话框中单击"确定"按钮,复制到选区的数据如图9-61所示。

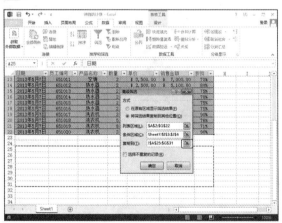

图9-60

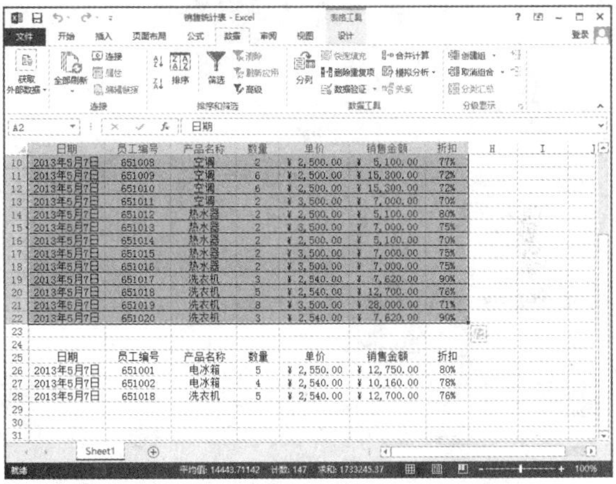

图9-61

9.4 综合应用1——赠品价格单排序

效果文件	效果\cha09\赠品价格单.xlsx	难易程度	★★☆☆☆
视频文件	视频\cha09\9.4赠品价格单排序.avi		

下面通过制作赠品价格单再重新温习一下Excel中的排序功能。

01 新建一个Excel工作簿,输入如图9-62所示的文本数据。

02 继续输入数据,如图9-63所示。在制作的价格单中可以看到是使用了排序的方式输入的数据内容。

图9-62

图9-63

03 选择"消费满多少赠"列的单元格,单击"开始"|"编辑"选项卡中的 ⫶ (排序和筛选) 按钮,在弹出的菜单中选择"降序"命令,如图9-64所示。

04 在弹出的对话框中选择"扩展选定区域"单选按钮,单击"排序"按钮,如图9-65所示。

05 此时可以看到降序后的排列,如图9-66所示。

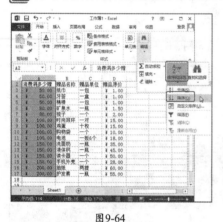

图9-64

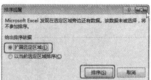

图9-65

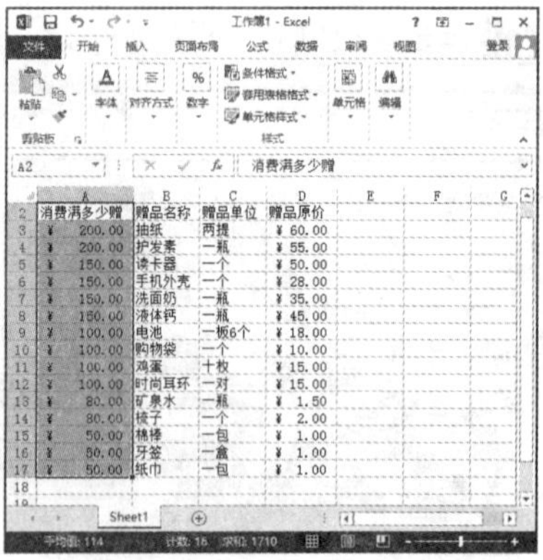

图9-66

06 单击"开始"|"编辑"选项卡中的 ⫶ (排序和筛选) 按钮,在弹出的菜单中选择"自定义排序"命令,并在弹出的对话框中选择"主要关键字"为"赠品名称",单击"选项"按钮,在弹出的对话框中选择"方法"为"字母排序"选项,单击"确定"按钮,如图9-67所示。

07 可以看到赠品名称通过字母排序的方法进行了排序,但是前面已经设置了单元格的降序,所以赠品名称是根据降序的方式排列的,如图9-68所示。

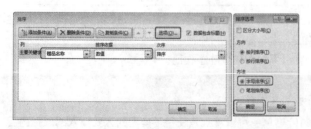

图9-67

图9-68

08 单击"开始" | "编辑"选项卡中的 (排序和筛选) 按钮, 在弹出的菜单中选择"自定义排序"命令, 然后在弹出的对话框中设置"主要关键字"为"赠品名称"、"排序依据"为"数值"、"次序"为"升序", 单击"选项"按钮, 在弹出的对话框中选择"方法"为"字母排序"选项, 单击"确定"按钮, 如图9-69所示。

09 可以看到赠品名称根据字母升序的方式进行排列, 如图9-70所示。

图9-69　　　　　　　　　　　图9-70

9.5　综合应用2——筛选赠品价格单

效果文件	效果\cha09\赠品价格单筛选.xlsx	难易程度	★★☆☆☆
视频文件	视频\cha09\9.5赠品价格单筛选.avi		

下面介绍使用高级筛选功能筛选赠品价格单。

01 继续上一节的操作, 在右侧的单元格中输入条件, 如图9-71所示。

02 选择如图9-72所示的单元格数据。

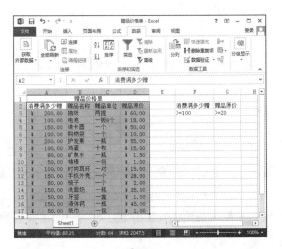

图9-71　　　　　　　　　　　图9-72

03 单击"数据" | "排序和筛选"选项卡中的 (高级筛选) 按钮, 弹出"高级筛选"对话框, 从中可

以看到"列表区域"为选择的需要筛选的单元格,单击"条件区域"后的 按钮,选择条件单元格,如图9-73所示,单击 按钮回到"高级筛选"对话框。

04 在"方式"选项组中选择"将筛选结果复制到其他位置"单选按钮,如图9-74所示。

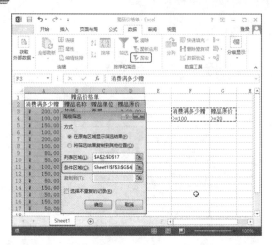

图9-73

图9-74

05 单击"复制到"文本框后的 按钮,选取如图9-75所示的单元格,单击 按钮回到"高级筛选"对话框,单击"确定"按钮。

06 复制到新单元格中的筛选结果如图9-76所示。

图9-75

图9-76

9.6 本章小结

　　本章介绍使用Excel中的条件格式、排序和筛选管理制作数据。通过对本章的学习读者可以掌握如何使用条件格式突出显示数据,如何设置数据的排序以及自动筛选、自定义筛选和高级筛选数据等操作。

第10章 资料的计算

Excel中大量的公式和函数可以应用选择，使用Excel可以执行计算、分析数据等，本章介绍常用的公式和函数，如：自动求和计算、平均值计算、计数、最小值计算、最大值计算等，并了解单元格的引用方式。

10.1 计算计算机培训成绩

效果文件	效果\cha10\计算机培训成绩.xlsx		难易程度	★★☆☆☆
视频文件	视频\cha10\10.1计算计算机培训成绩.avi			

下面通过制作计算机培训成绩介绍最简单和常用的自动求和、平均值、计数、最小值和最大值的计算。

10.1.1 自动求和计算

自动求和是常用且最简单的一种计算方法，下面介绍自动求和的方法。

01 新建工作簿，输入如图10-1所示的文本数据。

02 继续输入相关内容，如图10-2所示。

图10-1　　　　　　　　　　　　　　　　图10-2

03 选择考取的成绩和相对后面的"总分"空白单元格，如图10-3所示。

04 单击"公式"｜"函数库"选项卡中的∑（自动求和）按钮，在弹出的菜单中选择"求和"命令，如图10-4所示。

图10-3   图10-4

05 采用同样的方法求和，如图10-5所示。

06 选择"总分"单元格数据，单击"开始"｜"编辑"选项卡中的 按钮，在弹出的对话框中选择"升序"命令，如图10-6所示。

图10-5   图10-6

07 通过排列总分成绩后，在"名次"列中输入考生的名次，如图10-7所示。

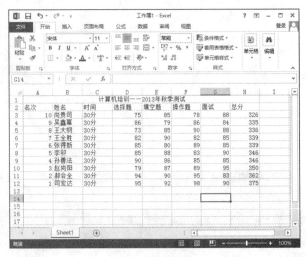

图10-7

10.1.2　平均值计算

下面介绍平均值的计算，操作步骤如下。

01 在右侧的I2单元格中输入"平均值"，将在该列单元格中求考生的平均值，如图10-8所示。

02 选择如图10-9所示的单元格，单击"公式"｜"函数库"选项卡中的∑（自动求和）按钮，在弹出的菜单中选择"平均值"命令，如图10-9所示。

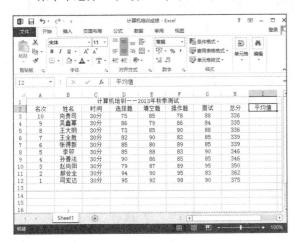

图10-8

图10-9

03 选择"平均值"命令后，系统将自动在一行后的空白单元格中输入计算结果，如图10-10所示。

04 采用同样的方法计算平均值，如图10-11所示。

图10-10

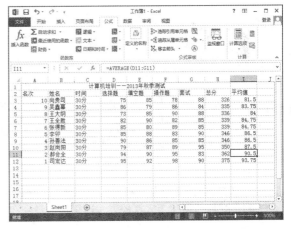

图10-11

10.1.3　计数

下面介绍简单的计数操作。

01 在"名次"列最后一行的空白单元格中输入"人数"，如图10-12所示。

02 选择"名次"列的数据单元格，单击"公式"｜"函数库"选项卡中的∑（自动求和）按钮，在弹出的菜单中选择"计数"命令，在"人数"下将出现一共参加考试的考生人数，如图10-13所示。

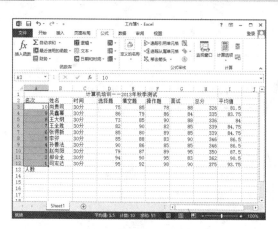

图 10-12

图 10-13

10.1.4 最小值计算

计算最小值的操作步骤如下。

01 在J2单元格中输入"最小值",如图10-14所示。将在下列单元格中计算考生的最小值。

02 选择考试项目数据,单击"公式"丨"函数库"选项卡中的Σ(自动求和)按钮,在弹出的菜单中选择"最小值"命令,如图10-15所示。

图 10-14

图 10-15

03 计算的最小值将显示在空白的单元格中,如图10-16所示,采用同样的方法计算其他考生的最小值。

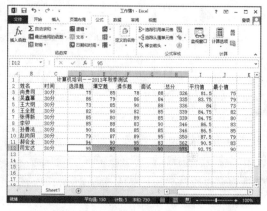

图 10-16

10.1.5 最大值计算

计算最大值的操作步骤如下。

01 在K2单元格中输入文本"最大值",如图10-17所示。将在下列单元格中计算考生的最大值。

02 与最小值的操作步骤相同,选择如图10-18所示的考生数据。

图10-17

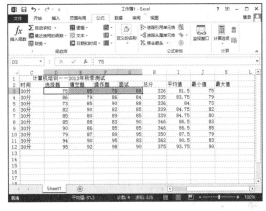

图10-18

03 选择考试项目数据,单击"公式" | "函数库"选项卡中的Σ(自动求和)按钮,在弹出的菜单中选择"最大值"命令,如图10-19所示。

04 计算的最大值将显示在空白的单元格中,如图10-20所示,采用同样的方法计算其他考生的最大值。

图10-19

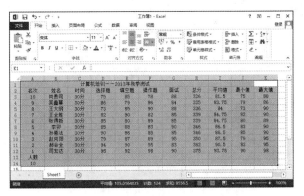

图10-20

10.2 了解单元格的引用方式

素材文件	效果\cha08\入库表. xlsx	难易程度	★★☆☆☆
视频文件	视频\cha10\10.2了解单元格的引用方式.avi		

要把Excel 2013作为计算器,只要在单元格中输入一个等式即可,如图10-21所示。选择一个单元格,在其中输入公式"=21*5",然后按Enter键,就会得到相应的计算结果。

在公式中引用单元格的作用是引用一个单元格或一组单元格的内容，这样可以利用工作表不同部分的数据进行所期望的计算。在Excel 2013中可以以相对引用、绝对引用来表示单元格的位置。因此，在创建的公式中必须正确使用单元格的引用类型。

10.2.1 相对引用

下面继续使用前面介绍过的入库表来介绍相对引用的用法。

01 打开入库表，如图10-22所示。

图10-21

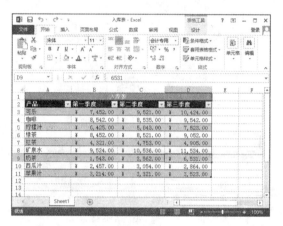

图10-22

02 修改入库表，在E2单元格中输入"三季度总金额"，如图10-23所示。

03 选择E3单元格，使其成为活动单元格即可，在编辑栏中输入"=B3+C3+D3"，如图10-24所示。

图10-23

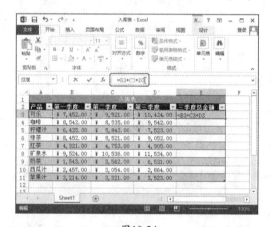

图10-24

04 按Enter键，E3单元格将得到B3、C3、D3单元格中相加的内容，如图10-25所示。

相对引用是指相对于公式所在的单元格相应位置的单元格。例如操作步骤中B3、C3、D3属于相对引用，它们所引用的分别是向E3单元格左移三格、两格、一格的单元格。

05 拖动E3单元格的填充柄，此时E4、E5、E6…单元格中的内容如图10-26所示，从中可以看出E4、E5、E6…单元格中的内容并不是B3、C3、D3相加的结果，而是相对应的单元格相加的内容。

由此可见，当要将公式复制到一个新的位置，并且要保持单元格引用不变，相对引用是解决不了问题的，此时就出现了绝对引用。

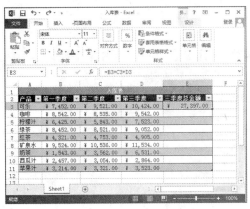
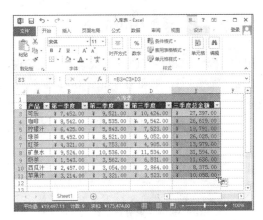

图10-25　　　　　　　　　　　　图10-26

10.2.2　绝对引用

绝对引用是指向工作表中固定位置的单元格，它的位置与包含公式的单元格无关。在列字母几行字母的前面加上$，就变成了绝对应用。例如在E3单元格中输入"=$B$3+$C$3+$D$3"，如图10-27所示。

再把E3单元格中的公式复制到E4单元格中，将看到如图10-28所示的结果。

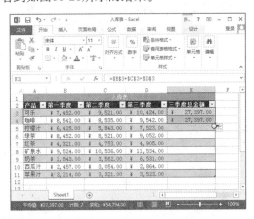

图10-27　　　　　　　　　　　　图10-28

> **提　示**
>
> 用户可以在工作簿中移用其他工作表中的单元格。例如要引用工作表Sheet2中的A2单元格，应该在公式中输入"=Sheet2!A2"。

10.3　Excel函数

素材文件	效果\cha08\入库表.xlsx	效果文件	效果\cha10\入库表.xlsx
视频文件	视频\cha10\10.3Excel函数.avi	难易程度	★★☆☆☆

函数通过参数来接受数据，输入的参数应放置在函数名的后面。函数中使用参数的方法与等式中使用变量的方法相同。

10.3.1 函数的输入

用户可以在编辑栏中像输入公式一样直接输入函数，也可以按照以下步骤进行操作。

01 选定要输入函数的单元格，如图10-29所示。

02 输入"="，此时在名称框中出现函数选项，它的旁边有一个下三角按钮，单击后弹出如图10-30所示的下拉列表，其中包括最近10次使用过的函数。

图10-29

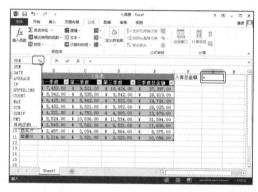

图10-30

03 选择SUM函数后，打开如图10-31所示的对话框，单击 按钮。

04 在工作簿中选择"三季度总金额"下的金额数值单元格，如图10-32所示。

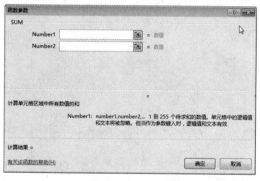

图10-31

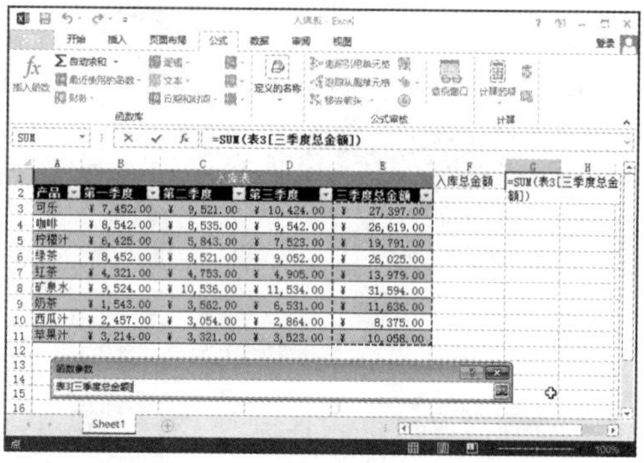

图10-32

05 单击 按钮，回到"函数参数"对话框，如图10-33所示，单击"确定"按钮。

06 计算出的金额总值如图10-34所示，设置数字类型为货币即可。

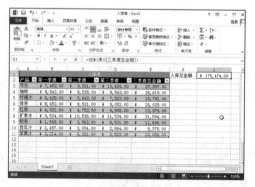

图10-33

图10-34

常用的函数可以通过上述的方法直接输入，对于那些不常用的函数的输入，虽然没有常用函数那么方便，但也有以下两种输入方法。

方法一：单击"公式" | "函数库"选项卡中的"插入函数"按钮，在弹出的"插入函数"对话框中选择其他函数类别，如图10-35所示。

方法二：单击"公式" | "函数库"选项卡中的"其他函数"按钮，如图10-36所示。

图10-35

图10-36

无论使用哪种方法，均会打开如图10-35所示的"插入函数"对话框。

10.3.2 Excel中的几个常用函数

函数通过参数来接收数据，输入的参数应放在函数名的后面。函数中使用参数的方法与等式中使用变量的方法相同。

有些函数由于经常被使用，所以称其为常用函数，如SUM、ROUND、AND、IF、DATE、AVERAGE、COUNTIF函数。下面对一些常用函数进行举例。

● SUM函数：

公式：=SUM（A2:A6，C3:D8）指的是单元格区域A2:A6和C3:D8中所有包含的数据进行求和运算。

● ROUND函数：

函数形式为ROUND（number，num_digits），其功能是根据指定的位数将数字四舍五入。例如输入公式：=ROUND（123.1457,3）后，单元格中的数值为123.457。

● AND函数：

函数形式上为AND（logical1，logical2，…），其功能是如果在所有参数值均为TRUE时，返回TRUE；如果一个参数值为FALSE，则返回FALSE。

● IF函数：

函数形式为IF（logical_test,value_if_true,value_if_false），其中第一个参数必须是逻辑测试表达式；第二个参数是在第一个参数正确时希望公式显示结果；第三个参数是在第一个参数错误时希望公式显示的结果。其功能是根据逻辑测试的真/假值，返回不同的结果。

● DATE函数：

函数形式为DATE（year,month.day），其功能是返回某一指定日期的序列数。假设C6单元格中包含2013，D6单元格中包含3，E6单元格中包含5，公式：=DATE（C6、D6、E6）返回的日期是2013年3月5日。

● AVERAGE函数：

函数形式为AVERAGE（number1,number2,…），其功能是返回所有参数的平均值，公式=AVERAGE（A2:C5）返回的是单元格区域A2:C5中所有的平均值。

● COUNTIF函数：

函数形式为COUNTIF（range,criteria），其功能是计算某个区域中满足给定条件的数目。

10.4 综合应用1——计算上半年销售记录

素材文件	效果\cha10\上半年销售记录. xlsx	效果文件	效果\cha10\上半年销售记录.xlsx
视频文件	视频\cha10\10.4上半年销售记录.avi	难易程度	★★☆☆☆

下面通过实例操作练习函数和公式的基本操作，如求和所占比率，操作步骤如下。

01 打开"上半年销售记录"，如图10-37所示。

02 选择E3单元格，并在单元格中输入"=D3/C3"，该公式表示需要使用D3单元格除以C3单元格得出，如图10-38所示。

图10-37   图10-38

03 输入完成后，按Enter键确认，此时单元格中即可出现求得的结果，如图10-39所示。

04 选择E3单元格的填充柄，填充下列回款率，这种操作便是单元格的相对引用方式，如图10-40所示，松开鼠标左键，即可填充其他的回款率。

05 选择回款率数据，设置数字格式为%（百分比样式），如图10-41所示。

06 选择C27单元格，如图10-42所示。

07 选择"公式"｜"函数库"选项卡中的"Σ（自动求和）"｜"求和"命令，该单元格中显示"=SUM（C3:C26）"，如图10-43所示。

08 按Enter键，确定求和操作，采用同样的方法在D27单元格中对回款额进行求和，如图10-44所示。

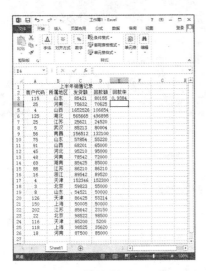

图10-39

图10-40

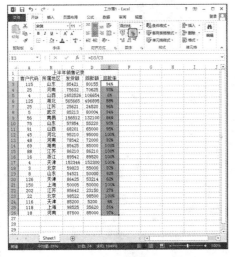

图10-41

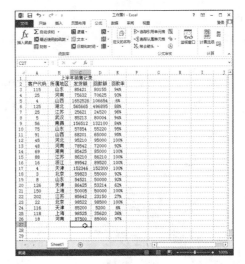

图10-42

图10-43

图10-44

Office 2013 **办公应用** 从新手到高手

09 选择E27单元格，输入公式"=D27/C27"，表示该单元格中的数据需要使用D27单元格除以C27单元格得出，如图10-45所示。

10 按Enter键确认操作，此时单元格中显示综合的回款率，如图10-46所示。

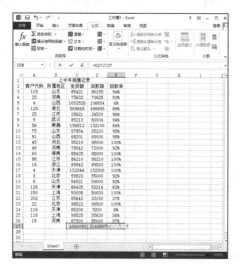

图10-45　　　　　　　　　　　　　　图10-46

11 为发货额和回款额设置一个货币符号，如图10-47所示。

12 设置单元格根据客户代码进行排序，具体操作这里就不详细介绍了，如图10-48所示。

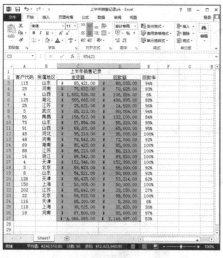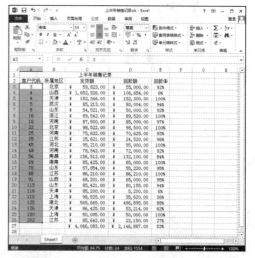

图10-47　　　　　　　　　　　　　　图10-48

10.5　综合应用2——计算新鞋入库表

素材文件	效果\cha10\新鞋入库表.xlsx	效果文件	效果\cha10\新鞋入库表.xlsx
视频文件	视频\cha10\10.5新鞋入库表.avi	难易程度	★★☆☆☆

下面介绍使用求和与相乘的公式来计算新鞋入库表中的数据，具体操作步骤如下。

01 打开"新鞋入库表",如图10-49所示。

02 选择K3单元格,如图10-50所示。

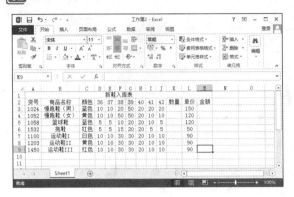

图10-49

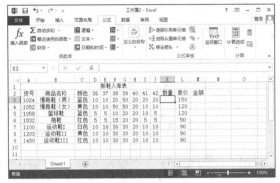

图10-50

03 选择"公式"|"函数库"选项卡中的"∑(自动求和)"|"求和"命令,该单元格中显示"=SUM(D3:J3)",如图10-51所示。

04 按Enter键确定操作,如图10-52所示为计算的和,拖动填充柄,填充到其他数量总和的单元格。

图10-51

图10-52

05 选择M3单元格,输入"=K3*L3"公式,该公式为数量乘以单价的单元格数据,如图10-53所示。

06 按Enter键确认公式操作,在单元格中显示出计算的总金额,拖动M3单元格的填充柄到其他的金额单元格,如图10-54所示。

图10-53

图10-54

07 选择K10单元格,如图10-55所示。

08 选择"公式"|"函数库"选项卡中的"Σ（自动求和）"|"求和"命令，该单元格中显示"=SUM（K3:K9）"，如图10-56所示。

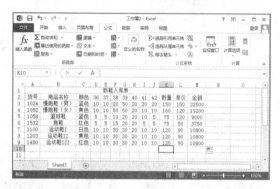

图10-55

图10-56

09 采用同样的方法计算出M10单元格中的金额总和，如图10-57所示。

10 为单价和金额设置一个货币符号，如图10-58所示。

图10-57

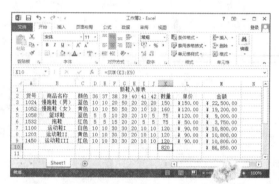

图10-58

10.6 本章小结

　　本章介绍自动化求值、单元格的引用方式和函数的输入，并简单地介绍了几种常用的函数概念。通过对本章的学习，读者可以掌握如何自动为数值求和、求平均值、计数、求最大值或最小值，并明白单元格的引用方式，另外还要熟练掌握一些常用的函数公式。

第11章　资料的分析

本章介绍了常用的几种资料分析工具和函数，其中主要包括描述工具、分析工具、回归分析、抽取样本分析等。

11.1　一周销售空调数量统计量

素材文件	素材\cha11\一周空调销售量统计.xlsx	难易程度	★★★☆☆
视频文件	视频\cha11\11.1一周销售空调数量统计量.avi		

下面介绍使用Excel计算描述统计量，具体包括算术平均数、求和平均数、众数、中位数、几何平均数、极差、标准差、方差、标准差系数等。

11.1.1　用函数描述一周销售空调数量统计量

在Excel中内置的函数有以下几种类型：数据函数、日期和时间函数、数学和三角函数、文本函数、逻辑函数、统计函数、工程函数、信息函数和财务函数。

输入函数以"="开始，然后输入函数的名称，再紧接着一对括号，括号内为一个或多个参数，参数之间要用逗号隔开，如图11-1所示。

也可以使用函数的向导插入函数，选择要插入的函数单元格，单击"公式"｜"函数库"选项卡中的"插入函数"按钮，在弹出的对话框中选择函数类型，然后单击"确定"按钮，即可弹出"函数参数"对话框，如图11-2所示。单击Number1文本框右侧的 ![] 按钮，用鼠标选择所需的单元格区域，选取后单击 ![] 按钮回到"函数参数"对话框中，单击"确定"按钮，即可将结果显示在单元格中，如图11-3所示。

1. 求和函数

首先介绍使用求和函数，以计算销售空调数量的总数，操作步骤如下。

01 选择销售量下的空白单元格，如图11-4所示。

图11-1

图11-2

图11-3

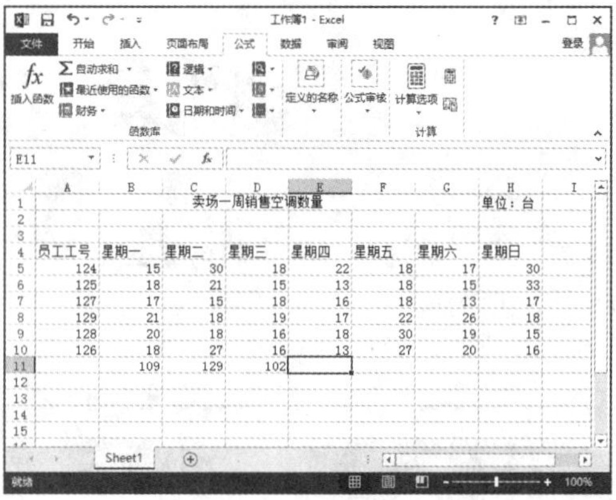

图11-4

02 单击"公式"｜"函数库"选项卡中的"插入函数"按钮，打开"插入函数"对话框，选择求和函数SUM，如图11-5所示，单击"确定"按钮。

03 弹出"函数参数"对话框，在其中设置Number1为"E5:E10"，如图11-6所示。说明在选中的单元格中计算E5到E10单元格中的数据求和。

图11-5

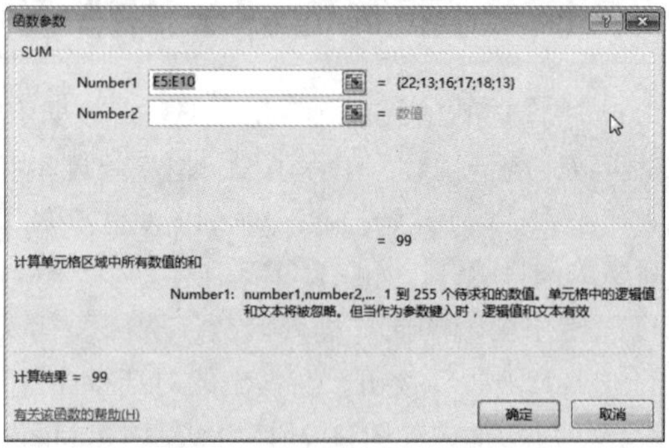

图11-6

04 采用同样的方法计算每天销售的空调数量，如图11-7所示。

05 在I4单元格中输入"总计"，使用求和计算每人每周的销售数量以及总和，如图11-8所示，设置数据字体的加粗。

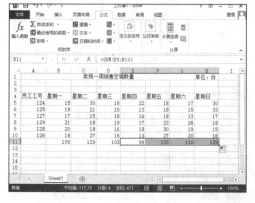

图11-7

图11-8

　　求和一般有三种方法，第一种是自动求和，第二种和第三种是使用函数方式求和。前面的章节中也介绍过，这里就不详细介绍了。另外，还有一种求和方式就是条件求和SUMIF，例如计算制作高于50的数据之和，选择一个合适的求和数值所在的单元格，并输入"=SUMIF（B2:B9,">50"）"，按Enter键，即可计算出B2到B8单元格中凡是数值超过50的数据之和。

2. 均值函数

　　前面章节中介绍过自动求平均值的操作，继续接着上面的步骤来学习均值函数。

01 算术平均值函数为AVERAGE。选择I4单元格，在单元格中输入"均值"，如图11-9所示。

02 选择J5单元格，输入公式"=AVERAGE（B5:H5）"，如图11-10所示。

图11-9

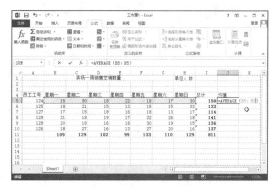

图11-10

> **提 示**
>
> 　　单击"公式"｜"函数库"选项卡中的"插入函数"按钮，选择求平均值函数AVERAGE，也可以激活算术平均值函数。

03 按Enter键确定操作，如图11-11所示。

04 采用同样的方法计算平均值，如图11-12所示。

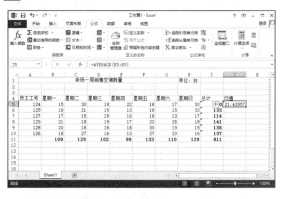

图11-11

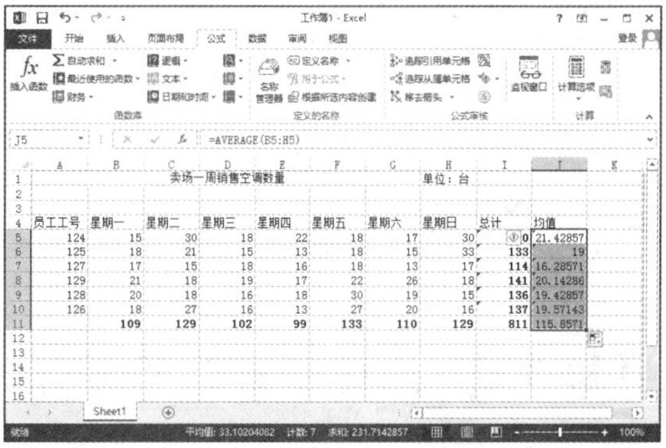

图11-12

　　除了算术平均数，还有几何平均数和调和平均数，几何平均数函数为GEOMEAN；调和平均数函数为HARMEAN，几何平均数可以为需要计算其平均值的1到30个参数；返回一组数据的调和平均值。调和平均值与倒数的算术平均值互为倒数。调和平均值始终小于几何平均值，而几何平均值总是小于算术平均值。

3. 中位函数

如果参数几何中包含有偶数个数字，中位函数MEDIAN将返回位于中间的两个数的平均值。

4. 众数函数

如果数据集合中不含有重复的数据，则众数MODE函数返回错误值N/A。

5. 最大（小）值函数

求所有参数的最大值，最大值函数为MAX。

求所有参数的最小值，最小值函数为MIN。

6. 数字项个数

- COUNT（单元格范围）：选定单元格范围内数字项的个数。
- COUNTBLANK（单元格范围）：选定单元格范围内空白单元格的数目。
- COUNTIF（单元格范围,条件）：选定单元格范围内满足所给条件的单元格数目。
"条件"的形式可以为数字、表达式或文本。

7. 平均差

平均差函数为AVEDEV。

8. 样本标准差

样本标准差函数为STDEV。

9. 总体标准差

总体标准差函数为STDEVP。

10. 样本方差

样本方差函数为VAR。

11. 总体方差

总体方差函数为VARP。

12. 四舍五入

四舍五入函数ROUND。

13. 求绝对值

求绝对值函数ABS。

11.1.2 描述统计工具

Excel提供了一组数据分析工具，称之为"分析工具库"，在建立复杂统计或工程分析时可以节省步骤。

继续使用上面的一周空调销售量工作簿来介绍分析工具。

01 在默认的Excel中分析工具是隐藏的，在选项卡中的空白处单击鼠标右键，在弹出的快捷菜单中选择"自定义功能区"命令，如图11-13所示。

02 弹出"Excel选项"对话框，在选项中选择加载项，从中选择"分析工具库"，如图11-14所示。单击

"管理"文本框后的"转到"按钮。

提 示

"分析工具库"一般在没有加载时是在"非活动应用程序加载项"中，在图11-14中是加载后的图。

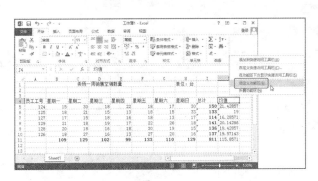
图11-13

图11-14

03 弹出"加载宏"对话框，勾选"分析工具库"复选框，单击"确定"按钮，如图11-15所示。

04 单击"数据"｜"连接"选项卡中的"全部刷新"按钮，刷新出加载的"分析工具库"，如图11-16所示。

图11-15

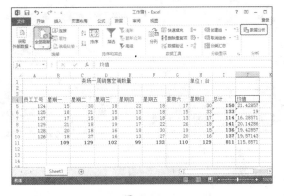
图11-16

05 删除多余的数据，如图11-17所示。

06 选择"数据"｜"分析"选项卡中的"数据分析"工具，弹出"数据分析"对话框，如图11-18所示。

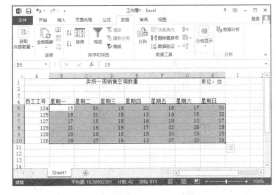
图11-17

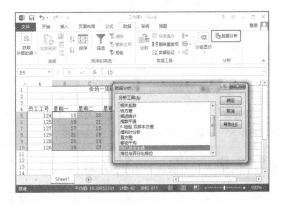
图11-18

07 在"数据分析"对话框中选择"描述统计"选项，单击"确定"按钮，如图11-19所示。

08 弹出"描述统计"对话框，在"输入区域"文本框中指定需要描述统计的单元格数据，如图11-20所示。

图11-19

图11-20

09 在"描述统计"对话框中选择"输出选项"中的几项信息，如图11-21所示。

10 单击"确定"按钮，分析数据将在新的工作表中出现，如图11-22所示。

图11-21

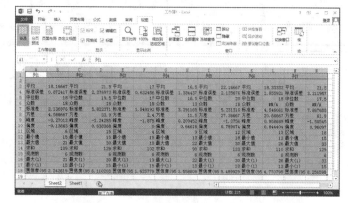

图11-22

在描述统计结果中有：平均值、中值、众数、标准偏差、方差、峰值、偏斜度、极差（全距）、最小值、最大值、总和、总个数和置信度。

11.2 销量数据的相关性

素材文件	素材\cha11\一周空调销售量统计.xlsx	效果文件	效果\cha11\一周空调销售量相关性.xlsx
视频文件	视频\cha11\11.2销量数据的相关性.avi	难易程度	★★★☆☆

相关系数是描述两个测量值变量之间的离散程度的指标。利用Excel计算数据的相关系数，可以通过函数计算相关系数和利用关系数宏计算相关系数。

11.2.1 使用函数计算相关性

在Excel中，提供了两个计算变量之间相关系数的方法：CORREL函数和PERSON函数，这两个函数是等价的，这里介绍使用CORREL函数计算相关系数。

01 在空白的单元格中输入"=Correl（B5:H5，B6:H6）"，如图11-23所示。这个公式表示B5到H5单元格和B6到H6单元格两组数据的相关系数。

02 按Enter键，确定公式的使用，设置单元格的属性，如图11-24所示。

图11-23   图11-24

03 选择I7单元格，单击"公式"｜"函数库"选项卡中的"插入函数"按钮，弹出"插入函数"对话框，从中选择"或选择类别"为"统计"，在"选择函数"列表框中选择CORREL，如图11-25所示，单击"确定"按钮。

04 弹出"函数参数"对话框，从中选取两组相关系数，如图11-26所示。

图11-25

图11-26

05 采用同样的方法设置相关系数，如图11-27所示，并设置单元格效果。

图11-27

11.2.2 使用相关系数分析工具计算

下面介绍使用"数据分析"工具进行数据相关系数的分析，操作步骤如下。

01 单击"数据"｜"分析"选项卡中的"数据分析"按钮，如图11-28所示。

02 在弹出的"数据分析"对话框中选择"相关系数"分析工具，单击"确定"按钮，如图11-29所示。

03 弹出"相关系数"对话框，如图11-30所示。

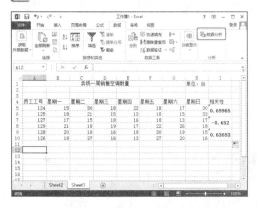

图11-28　　　　　　　　　　图11-29　　　　　　　　　图11-30

04 在"输入区域"文本框后单击■按钮，选择单元格，选取后单击■按钮返回到"相关系数"对话框，勾选"标志位于第一行"复选框，选择"输出区域"后，单击"确定"按钮，如图11-31所示。

05 此时可以看到系统将对选择的数据逐列进行相关系数的举出，如图11-32所示。

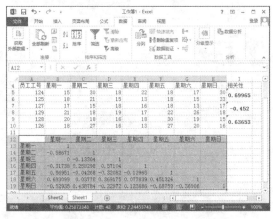

图11-31　　　　　　　　　　　　　图11-32

11.3　降雨深度和灌溉面积关系表

素材文件	素材\cha11\降雨深度和灌溉面积关系表.xlsx	效果文件	效果\cha11\降雨深度和灌溉面积关系表.xlsx
视频文件	视频\cha11\11.3降雨深度和灌溉面积关系表.avi	难易程度	★★★☆☆

下面以降雨深度和灌溉面积关系表为例，介绍线性回归函数和回归分析法的一些操作。

11.3.1　线性回归函数

Excel进行回归分析同样分函数和回归分析宏两种形式，其提供了9个函数用于建立回归模型和预测，这9种函数分别如下。

- INTERCEPT返回线性回归模型的截距。
- SLOPE返回线性回归模型的斜率。
- RSQ返回线性回归模型的判定系数。
- FORECAST返回一元线性回归模型的预测值。
- STEYX计算估计的标准误差。
- TREND计算线性回归线的趋势值。
- GROWTH返回指数曲线的趋势值。
- LINEST返回线性回归模型的参数。
- LOGEST返回指数曲线模型的参数。

下面将通过降雨深度和灌溉面积的关系表介绍其中的截距和斜率线性回归模型函数的应用。

01 打开降雨深度和灌溉面积表，如图11-33所示。

02 分析截距的回归函数，在D1单元格中输入"截距"，选择D2单元格，输入"=INTERCEPT（B2:B10，C2:C10）"，如图11-34所示。

图11-33

图11-34

03 按Enter键，确定设置最大降雨深度和灌溉面积的截距，如图11-35所示。

04 在D4单元格中输入"斜率"，在D5单元格中输入"=Slope（B2:B10，C2:C10）"，如图11-36所示。

图11-35

图11-36

05 按Enter键确定设置斜率的线性回归，如图11-37所示。

其他的线性回归这里就不详细介绍了，读者可以根据需要尝试使用其他的线性回归函数。

图11-37

11.3.2 使用回归分析法计算

回归分析工具是通过对一组观察值使用"最小平方法"进行直线模拟，以分析一个或多个变量对单个因变量的影响方向与影响程度的方法。

使用线性回归法比线性回归函数简单得多，下面是回归分析法的操作。

01 单击"数据"｜"分析"选项卡中的 ▣ （数据分析工具）按钮，在弹出的"数据分析"对话框中选择"回归"分析工具，单击"确定"按钮，如图11-38所示。

02 在弹出的对话框中获取"Y值输入区域"和"X值输入区域"，并在"输出选项"选项组中选择"新工作表组"单选按钮，勾选"残差"选项组中的所有残差选项，并勾选"正态概率图"复选框，如图11-39所示。

图11-38

图11-39

03 可以看到新建的工作表中的回归分析结果，如图11-40所示。回归分析工具输出结果包括下面几个部分。

- 回归统计表
- 方差分析表
- 回归参数表

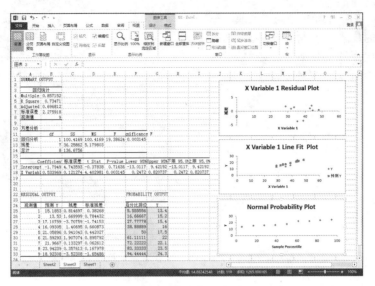

图 11-40

11.4 抽取样本分析

素材文件	素材\cha11\员工和员工编号. xlsx	效果文件	效果\cha11\员工和员工编号. xlsx
视频文件	视频\cha11\11.4抽取样本分析.avi	难易程度	★★☆☆☆

下面介绍使用抽取函数和数据分析工具来抽取10名员工。

11.4.1 使用函数随机生成术

下面介绍使用函数抽取样本RANDBETWEEN抽取10到100的任意数字，操作步骤如下。

01 新建工作簿，在A1单元格中输入"=RAND"，如图11-41所示。

02 然后输入"=RANDBETWEEN（10,1000）"，该公式说明在10到1000的数中随机抽取，如图11-42所示。

图 11-41

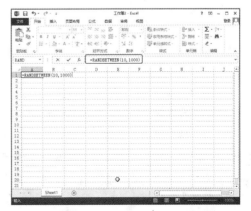

图 11-42

03 按Enter键后，在A1单元格中随机抽取了一个10到1000的数据，拖动填充柄填充其他单元格，其他单元格的数据也是随机抽取的10到1000的数据，如图11-43所示。

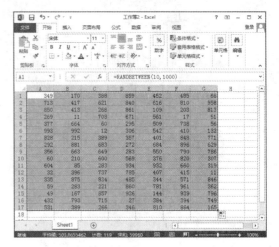

图11-43

11.4.2　随机抽取员工

下面介绍使用数据分析工具在20名员工中抽取出10位来进行发放幸运奖品，操作步骤如下。

01 打开员工和员工编号，如图11-44所示。

02 单击"数据"｜"分析"选项卡中的 （数据分析工具）按钮，在弹出的"数据分析"对话框中选择"抽样"分析工具，单击"确定"按钮，如图11-45所示。

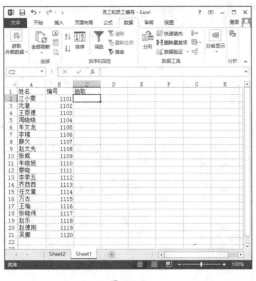

图11-44

图11-45

03 在弹出的"抽样"对话框中选择"输入区域"为B2到B21，在"抽样方法"选项组中选择"随机"选项，设置"样本数"为10，如图11-46所示。

04 在"输出选项"选项组中选择"输出区域"为C2到C21，如图11-47所示，单击"确定"按钮。

05 可以看到抽取的10位员工编号，如图11-48所示，可以看到有重复的编号。

06 针对抽取的相同数据，可以单击"数据"｜"排序和筛选"选项卡中的 （高级）按钮，在弹出的"高级筛选"对话框中选择"方式"为"在原有区域显示筛选结果"选项，选择"列表区域"为抽取的员工编号区域，勾选"选择不重复的记录"复选框，单击"确定"按钮，如图11-49所示。

图11-46　　　　　　　　　　　　　　　图11-47

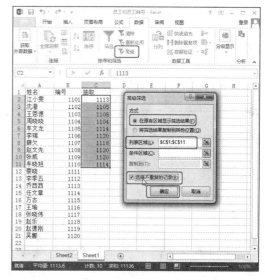

图11-48　　　　　　　　　　　　　　　图11-49

07 这样抽取的员工剩下不到10位了，使用数据分析工具的抽取方式继续抽取，如图11-50所示。

08 抽取员工编号后继续使用筛选方式去掉重复的记录，直到抽取到10名幸运的员工，如图11-51所示。

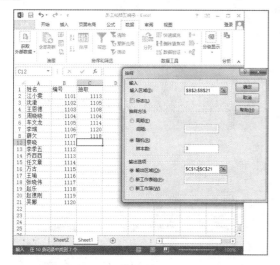

图11-50　　　　　　　　　　　　　　　图11-51

11.5 综合应用1——公司男职员身高体重对照表

效果文件	效果\cha11\公司男职员身高体重对照表.xlsx	难易程度	★★☆☆☆
视频文件	视频\cha11\11.5公司男职员身高体重对照表.avi		

下面通过公司男职员身高体重对照表的制作，从中巩固学习"描述统计"数据分析工具，其具体操作步骤如下。

01 新建工作簿，在单元格中输入标题，如图11-52所示。

02 继续输入员工编号、身高和体重的数值，如图11-53所示。

图11-52   图11-53

03 单击"数据"｜"分析"选项卡中的 🔲（数据分析工具）按钮，在弹出的"数据分析"对话框中选择"描述统计"分析工具，如图11-54所示，单击"确定"按钮。

04 在弹出的"描述统计"对话框中单击"输入区域"后的 🔳 按钮，在弹出的选取框中选取身高和体重的数据，如图11-55所示。单击 🔳 按钮，回到"描述统计"对话框。

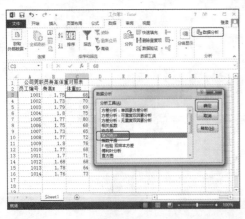

图11-54   图11-55

05 在"描述统计"对话框中可以看到选取的"输入区域"，选择"分组方式"为"逐列"选项，选择

"输出选项"中的"新建工作表"选项，并勾选"汇总统计"、"平均数置信度"、"第K大值"、"第K小值"复选框，如图11-56所示，单击"确定"按钮。

06 可以看到在新的工作表中显示的描述统计数据，如图11-57所示。

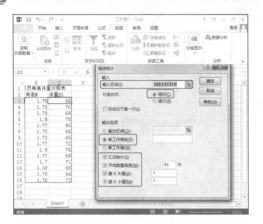

图11-56

图11-57

07 重新打开"描述统计"数据分析工具，在"输入区域"文本框中选取B2到C16单元格中的数据，这次选取了标题"身高M"和"体重KG"两个单元格，在"描述统计"对话框中勾选"标志位于第一行"复选框，其他选项可以不变，如图11-58所示。

08 这样即可在新的工作表第一行中出现标志，如图11-59所示。

图11-58

图11-59

11.6 综合应用2——人均生产总值和人均消费水平

效果文件	效果\cha11\人均生产总值和人均消费水平.xlsx	难易程度	★★★☆☆
视频文件	视频\cha11\11.6人均生产总值和人均消费水平.avi		

下面介绍2013年的人均国内生产总值和人均消费水平的统计数据，通过对该例的制作温习上面学习过的相关系数分析工具的使用，其具体操作步骤如下。

01 新建空白工作簿，在工作表中输入数据内容，如图11-60所示。

02 单击"数据"｜"分析"选项卡中的 (数据分析工具) 按钮，弹出"数据分析"对话框，如图11-61所示，从中选择"相关系数"分析工具。

03 弹出"相关系数"对话框，单击"输入区域"文本框后的 按钮，在工作表中选择输入区域，如图11-62所示，选取后单击 按钮回到"相关系数"对话框。

04 在"相关系数"对话框中选择"分组方式"为"逐列"选项，勾选"标志位于第一行"复选框，选择"输出选项"选项组中的"新工作表组"单选按钮，单击"确定"按钮，如图11-63所示。

图11-60

05 这样即可在新建的工作表中查看人均生产总值和人居消费水平的相关性了，如图11-64所示。

图11-61

图11-62

图11-63

图11-64

11.7 本章小结

本章主要介绍常用的几种资料分析工具和函数。通过对本章的学习，读者可以学习和掌握描述工具、分析工具、回归分析、抽取样本分析等函数和分析工具的使用方法。

第12章　使用图形和图表展示数据

本章介绍了如何设置图表的动态效果，其中将主要介绍使用模拟图、数据条、图标集和函数建立条形图标集数据，如何更改图表类型、布局、格式和更改图表源数据，以及设计、分析数据透视表和创建数据透视图等内容。

12.1　设计考试成绩动态图表

效果文件	效果\cha12\设计考试成绩动态图表. xlsx	难易程度	★★★☆☆
视频文件	视频\cha12\12.1设计考试成绩动态图表.avi		

下面介绍Excel中常用的动态图表用来表示数据，以图表的方式显示数据可以美化枯燥的数据表。

12.1.1　使用模拟图呈现考试成绩

与Excel工作表上的图表不同，迷你图不是对象，它实际上是单元格背景中的一个微型图表，可提供数据的直观表示。使用迷你图可以显示一系列数值的趋势（例如，季节性增加或减少、经济周期），或者可以突出显示最大值和最小值。在数据旁边放置迷你图可达到最佳效果。

下面通过学生考试成绩的案例来学习迷你图的使用，操作步骤如下。

01 新建一个学生考试成绩的工作表，如图12-1所示。

02 选择F2单元格，选择"插入"│"迷你图"选项卡中的"折线图"，如图12-2所示。

图12-1　　　　　　　　　　　　图12-2

03 在弹出的"创建迷你图"对话框中单击"数据范围"文本框后的 ▣ 按钮，如图12-3所示。

04 在工作表中选择B2到E2的单元格，如图12-4所示，单击 ▣ 按钮回到"创建迷你图"对话框中。

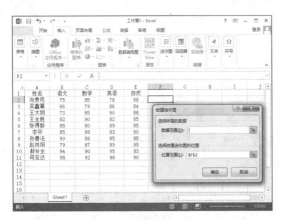

图12-3　　　　　　　　　　　　图12-4

05 回到"创建迷你图"对话框中，单击"确定"按钮，如图12-5所示。

06 这样即可在选择的F2单元格中创建迷你的折线图，如图12-6所示。

07 创建模拟图后，在"迷你图工具"｜"设计"｜"显示"选项卡中勾选全部的点和标记选项，如图12-7所示。

图12-5　　　　　　　　　　　　图12-6

08 还可以选择一个合适的"样式"，从中设置迷你图的效果，如图12-8所示。

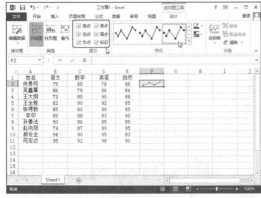

图12-7　　　　　　　　　　　　图12-8

09 拖曳F2单元格的快速填充柄，填充其他人的迷你分析图，如图12-9所示。

10 在"迷你图工具"|"设计"|"显示"选项卡中选择"柱形图",可以将折线图转换为柱形图,如图12-10所示。

11 在"样式"中可以为柱形图选择一个合适的样式,如图12-11所示。

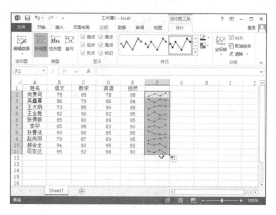

图12-9

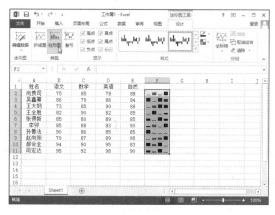

图12-10

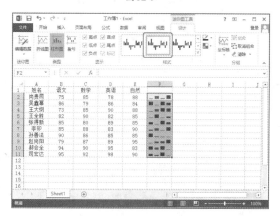

图12-11

12.1.2 使用数据条表现数据

使用数据条表现数据前面章节中已简单地介绍过,其操作步骤如下。

01 选择需要表现的数据,如图12-12所示。

02 单击"开始"|"样式"选项卡中的 (条件格式)按钮,在弹出的菜单中选择"数据条",在子菜单中选择合适的填充即可,如图12-13所示。

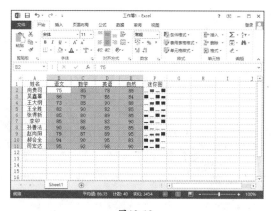

图12-12

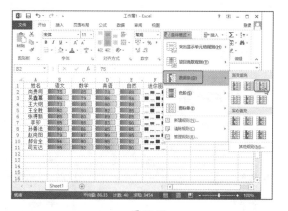

图12-13

03 使用数据条可以直观地看到每个数据之间的比例。

12.1.3　使用图标集表现数据

使用图标集表现数据在前面章节中也介绍过，使用图标集可以表现每个阶段不同的图标效果，操作步骤如下。

01 选择需要表现的数据，如图12-14所示。

02 单击"开始"｜"样式"选项卡中的 ▦（条件格式）按钮，在弹出的菜单中选择"图标集"命令，然后在弹出的子菜单中选择一个形状，表现各个阶段数据的效果，如图12-15所示。

03 单击"开始"｜"样式"选项卡中的 ▦（条件格式）按钮，在弹出的菜单中选择"图标集"命令，然后在弹出的子菜单中选择"其他规则"命令，弹出"新建格式规则"对话框，从中可以看到设置了图标值类型，如图12-16所示。

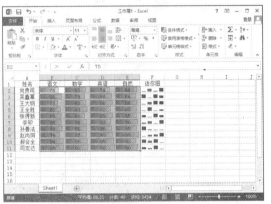

图12-14

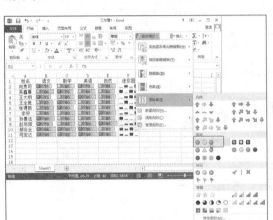

图12-15

图12-16

04 修改"类型"为"数字"，并设置当值>=90时为绿色，设置当值<90且>=80时为黄色，当值<80时为红色，如图12-17所示，单击"确定"按钮。

05 设置图标集格式后的单元格效果如图12-18所示。

图12-17

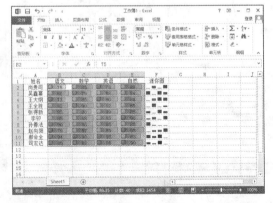

图12-18

12.1.4 使用函数建立条形图表示数据

下面介绍使用函数REPT制作表现条形图数据，操作步骤如下。

01 为考生成绩计算总和，并在H1单元格中输入文本"条形图"，如图12-19所示。

02 在H2单元格中输入公式"=REPT（"|",G2/10）"，该公式表示使用"|"代表文本复制，由于总和数值比较大，所以这里使总和的数值除以10，表现复制文本，如图12-20所示。

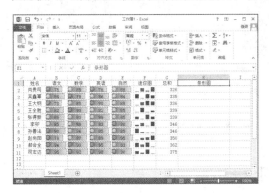

图12-19

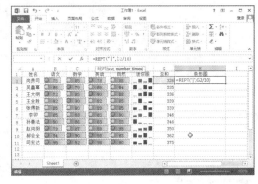

图12-20

03 按Enter键确定输入复制的"|"，如图12-21所示。

04 选择条状的单元格，为其设置一个字体模型，如图12-22所示。

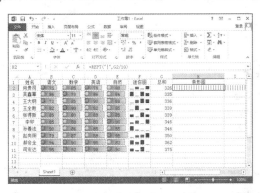

图12-21

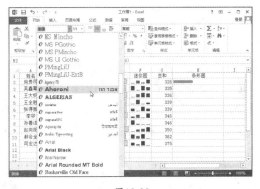

图12-22

05 拖曳H2单元格的快速填充手柄，填充其他同学成绩的条形图，如图12-23所示。

06 设置条形图的单元格，如图12-24所示。

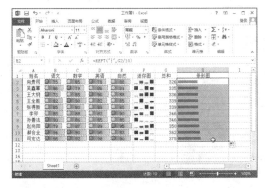

图12-23

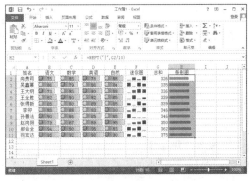

图12-24

07 可以设置条形图的字体颜色，如图12-25所示。

08 如果要在条形图后面跟上总和成绩，只需在REPT语句的后面加上"&G2"，&跟着数据单元格即可，如图12-26所示。

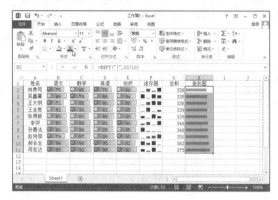

图12-25

图12-26

09 按Enter键，可以看到条形图后跟着的数据，如图12-27所示。

10 拖曳H2单元格的填充柄到其他同学的成绩中，如图12-28所示。

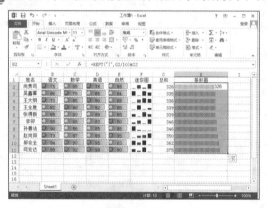

图12-27

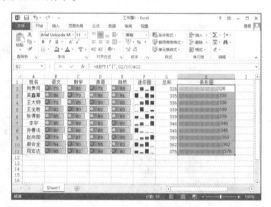

图12-28

12.2　上半年厨房采购记录

效果文件	效果\cha12\上半年厨房采购记录. xlsx	难易程度	★★★☆☆
视频文件	视频\cha12\12.2上半年厨房采购记录.avi		

　　下面通过制作实例"上半年厨房采购记录"来学习如何创建表格以及更改表格的布局、类型和格式等。

12.2.1　创建图表

　　在原有的数据上创建图表的操作步骤如下。

01 创建如图12-29所示的工作表。

02 选择制作的数据单元格，如图12-30所示。

图12-29

图12-30

03 选择单元格后，单击"插入"｜"图表"选项卡中的"推荐的图表"按钮，在弹出的对话框中选择一种图表，如图12-31所示，单击"确定"按钮。

04 插入的图表如图12-32所示。

图12-31

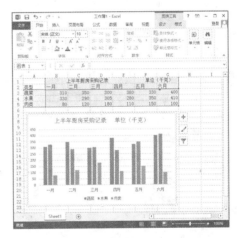

图12-32

12.2.2 设置图表元素布局

插入图表后，可以通过"设计"选项卡设置图表的布局，操作步骤如下。

01 在"图表工具"｜"图表布局"选项卡中单击 (快速布局) 按钮，在弹出的菜单中选择需要设置的布局效果，如图12-33所示。

02 通过单击 (添加图标元素) 按钮，在弹出的菜单中可以添加一些元素到图表中，如图12-34所示，选择添加的"数据标签"｜"数据标签外"元素。

03 添加的数据标签在图表顶部，如图12-35所示。

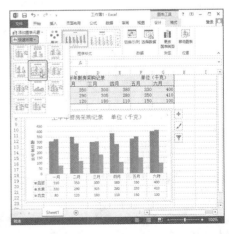

图12-33

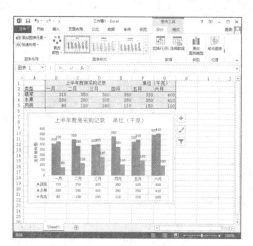

图12-34　　　　　　　　　　　　图12-35

12.2.3　更改图表类型

创建图表后，可以通过后期对图表进行更改，操作步骤如下。

01 在工作表中选择插入的图标，单击"图表工具"｜"设计"选项卡中的 （更改图表类型）按钮，弹出"更改图表类型"对话框，从中选择需要更改的类型，如图12-36所示。

02 更改图表类型的效果如图12-37所示。

03 选择一种合适的"图表样式"，如图12-38所示。

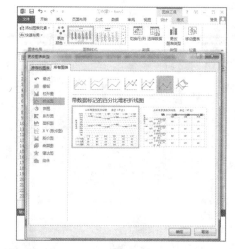

图12-36

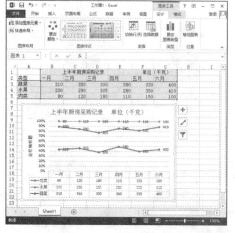

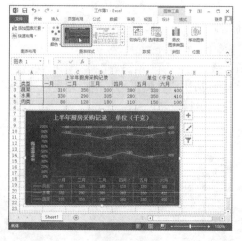

图12-37　　　　　　　　　　　　图12-38

12.2.4　设置图表格式

下面介绍如何设置图表格式，操作步骤如下。

01 选择图表，选择"图表工具"｜"格式"｜"大小"选项卡，在其中设置图表的 （高度）和 （宽度）参数，如图12-39所示。

02 选择图表中的数据和数字，在"图表工具"｜"格式"｜"艺术字样式"选项卡中设置图表中字体的样式，如图12-40所示。

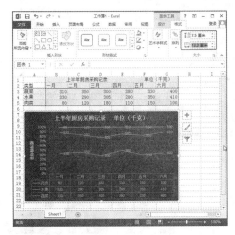

图12-39

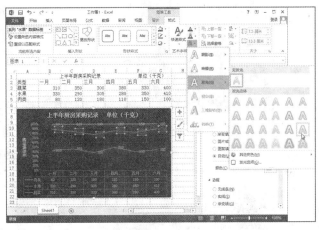

图12-40

03 在图表中选择曲线，设置形状的填充边框和艺术效果，如图12-41所示。

04 在图表中选择对象，在"图表工具"｜"格式"选项卡中将会出现或激活相应的工具命令，如图12-42所示为图表中的线。

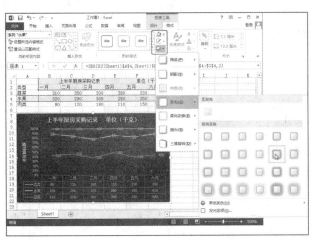

图12-41

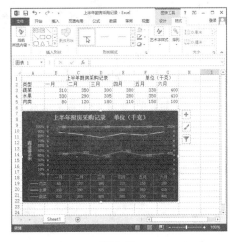

图12-42

12.2.5　更改图表源数据

在默认情况下，Excel的图表在一个区域中存放数据，如果改变该区域中的数据，图表就会自动更新，其具体操作步骤如下。

01 更改B3单元格中的数据为370，可以看到图表中的数据也跟着改变了，如图12-43所示。

02 为了更方便和直观地看到更改的数据，可以更改一下图表的类型，如图12-44所示为更改的数据和图表类型效果。

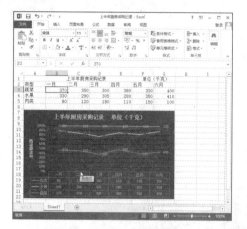

图12-43

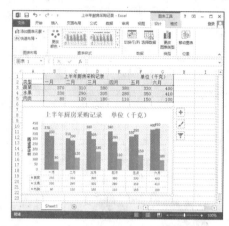

图12-44

12.3 年销售统计

效果文件	效果\cha12\年销售统计.xlsx	难易程度	★★★☆☆
视频文件	视频\cha12\12.3年销售统计.avi		

下面通过"年销售统计"案例来讲解数据透视表和数据透视图。

12.3.1 年销售统计的数据透视表

利用数据透视表可以快速汇总大量数据并进行交互，还可以深入分析数值数据，并回答一些预计不到的数据问题，创建步骤如下。

01 创建年销售统计的数据，如图12-45所示。

02 单击"插入"|"表格"选项卡中的 (数据透视表)按钮，弹出"创建数据透视表"对话框，如图12-46所示。

图12-45

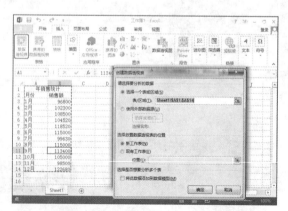

图12-46

03 单击"选择一个表或区域"选项下的"表/区域"⊞按钮,在工作表中选择A2到B14的单元格,如图12-47所示。

04 单击⊞按钮返回到"创建数据透视表"对话框,在"选择放置数据透视表的位置"选项组中选择"现有工作表"单选按钮,如图12-48所示。

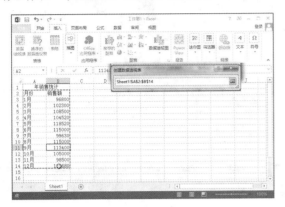

图12-47

图12-48

05 单击"现有工作表"|"位置"后的⊞按钮,在工作表中选择创建数据透视表的位置,如图12-49所示。

06 单击⊞按钮返回到"创建数据透视表"对话框,单击"确定"按钮,在工作簿窗口的右侧出现"数据透视表字段"窗格,确定选择的"现有工作表"|"位置"单元格处于选择状态,如图12-50所示。

07 选择右侧"数据透视表字段"窗格中的"月份"和"销售额"复选框,显示的数据透视表如图12-51所示。

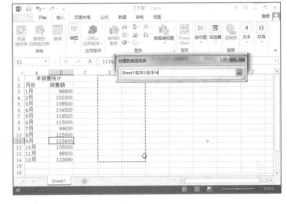

图12-49

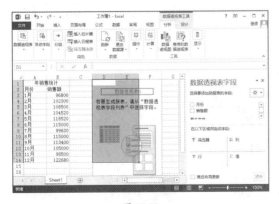

图12-50

图12-51

📘 12.3.2   设计数据透视表

通过对数据表的设计,可使其不再是沉闷单一色的表格,设置数据表的操作如下。

01 选择数据表中的任意表格，勾选"数据透视表工具"|"设计"|"数据透视表样式选项"选项卡中的"镶边列"复选框，如图12-52所示。

02 继续勾选"镶边行"复选框，如图12-53所示。

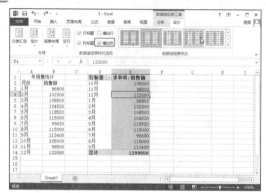

图12-52

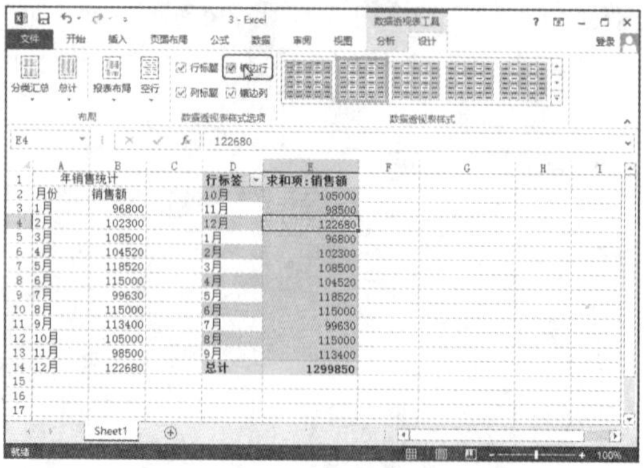

图12-53

03 在"数据透视表工具"|"设计"|"数据透视表样式"选项卡中选择一种合适的样式，如图12-54所示。

04 在"数据透视表工具"|"设计"|"布局"中设置透视表的布局，如图12-55所示。读者可以逐个尝试布局的每个命令，这里就不详细介绍了。

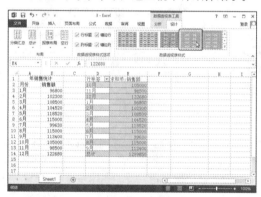

图12-54

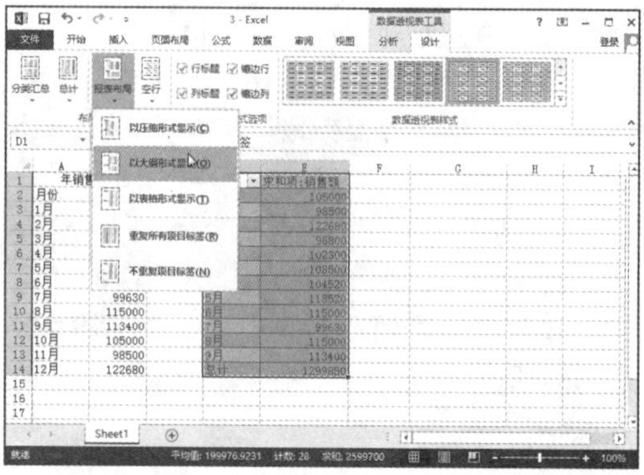

图12-55

12.3.3 分析数据透视表

下面介绍如何设置数据透视表的分析操作，操作步骤如下。

01 首先介绍透视表的切片效果。选择透视表，单击"数据透视表工具"|"分析"|"筛选"选项卡中的 ![按钮] （插入切片器）按钮，弹出"插入切片器"对话框，如图12-56所示。从中选择月份，单击"确定"按钮。

02 弹出"月份"的切片，如图12-57所示。

03 在切片器中选择相应的月份，即可在透视表中显示相应的数据，如图12-58所示。

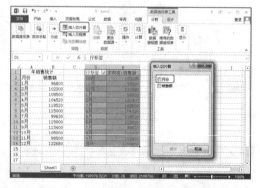

图12-56

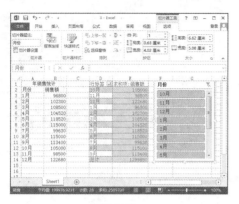

图12-57　　　　　　　　　　　图12-58

💮 提示

选择"切片器"相当于针对该透视表的筛选器。

04 在显示的月份切片器中单击　（清除筛选器）按钮，在透视表中显示所有项目数据，如图12-59所示。

05 更改原数据中的数值，如图12-60所示。

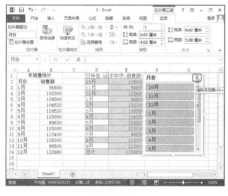
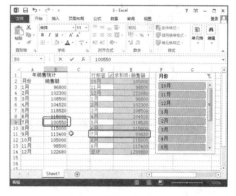

图12-59　　　　　　　　　　　图12-60

06 单击"数据透视表工具"｜"分析"｜"筛选"选项卡中的　（刷新）按钮，刷新更改的数据，如图12-61所示。

07 如果要更改透视表的数据范围，单击"数据透视表工具"｜"分析"｜"筛选"选项卡中的　（更改数据源）按钮，弹出"更改数据透视表数据源"对话框，如图12-62所示。

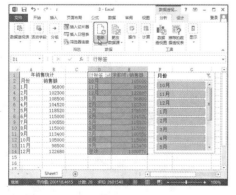
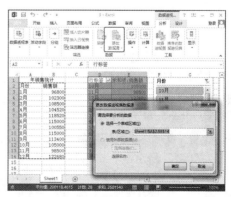

图12-61　　　　　　　　　　　图12-62

08 在"更改数据透视表数据源"对话框中单击"选择一个表或区域"|"表/区域"后的📷按钮,弹出相应的对话框,如图12-63所示。

09 在工作表中选择作用的数据,选择数据单元格后单击📷按钮,回到"更改数据透视表数据源"对话框,更改数据源后,单击"数据透视表工具"|"分析"|"显示"选项卡中的📷(字段列表)按钮,如图12-64所示。

10 在右侧显示"数据透视表字段"窗格,从中选择要添加到报表的字段,如图12-65所示。

图12-63

图12-64

图12-65

📘 12.3.4 创建数据透视图

数据透视图的创建与数据透视表的创建方法基本相同,下面是创建数据透视图的操作步骤。

01 选择需要创建数据透视图的任意单元格,单击"插入"|"图表"选项卡中的📷(数据透视图)按钮,如图12-66所示。

02 弹出"创建数据透视图"对话框,如图12-67所示。

03 在"选择一个表或区域"|"表/区域"后单击📷按钮,选择数据如图12-68所示。

04 单击📷按钮返回到"创建数据透视表"对话框,选择"现有工作表"单选按钮,如图12-69所示。

05 单击"位置"文本框后的📷按钮,在工作表中选择区域,如图12-70所示,单击"确定"按钮。

06 创建的数据透视图如图12-71所示,在右侧的"数据透视图字段"窗格中勾选"月份"和"销售额"复选框。

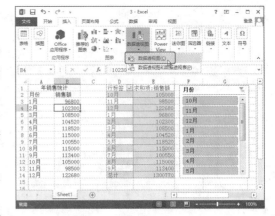

图12-66

07 在创建的数据透视图中可以手动输入标题，如图12-72所示为输入的"年销售统计"。

图12-67

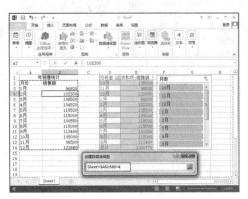

图12-68

图12-69

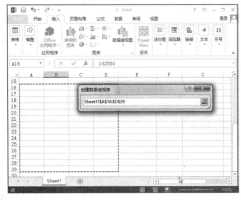

图12-70

图12-71

图12-72

08 为数据透视图和数据透视表设置样式，这里就不详细介绍了，效果如图12-73所示。

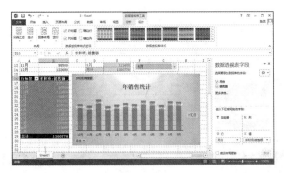

图12-73

12.4 综合应用1——公司2010-2013年生产总值

效果文件	效果\cha12\生产总值.xlsx	难易程度	★★★☆☆
视频文件	视频\cha12\12.4生产总值.avi		

下面通过介绍实例来温习一下插入图表的操作。

01 新建工作簿，在单元格中输入标题和数据，如图12-74所示。

02 单击"插入"|"图表"选项卡中的 (插入散点图)按钮，在弹出的菜单中选择一个合适的散点图，如图12-75所示。

03 插入的散点图如图12-76所示。

图12-74

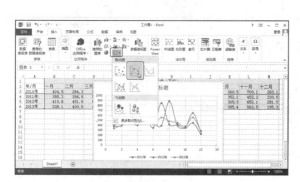

图12-75

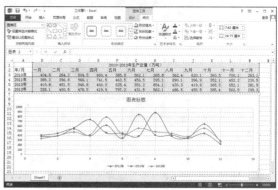

图12-76

04 在图12-76中可以看到散点图只显示了2011、2012、2013年的数据，而2010年的数据没有显示出来，这里可以单击"图标工具"|"设计"|"数据"选项卡中的 (选择数据)按钮，弹出"选择数据源"对话框，如图12-77所示。

05 在"图表数据区域"文本框后单击 按钮，选择数据源，如图12-78所示。

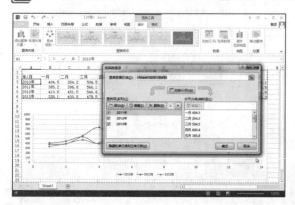

图12-77

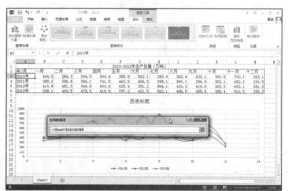

图12-78

06 单击 按钮返回到"选择数据源"对话框中，在左侧的"图例项"中可以看到2010、2011、2012、2013项，如图12-79所示，单击"确定"按钮。

07 添加数据源的图标效果如图12-80所示。

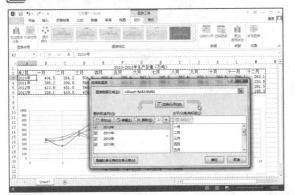

图12-79

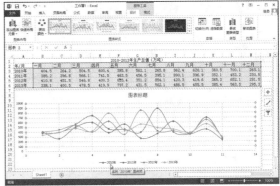

图12-80

08 在图表中选择"图表标题"文本框中的文本，如图12-81所示，将其删除。

09 输入图表的标题，如图12-82所示。

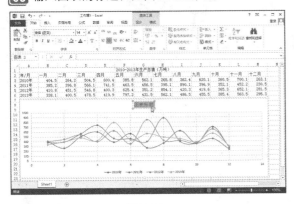

图12-81

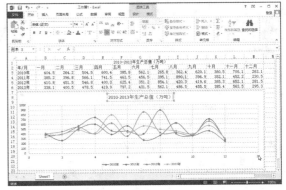

图12-82

10 选择图标，选择"图表工具"｜"设计"｜"图表样式"选项卡，从中选择一个合适的图表样式，如图12-83所示。

11 如果觉得散点样式的图标不能直接观察数据，可以单击"图表工具"｜"设计类型"选项卡中的 （更改图表类型）按钮，弹出"更改图表类型"对话框，从中选择一种类型的柱形图，如图12-84所示。

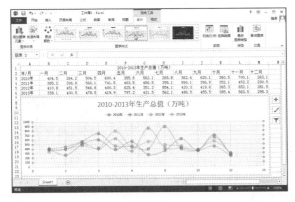

图12-83

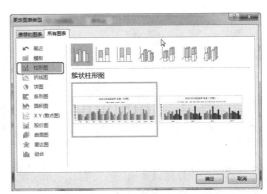

图12-84

12 转换为柱形图后可以为其设置布局，这里就不详细介绍了，如图12-85所示。

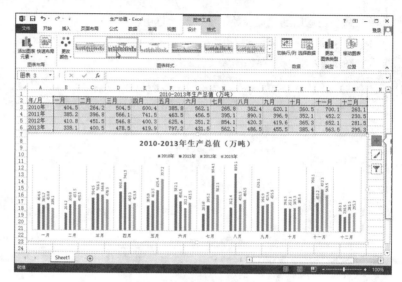

图12-85

12.5 综合应用2——气候表

效果文件	效果\cha12\气候表.xlsx	难易程度	★★★☆☆
视频文件	视频\cha12\12.5气候表.avi		

下面通过对气候表的制作温习数据透视表和数据透视图的应用，具体操作步骤如下。

01 新建空白工作簿，在工作表中输入数据内容，如图12-86所示。

02 单击"插入"｜"图表"选项卡中的 （数据透视图）按钮，如图12-87所示。

图12-86

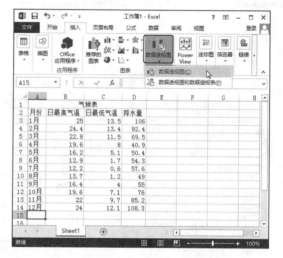

图12-87

03 弹出"创建数据透视图"对话框，单击"表/区域"文本框后的 按钮，如图12-88所示。

04 在工作表中选择表的区域，如图12-89所示。

图12-88

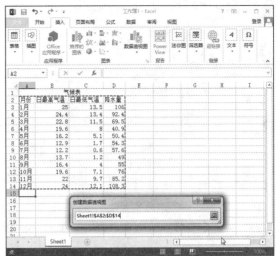

图12-89

05 选取后单击 按钮返回到 "创建数据透视表" 对话框，在 "选择放置数据透视图的位置" 选项组中，在 "现有工作表" 下的 "位置" 文本框中选择一个合适的位置即可，如图12-90所示。单击 "确定" 按钮，创建出透视表和透视图。

06 在右侧出现的 "数据透视表字段" 窗格中勾选引用的选项，如图12-91所示。

图12-90

图12-91

07 可以看到数据透视表的最后一行为总计，这里需要的是平均值，如图12-92所示。

08 将 "总计" 改为 "平均值"，如图12-93所示。

09 选择每列的最后总计单元格，单击 "数据透视表工具" | "分析" | "活动字段" 选项卡中的 （字段设置）按钮，在弹出的对话框中选择计算类型为 "平均值"，单击 "确定" 按钮，如图12-94所示。

10 采用同样的方法计算平均值，如图12-95所示。最后可以为数据透视表和数据透视图设置一种格式，这里就不详细介绍了。

图 12-92

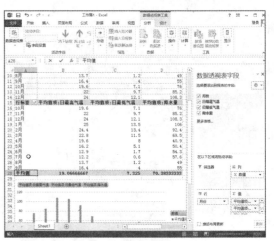

图 12-93

图 12-94

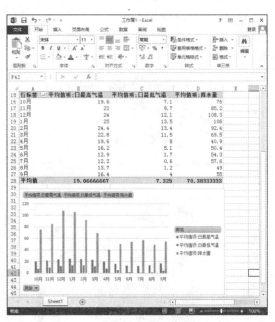

图 12-95

12.6 本章小结

　　本章介绍如何使用图形和图表展示数据，其中介绍了迷你图表、图表、图形、透视图和透视表等的用法。通过对本章的学习，读者可以掌握迷你图表、图表、图形、透视图和透视表等表示数据的方法。

第13章 页面设置与打印

当工作表制作完成后，就需要对制作的工作表进行打印输出。通过对本章的学习可以熟练掌握工作表的打印方法。

13.1 页面设置

素材文件	效果\cha12\气候表. xlsx	难易程度	★★★☆☆
视频文件	视频\cha13\13.1页面设置.avi		

在Excel 2013中，通过改变"页面设置"对话框中的选项，用户可以控制打印工作表的外观和版面。

13.1.1 设置页边距

页面的打印方式包括页面的打印方向、缩放比例、纸张大小以及打印质量，用户可以根据自己的需要进行设置，设置页面的操作如下。

01 选择一个需要设置页面打印方式的工作表，这里使用前面章节中制作的"气候表"，如图13-1所示。

02 单击"页面布局"｜"页面设置"选项卡中的▥（页边距）按钮，弹出页边距的一些选项命令，如图13-2所示，从中选择合适的即可。

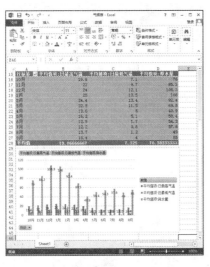

图13-1

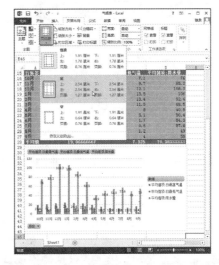

图13-2

⚙ 提 示

如果想自定义页边距的数据，可以单击▥（页边距）按钮，在菜单中选择"自定义边距"命令，从中弹出"页面设置"对话框，在其中可设置页面边距参数。

13.1.2　设置打印区域

在Excel中有一个自定义打印区域的工具，这就是 ▣（设置打印区域）命令，具体设置打印区域的操作如下。

01 在打开的"气候表"中使用鼠标框选出需要打印的区域。

02 单击"页面布局"｜"页面设置"选项卡中的 ▣（设置打印区域）按钮，如图13-3所示。

03 单击 ▣（设置打印区域）按钮后，系统将把框选的区域作为打印的区域，可以看到如图13-4所示的打印区域边框。

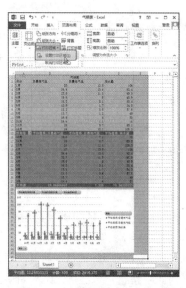
图13-3

图13-4

> **⊙ 提 示**
>
> 如果不想使用打印区域，可单击 ▣（设置打印区域）按钮，在弹出的菜单中选择"取消打印区域"命令即可。

13.1.3　使用页面设置

在"页面设置"对话框中包含了对页面方向、边距、页眉/页脚等的设置，进行页面设置的具体操作步骤如下。

01 单击"页面布局"｜"页面设置"选项卡右下角的 ▣（页面设置）按钮，如图13-5所示。

02 弹出"页面设置"对话框，在"页面"选项卡中，可以设置页面的"方向"、"缩放"、"纸张大小"、"打印质量"以及"起始页码"，根据需要设置页面的参数，如图13-6所示。

03 选择"页边距"选项卡，从中可以设置页面的边距，如图13-7所示。

04 这里选择"水平"和"垂直"居中方式，如图13-8所示。

图13-5

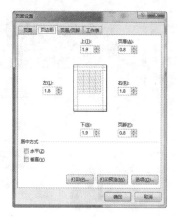

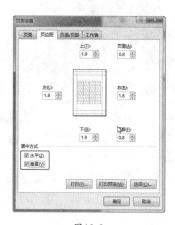

图13-6　　　　　　　　　　　图13-7　　　　　　　　　　　图13-8

05 选择"页眉/页脚"选项卡，从中可以选择系统提供的"页眉"和"页脚"，如图13-9所示。

06 在"页眉/页脚"选项卡中单击"自定义页眉"按钮，在弹出的"页眉"对话框中自定义页眉的方式和文字，如图13-10所示，单击"确定"按钮。

07 设置的页眉效果如图13-11所示。

图13-9　　　　　　　　　　　图13-10　　　　　　　　　　图13-11

08 选择"工作表"选项卡，从中可以定义打印区域和打印的一些其他参数，如图13-12所示。

09 在"页面设置"对话框中单击"打印预览"按钮即可预览打印效果，如图13-13所示。

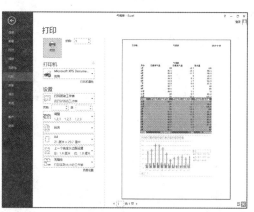

图13-12　　　　　　　　　　　　　　图13-13

13.2 打印设置

视频文件	视频\cha13\13.2打印设置.avi	难易程度	★☆☆☆☆

在打印工作表之前，可以先预览一下实际打印的效果，即打印预览，可以参考上面小节中使用的"页面设置"对话框查看打印预览效果。

Excel打印设置与Word打印设置相同，选择"文件"|"打印"命令，即可启动如图13-13所示的界面，从中可以查看打印区域，设置打印机和打印效果，在打印设置窗口的右下角单击 （页边距）按钮，可以在预览窗口中调整工作表的页面边距，如图13-14所示。

设置完成后单击"打印"按钮，即可对当前工作表进行打印。

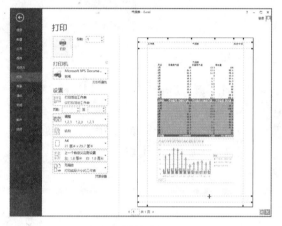

图13-14

13.3 综合应用1——设置年销售统计的打印

素材文件	效果\cha12\年销售统计.xlsx	效果文件	效果\cha13\年销售统计.xlsx
视频文件	视频\cha13\13.3设置年销售统计的打印.avi	难易程度	★★☆☆☆

打开前面章节中的案例"年销售统计表"工作表（如图13-15所示），在该表的基础上为其设置页面布局和打印。

01 在该表格中选择不需要的或重复的表格，如图13-16所示，按Delete键将其删除。

02 删除不需要的组件，调整表格的效果，如图13-17所示。

03 框选需要打印的表格区域，如图13-18所示。

04 单击"页面布局"|"页面设置"选项卡中的 （设置打印区域）按钮，将选择的区域设置为打印区域，如图13-19所示。

05 单击"页面布局"|"页面设置"右下角的 （页面设置）按钮，弹出"页面设置"对话框，如图13-20所示。

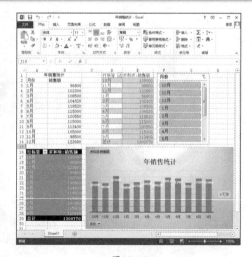

图13-15

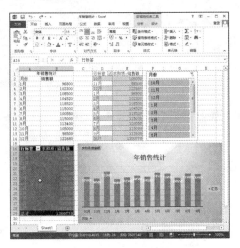

| 图13-16 | 图13-17 |

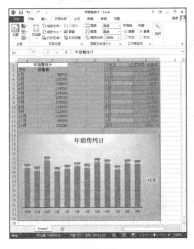

| 图13-18 | 图13-19 | 图13-20 |

06 选择"页边距"选项卡，设置"居中方式"为"水平"，如图13-21所示。

07 选择"页眉/页脚"选项卡，在其中单击"自定义页眉"按钮，如图13-22所示。

08 弹出"页眉"对话框，在其中输入页眉文本，如图13-23所示，单击"确定"按钮。

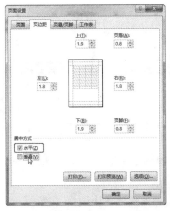

| 图13-21 | 图13-22 | 图13-23 |

09 返回到"页面设置"对话框,在其中单击"自定义页脚"按钮,如图13-24所示。

10 在弹出的"页脚"对话框中输入页脚文本,如图13-25所示,单击"确定"按钮。

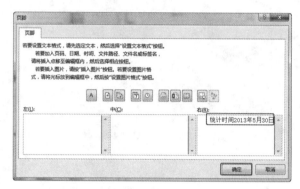

图13-24　　　　　　　　　　　　　　　　　　　图13-25

11 设置好页面布局后,单击"打印预览"按钮,如图13-26所示。

12 弹出打印窗口,从中可以预览打印效果,也可以设置打印,如图13-27所示。

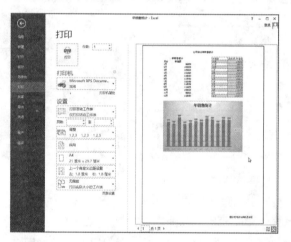

图13-26　　　　　　　　　　　　　　　　　　　图13-27

13.4　综合应用2——打印生产总值数据表

素材文件	效果\cha12\生产总值.xlsx	效果文件	效果\cha13\生产总值.xlsx
视频文件	视频\cha13\13.4打印生产总值.avi	难易程度	★★☆☆☆

下面介绍如何设置横向打印,具体操作步骤如下。

01 打开前面章节中制作的"生产总值"数据表,如图13-28所示。

02 单击"页面布局"|"页面设置"选项卡中的 (纸张方向)按钮,在弹出的菜单中选择"横向"纸张,如图13-29所示。

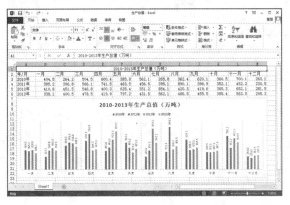

图13-28

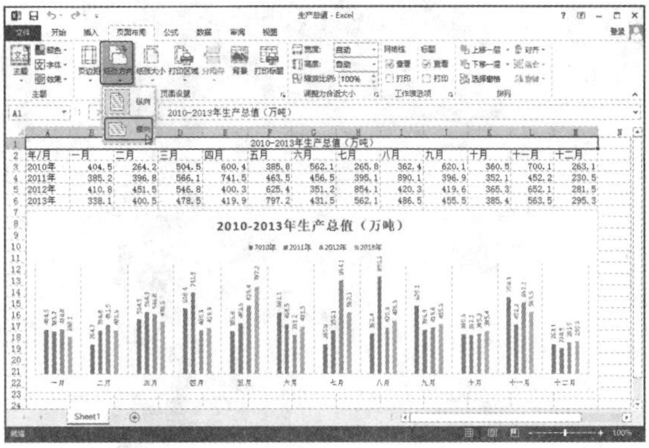

图13-29

03 在工作表中框选需要打印的区域，如图13-30所示。

04 单击"页面布局"｜"页面设置"选项卡中的 ⬚（设置打印区域）按钮，如图13-31所示。

图13-30

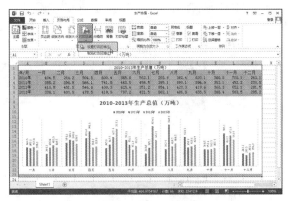

图13-31

05 单击"页面布局"｜"页面设置"选项卡右下角的 ⬚（页面设置）按钮，弹出"页面设置"对话框，选择"页边距"选项卡，设置"居中方式"为"水平"和"垂直"，如图13-32所示。

06 选择"页眉/页脚"选项卡，在其中单击"自定义页眉"按钮，如图13-33所示。

07 在"页眉"对话框中输入页眉文本，如图13-34所示，单击"确定"按钮。

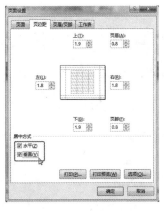

图13-32

图13-33

图13-34

08 设置页眉后，返回到"页面设置"对话框，单击"打印预览"按钮，如图13-35所示。

09 打开打印预览，如图13-36所示。

图13-35

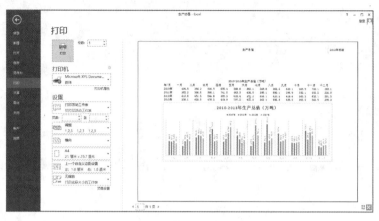

图13-36

10 在打印预览的右下角位置单击 （页边距）按钮，在预览窗口中调整边距，如图13-37所示。

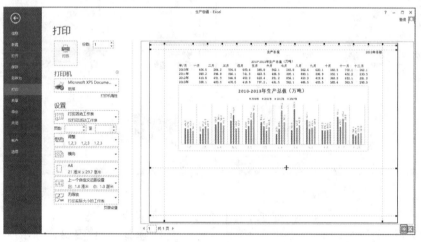

图13-37

11 调整完成页面布局后单击"打印"按钮，对设置完成后的数据表进行打印。

13.5 本章小结

本章介绍如何设置工作表的页面布局，并介绍如何打印。通过对本章的学习读者可以学会工作表的页面设置和打印设置。

Chapter

第3篇

PowerPoint演示文稿设计篇

PowerPoint是微软公司设计的演示文稿软件。用户不仅可以在投影仪或者计算机上进行演示，也可以将演示文稿打印出来，制作成胶片，以便应用到更广泛的领域中。利用PowerPoint不仅可以创建演示文稿，还可以在互联网上召开面对面会议、远程会议或在网上给观众展示演示文稿。PowerPoint制作出来的文件称为演示文稿，其格式后缀名为ppt，或者也可以保存为pdf、图片格式、视频格式等。演示文稿中的每一页被称为幻灯片，每张幻灯片都是演示文稿中既相互独立又相互联系的内容。

第14章　创建演示文稿

本章介绍在PowerPoint 2013中如何创建、保存幻灯片，如何设置母版幻灯片版式和幻灯片的大小、方向、背景颜色、字体、节等内容。

14.1　统一风格的企业文化演示文稿

效果文件	效果\cha14\企业文化.pptx	难易程度	★☆☆☆☆
视频文件	视频\cha14\14.1统一风格的企业文化演示文稿.avi		

下面将介绍如何创建、保存演示文稿，并设置母版与幻灯片版式。

14.1.1　创建演示文稿

下面将使用现有的模板来创建演示文稿，操作步骤如下。

01 运行PowerPoint 2013软件，弹出如图14-1所示的界面，从中选择一个演示文稿的模板。

> **提示**
>
> PowerPoint在联网的情况下模板特别多，可以通过下载模板来选择喜欢的模板风格。

02 单击需要的模板后，弹出选择模板风格的对话框，从中选择需要的风格版式，如图14-2所示。

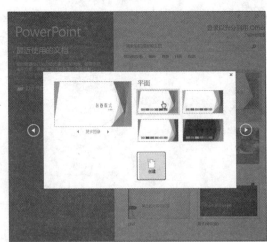

图14-1　　　　　　　　　　　图14-2

03 新建的模板如图14-3所示。

04 在模板的添加标题和副标题处添加标题，如图14-4所示。

图 14-3

图 14-4

05 单击"插入"｜"幻灯片"选项卡中的 （新建幻灯片）按钮，在左侧的幻灯片缩览图中可以看到新建的一个模板内容页幻灯片，如图 14-5 所示。

> ☼ **提 示**
>
> 单击 （新建幻灯片）下拉按钮，在弹出的菜单中可以选择合适的幻灯片布局。在"幻灯片"选项卡中还可以创建 （节）幻灯片。

06 在内容页中输入相关内容，如图 14-6 所示。

图 14-5

图 14-6

07 在左侧的幻灯片缩览图中右击鼠标，然后在弹出的快捷菜单中选择"新建幻灯片"命令，如图 14-7 所示。

08 新建的第 3 页幻灯片如图 14-8 所示。

图 14-7

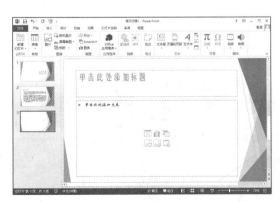

图 14-8

09 在新建的幻灯片中输入相应的内容，如图14-9所示。

图14-9

14.1.2 保存演示文稿

制作完成演示文稿后，下面将介绍保存演示文稿的操作。

01 选择"文件"｜"保存"命令，在右侧的窗口中依次单击"计算机"｜"浏览"按钮，如图14-10所示，将制作的演示文稿存储到计算机中。

02 弹出"另存为"对话框，在该对话框中选择一个存储路径，为文件命名，使用默认的保存类型即可，单击"保存"按钮，如图14-11所示。

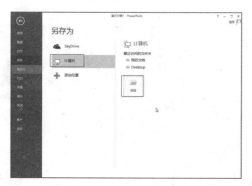

图14-10

图14-11

14.1.3 设置母版与幻灯片版式

在幻灯片中可以统一设置内容、背景、配色和文字格式等，这些格式都可以使用演示文稿的母版、模板或主题来实现。母版设置包括标题版式、图表、文字幻灯片等，可单独控制配色、文字和格式。设置母版的操作步骤如下。

01 选择一个新的或者是打开的演示文稿，单击"视图"｜"模板视图"选项卡中的 ▦（幻灯片母版）按钮，如图14-12所示。

02 这样就进入了"绘图工具"｜"幻灯片母版"设计选项卡，如图14-13所示。

03 在"母版版式"选项卡中单击▦（母版版式）按

图14-12

钮，在弹出的对话框中可以选择显示在母版中的占位符，如图14-14所示。

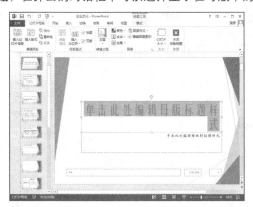

图14-13

图14-14

04 在"母版版式"对话框中取消对"日期"复选框的勾选，如图14-15所示。单击"确定"按钮，这样即可在应用该母版的幻灯片中不显示日期。

05 选择不需要的子幻灯片，单击"幻灯片母版"|"编辑母版"选项卡中的 （删除）按钮，删除子幻灯片，如图14-16所示。

图14-15

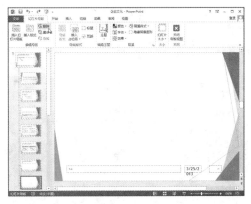

图14-16

06 删除子幻灯片后的母版如图14-17所示。

07 选择幻灯片，并选择标题文本，如图14-18所示。

图14-17

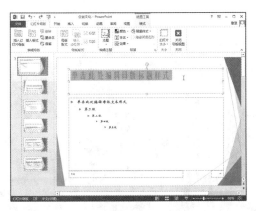

图14-18

08 选择标题文本后，在"幻灯片母版"|"背景"选项卡中单击 文 （字体）按钮，在弹出的菜单中选择

一种合适的标题字体，如图14-19所示。

09 更改幻灯片标题后，子幻灯片中的标题字体也被改了过来，如图14-20所示。

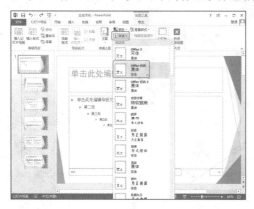

图14-19　　　　　　　　　　　图14-20

10 选择幻灯片，在"幻灯片母版"｜"背景"选项卡中单击■（颜色）按钮，然后在弹出的菜单中选择一种合适的颜色，如图14-21所示。

11 此时可以看到颜色更改后的效果，如图14-22所示。

图14-21　　　　　　　　　　　图14-22

12 选择幻灯片，在"幻灯片母版"｜"背景"选项卡中单击◙（效果）按钮，并在弹出的菜单中选择合适的幻灯片效果，如图14-23所示。

13 还可以设置幻灯片的大小，如图14-24所示。这里就不详细介绍了，使用默认的大小即可。

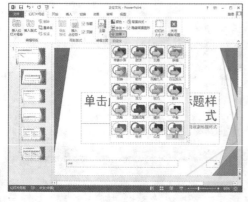

图14-23　　　　　　　　　　　图14-24

14 单击"幻灯片母版"｜"编辑母版"选项卡中的 （重命名）按钮，可以对此模板重命名，在弹出的对话框中设置名称即可，如图14-25所示。

15 单击"幻灯片母版"｜"背景"选项卡中的 （背景样式）按钮，在弹出的菜单中选择一个合适的背景样式，如图14-26所示。

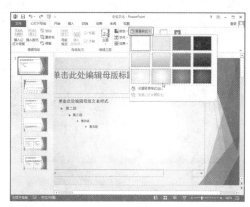

图14-25　　　　　　　　　　　　　　　图14-26

16 单击"幻灯片母版"｜"关闭"选项卡中的 （关闭母版视图）按钮，关闭母版的设置视图，如图14-27所示。

17 此时可以看到幻灯片被设置模板后继承了母版的效果，如图14-28所示。

图14-27　　　　　　　　　　　　　　　图14-28

14.2　编辑与管理幻灯片

效果文件	效果\cha14\企业文化.pptx	难易程度	★☆☆☆☆
视频文件	视频\cha14\14.2编辑与管理幻灯片.avi		

下面将介绍如何设置幻灯片的方向、背景颜色、背景样式以及字体等。

14.2.1　设置幻灯片的大小和方向

下面设置幻灯片的大小和方向，操作步骤如下。

01 选择制作的幻灯片，单击"设计"｜"自定义"选项卡中的▭（幻灯片大小）按钮，在弹出的菜单中选择"自定义幻灯片大小"命令，如图14-29所示。

02 弹出"幻灯片大小"对话框，在其中可以设置幻灯片的方向和幻灯片的大小，如图14-30所示。

图14-29

图14-30

03 在"方向"选项组中设置"幻灯片"为"纵向"，如图14-31所示，单击"确定"按钮。

04 弹出如图14-32所示的对话框，在其中可以根据需要选择缩放比例的方式，这里选择了"确保适合"按钮。

图14-31

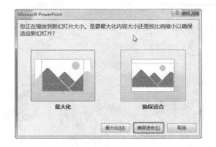

图14-32

05 设置的演示文稿纵向效果如图14-33所示。

06 单击"设计"｜"自定义"选项卡中的▭（幻灯片大小）按钮，在弹出的菜单中选择"自定义幻灯片大小"命令，弹出"幻灯片大小"对话框，设置"宽度"和"高度"参数，如图14-34所示，在其中可以设置演示文稿的宽度和高度。

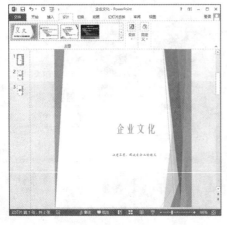

图14-33

图14-34

07 在弹出的如图14-35所示的对话框中选择合适的类型。

08 设置纵向和大小合适的演示文稿，如图14-36所示。

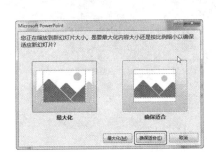

图14-35   图14-36

14.2.2 编辑背景颜色

下面介绍如何编辑背景颜色，操作步骤如下。

01 可以返回到设置母版效果的演示文稿，如图14-37所示。

02 选择幻灯片，单击"设计"｜"自定义"选项卡中的 （设置背景格式）按钮，如图14-38所示。

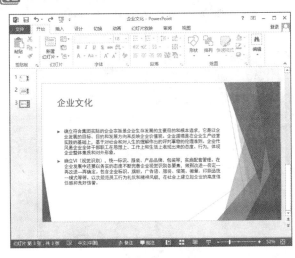

图14-37   图14-38

03 弹出"设置背景格式"窗格，如图14-39所示。默认为"纯色填充"，可以设置纯色的"颜色"和"透明度"。

04 在"填充"选项组中选择"渐变填充"单选按钮，可以填充渐变背景，如图14-40所示。

05 选择渐变填充后，单击"预设渐变"后的渐变按钮，在弹出的系统预设渐变中选择合适的渐变类型，如图14-41所示。

06 可以设置渐变的"类型"和"方向"，如图14-42所示。

<table><tr><td>图14-39</td><td>图14-40</td></tr></table>

<table><tr><td>图14-41</td><td>图14-42</td></tr></table>

07 通过设置"渐变光圈"的"颜色"、"位置"、"透明度"和"亮度",可设置渐变背景效果,如图14-43所示。

08 设置的渐变只应用于当前选择的幻灯片,其他的幻灯片还是原始效果,如图14-44所示,没有设置背景格式效果的幻灯片。

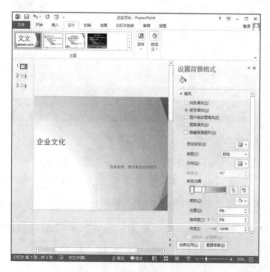

<table><tr><td>图14-43</td><td>图14-44</td></tr></table>

09 如果希望该背景格式应用到所有的幻灯片中，单击"全部应用"按钮，如图14-45所示，即可将渐变填充的背景格式填充到所有的幻灯片中。

10 在填充中选择"图片或纹理填充"选项，即可设置当前幻灯片的背景为图片或纹理填充效果，如图14-46所示，默认的是纹理填充。

图14-45

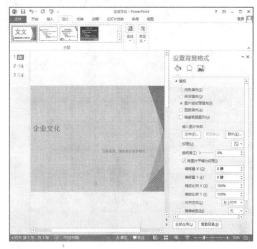
图14-46

11 选择"图片或纹理填充"选项后，在"插入图片来自"下单击"文件"按钮，即可在弹出的对话框中选择计算机中的图片文件，如图14-47所示。这里随便选择一个即可，单击"插入"按钮。

12 插入图片为背景的幻灯片效果，如图14-48所示。

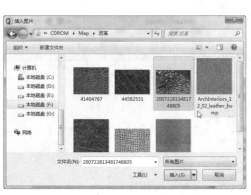
图14-47

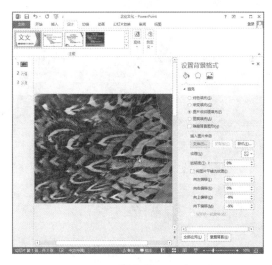
图14-48

13 插入图片后，在下面的参数中勾选"将图片作为平铺纹理"复选框，即可设置图片为平铺效果。

14 单击"纹理"后的 ▦（纹理）按钮，在弹出的系统内定的纹理中选择合适的纹理，如图14-49所示。

15 通过设置参数，完成背景纹理的填充，如图14-50所示。

16 在"填充"中选择"图案填充"选项，在下列的图案中选择合适的图案作为背景填充到幻灯片中，在下列参数中可以设置图案的"前景"颜色和"背景"颜色，如图14-51所示。

17 勾选"隐藏背景图形"复选框，可以将母版的背景图形隐藏，如图14-52所示。

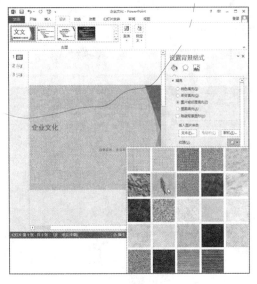

图14-49

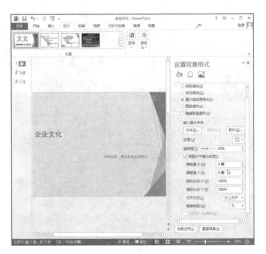

图14-50

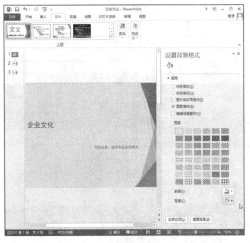

图14-51

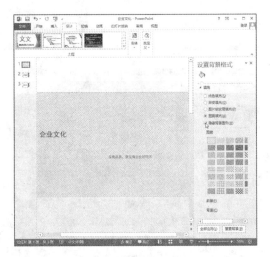

图14-52

18 读者可以根据上面介绍的几种背景填充，填充自己制作的幻灯片。

14.2.3　编辑字体

　　在幻灯片中可以随意设置字体的效果，但设置的字体只应用于当前选择的幻灯片中，不应用所有幻灯片，下面介绍如何编辑字体，设置字体效果。

01 在幻灯片中选择需要编辑的字体，如图14-53所示。

02 选择显示的"绘图工具"｜"格式"｜"艺术字样式"选项卡，在其中单击 ▲（文本填充）按钮，在弹出的菜单中选择一种字体颜色，如图14-54所示。

03 选择"绘图工具"｜"格式"｜"艺术字样式"选项卡，在其中单击▲（文本轮廓）按钮，在弹出的菜单中选择"粗细"｜"0.25磅"命令，设置文本轮廓的粗细，如图14-55所示。

04 设置▲（文本轮廓）的颜色为红色，如图14-56所示。

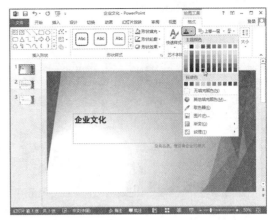

图14-53
图14-54

图14-55
图14-56

05 选择"绘图工具"｜"格式"｜"艺术字样式"选项卡，从中单击 A（文字效果）按钮，在弹出的菜单中选择"映像"命令，从该子菜单中选择一个格式的映像效果，如图14-57所示。

06 选择"开始"｜"字体"选项卡，在其中设置字体的大小为54，如图14-58所示。

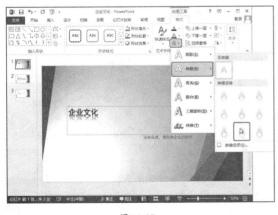

图14-57
图14-58

07 在"开始"｜"字体"选项卡中还可以设置字体的颜色，如图14-59所示，设置副标题的字体颜色为黑色。

08 在"开始"｜"字体"选项卡中单击 B（加粗）按钮，对副标题进行加粗设置，如图14-60所示。

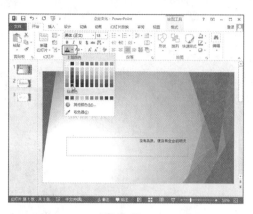

图14-59

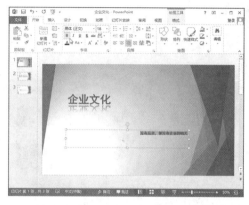

图14-60

09 选择副标题字体，选择"绘图工具"｜"格式"｜"艺术字样式"选项卡，在其中单击 A（文字效果）按钮，在弹出的菜单中选择"发光"命令，在子菜单中选择一个发光效果，如图14-61所示。

10 此时查看设置的字体效果，如图14-62所示。

图14-61

图14-62

11 选择作为内容页的第2个幻灯片，并选择标题，设置标题的字体，如图14-63所示。

12 选择"开始"｜"字体"选项卡，单击 S（文本阴影）按钮，设置文本简单的阴影效果，如图14-64所示。

图14-63

图14-64

14.2.4 使用节管理幻灯片

下面介绍如何创建和使用节管理幻灯片，操作步骤如下。

01 在制作的企业文化幻灯片缩览图最上方插入光标，如图14-65所示。

02 单击"开始"│"幻灯片"选项卡中的 （节）按钮，如图14-66所示。

图14-65 图14-66

03 创建的无标题节如图14-67所示。

04 单击节的展开按钮，即可将节中的幻灯片卷起，如图14-68所示。

图14-67 图14-68

05 选择无标题的节，单击"开始"│"幻灯片"选项卡中的 （节）按钮，在弹出的菜单中选择"重命名节"命令，如图14-69所示。

06 弹出"重命名节"对话框，设置"节名称"为"企业文化"，单击"重命名"按钮，如图14-70所示。

图14-69 图14-70

07 重命名节后，再次新建一个幻灯片节，如图14-71所示。

08 选择创建的无标题节，单击"开始"|"幻灯片"选项卡中的 ▤（节）按钮，在弹出的菜单中选择"重命名节"命令，然后在弹出的对话框中命名节为"打造品牌形象"，单击"重命名"按钮，如图14-72所示。

图14-71

图14-72

09 单击"开始"|"幻灯片"选项卡中的 ▤（新建幻灯片）按钮，在弹出的幻灯片布局中选择一个"标题幻灯片"，如图14-73所示。

10 新建幻灯片，在新建的幻灯片中输入文本，如图14-74所示。

图14-73

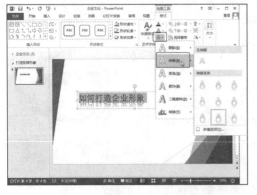

图14-74

11 选择文本，选择"绘图工具"|"格式"|"艺术字样式"选项卡，在其中单击 Ⓐ（文字效果）按钮，然后在弹出的菜单中选择"映像"命令，并在弹出的子菜单中选择一种映像，如图14-75所示。

12 继续插入新幻灯片，选择"标题和内容"的幻灯片布局，如图14-76所示。

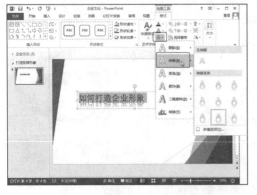

图14-75

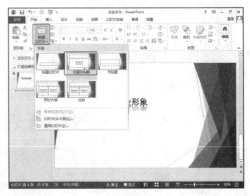

图14-76

13 在新建的幻灯片中输入标题和内容，如图14-77所示。

14 单击"节的卷起"按钮，如图14-78所示。这样可以管理多个幻灯片，将幻灯片进行分类管理使用节就可以轻松搞定了。

图14-77

图14-78

14.3 综合应用1——生日贺卡幻灯片

素材文件	素材\cha14\生日贺卡背景.jpg	效果文件	效果\cha14\生日贺卡.pptx
视频文件	视频\cha14\14.3生日贺卡.avi	难易程度	★★☆☆☆

下面通过介绍"生日贺卡"幻灯片的制作来温习一下前面所讲的创建演示文稿、设置母版、设置字体等操作，操作步骤如下。

01 运行PowerPoint软件，弹出如图14-79所示的对话框，从中选择"空白演示文稿"。

02 新建的空白演示文稿如图14-80所示。

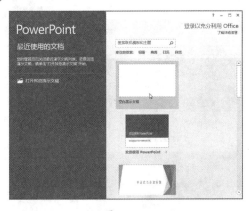
图14-79

图14-80

03 选择"视图"|"母版视图"选项卡，单击▤（幻灯片母版）按钮，进入"幻灯片母版"选项卡，首先设置背景，在"背景"选项组中单击▨（背景样式）按钮，并在弹出的菜单中选择"设置背景格式"命令，如图14-81所示。

04 弹出右侧的"设置背景格式"窗格，如图14-82所示。在"填充"选项组中选择"图片或纹理填充"单选按钮，单击"插入图片来自"|"文件"按钮。

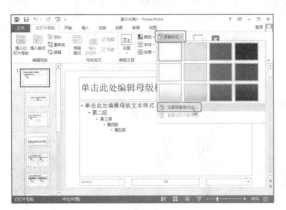

图14-81

图14-82

05 在弹出的对话框中选择素材"生日贺卡背景.jpg"文件，单击"插入"按钮，如图14-83所示。

06 插入图片作为背景后的幻灯片效果如图14-84所示。

图14-83

图14-84

07 在母版中选择标题文本，如图14-85所示。

08 在"幻灯片母版"｜"背景"选项卡中单击⚞（字体）按钮，在弹出的对话框中选择一个合适的文本，如图14-86所示。

图14-85

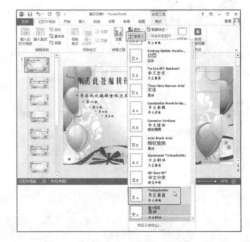

图14-86

09 选择"绘图工具"｜"格式"｜"艺术字样式"选项卡，从中单击Ⓐ（文字效果）按钮，在弹出的菜单中选择"发光"命令，并从子菜单中选择一种发光效果，如图14-87所示。

10 选择"绘图工具"｜"格式"｜"艺术字样式"选项卡，在其中单击△（文本填充）按钮，在弹出的菜单中选择合适的颜色，如图14-88所示。

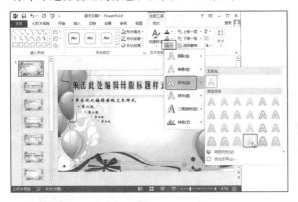

| 图14-87 | 图14-88 |

11 设置完成后，在"绘图工具"｜"幻灯片母版"｜"关闭"选项卡中单击☒（关闭母版视图）按钮，如图14-89所示。

12 关闭后在幻灯片中输入标题文本，如图14-90所示。

| 图14-89 | 图14-90 |

13 选择标题文本，在"开始"｜"字体"选项卡中选择一个合适的字体，如图14-91所示。

14 新建一个"仅标题"的幻灯片，如图14-92所示。

| 图14-91 | 图14-92 |

15 在新建的幻灯片中输入文本，如图14-93所示。

16 选择输入的文本，在"格式"｜"艺术字样式"中单击"快速样式"按钮，在弹出的菜单中选择合适的样式，如图14-94所示。

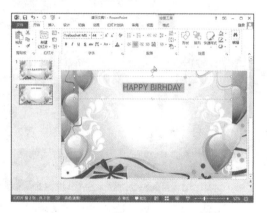

图14-93　　　　　　　　　　　　　　　　　　图14-94

17 在"格式"｜"艺术字样式"中单击 A（文字效果）按钮，在弹出的菜单中选择"转换"命令，在子菜单中选择合适的文字效果，如图14-95所示。

18 按住Ctrl键移动复制出一个文本框，如图14-96所示，设置文本效果。

图14-95　　　　　　　　　　　　　　　　　　图14-96

19 在右侧的幻灯片缩览图中右击第2个幻灯片，在弹出的快捷菜单中选择"复制幻灯片"命令，如图14-97所示。

20 直接复制出幻灯片3，如图14-98所示。

21 设置复制出的幻灯片字体效果，如图14-99所示。

22 完成幻灯片的制作后，按快捷键Ctrl+S，快速存储幻灯片，在弹出的如图14-100所示的对话框中选择"计算机"｜"浏览"按钮。

23 在弹出的对话框中选择一个存储路径，为文件命名，单击"保存"按钮，如图14-101所示。

图14-97

图 14-98

图 14-99

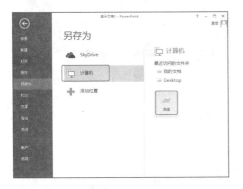

图 14-100

图 14-101

14.4 综合应用2——会议演示稿

效果文件	效果\cha14\会议演示稿. pptx	难易程度	★★☆☆☆
视频文件	视频\cha14\14.4会议演示稿.avi		

下面通过介绍会议演示稿来温习上面学过的使用节来管理幻灯片，操作步骤如下。

01 运行PowerPoint软件，在弹出的界面中选择一个如图14-102所示的幻灯片模板。

02 弹出"幻灯片版式"对话框，选择一种版式，单击"创建"按钮，如图14-103所示。

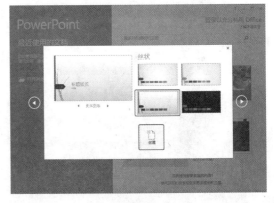

图 14-102

图 14-103

Office 2013 办公应用 从新手到高手

03 新建的幻灯片版式如图14-104所示。

04 选择"设计"｜"自定义"选项卡，单击▢（幻灯片大小）按钮，在弹出的菜单中选择"自定义幻灯片大小"命令，如图14-105所示。

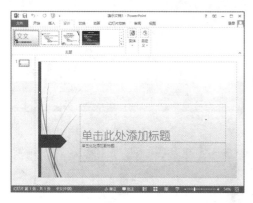

图14-104	图14-105

05 在弹出的对话框中设置幻灯片的"宽度"为25厘米、"高度"为20厘米，单击"确定"按钮，如图14-106所示。

06 在弹出的对话框中选择"最大化"按钮，如图14-107所示。

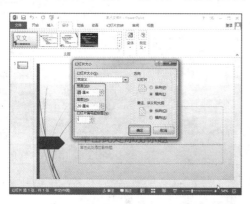

图14-106	图14-107

07 此时设置的幻灯片大小如图14-108所示。

08 在幻灯片中选择副标题，设置幻灯片的段落为右对齐，如图14-109所示。

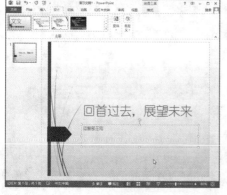
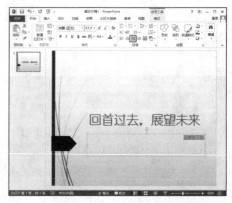

图14-108	图14-109

09 在幻灯片缩览图的最顶端，单击"开始"｜"幻灯片"选项卡中的 🗂（节）按钮，在弹出的菜单中选择"新增节"命令，如图14-110所示。

10 创建节后，单击"开始"｜"幻灯片"选项卡中的 🗂（节）按钮，在弹出的菜单中选择"重命名节"命令，如图14-111所示。

图14-110　　　　　　　　　　　　　　图14-111

11 在弹出的对话框中设置名称为"标题"，单击"重命名"按钮，弹出相应的对话框。如图14-112所示。

12 在缩览图幻灯片1下插入光标，在此位置创建节，并设置节的名称为"回首过去"，单击"重命名"按钮，如图14-113所示。

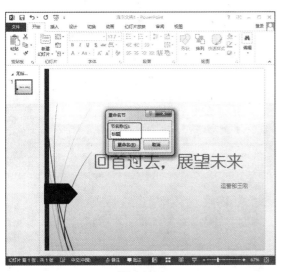

图14-112　　　　　　　　　　　　　　图14-113

13 新建和命名节后，在节中插入新幻灯片，如图14-114所示。

14 在新插入的幻灯片中输入文本，如图14-115所示。

15 在幻灯片2上右击鼠标，然后在弹出的快捷菜单中选择"复制幻灯片"命令，如图14-116所示。

16 直接复制后，修改幻灯片内容，如图14-117所示。

图 14-114

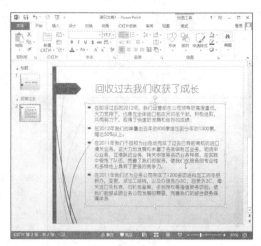

图 14-115

图 14-116

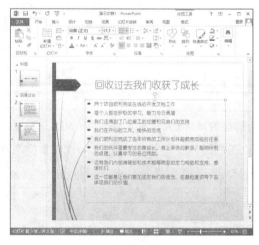

图 14-117

17 新建节的效果如图14-118所示。

18 重命名节，命名为"展望未来"，如图14-119所示。

图 14-118

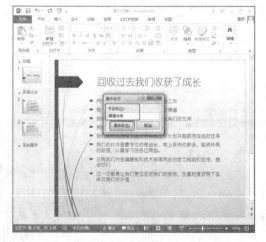

图 14-119

19 在新建的节中新建幻灯片，如图14-120所示。

20 在新建的幻灯片中输入文本，如图14-121所示。

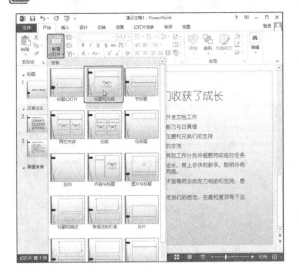

图14-120

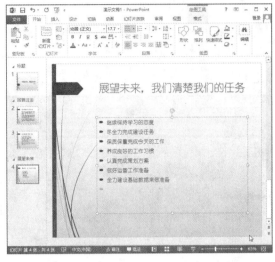

图14-121

21 这样就创建完成节的幻灯片，通过选择相应的节来选择节中的幻灯片。

14.5 本章小结

　　本章主要介绍创建、保存幻灯片，如何设置母版幻灯片版式和幻灯片的大小、方向、背景颜色、字体、节等内容。通过对本章的学习读者可以学会如何创建和编辑演示文稿。

第15章 添加丰富的幻灯片内容

在本章中将介绍如何让幻灯片的内容变得丰富起来，其中将讲解如何在幻灯片中插入表格、图片、相册、形状、图表以及SmartArt图形，并介绍如何编辑幻灯片中插入的图片等内容。

15.1 夏季运动会演示文稿

素材文件	素材\cha15\操场01.jpg等	效果文件	效果\cha15\夏季运动会.pptx
视频文件	视频\cha15\15.1夏季运动会演示文稿.avi	难易程度	★★☆☆☆

下面将介绍如何为演示文稿插入表格、图片、相册、图形、图表等操作。

15.1.1 插入表格

为演示文稿插入表格的操作步骤如下。

01 运行PowerPoint 2013软件，弹出如图15-1所示的界面，从中选择空白演示文稿。

02 新建演示文稿后，单击"设计"｜"自定义"选项卡中的▢（幻灯片大小）按钮，在弹出的菜单中选择"标准（4：3）"命令，如图15-2所示。

图15-1

图15-2

03 设置幻灯片大小后，在幻灯片中输入标题和副标题文本，从中设置主标题的字体和大小，如图15-3所示。

04 选择"设计"｜"主题"选项卡，从中选择一个合适的幻灯片主题，如图15-4所示。

05 创建首页后，单击"插入"｜"幻灯片"选项卡中的🖼（新建幻灯片）按钮，在弹出的菜单中选择"标题和内容"命令，如图15-5所示。

06 新建"幻灯片2"后，在幻灯片中输入标题"顺序出列班级"，如图15-6所示。

图15-3　　　　　　　　　　　　　　　图15-4

图15-5　　　　　　　　　　　　　　　图15-6

07 单击"插入"｜"表格"选项卡中的 ⊞（表格）按钮，在弹出的菜单中选择"插入表格"命令，或者在新建的幻灯片内容文本框中单击 ⊞（表格）按钮，弹出"插入表格"对话框，如图15-7所示。

08 设置"列数"为4、"行数"为7，单击"确定"按钮，如图15-8所示。

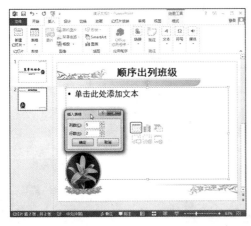

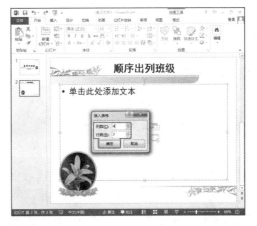

图15-7　　　　　　　　　　　　　　　图15-8

09 插入表格后的效果如图15-9所示，可以对表格进行调整。

10 在表格中输入文本，如图15-10所示。

图15-9

图15-10

11 移动并调整表格到合适的位置，效果如图15-11 所示。

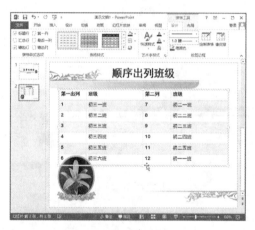

图15-11

15.1.2 插入图片

01 单击"开始"｜"幻灯片"选项卡中的 （新建幻灯片）按钮，在弹出的菜单中选择"标题和内容"命令，如图15-12所示。

02 在标题位置输入该演示文稿的标题，如图15-13所示。

图15-12

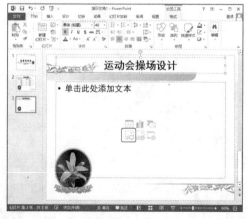

图15-13

03 在内容中单击 🖼 (插入图片) 按钮,并在弹出的对话框中选择"操场02.jpg"图片,如图15-14所示,单击"插入"按钮。

04 插入的图片如图15-15所示。

图15-14   图15-15

> **提 示**
>
> 插入图片时,还可以在"插入"│"图像"选项卡中单击 🖼 (图片) 按钮,同样也可以在弹出的对话框中选择需要插入的图片。

05 在幻灯片缩览窗口中右击幻灯片3,在弹出的快捷菜单中选择"复制幻灯片"命令,如图15-16所示。

06 复制出幻灯片后将其选中,并重新命名幻灯片的标题名称,删除插入的图片,如图15-17所示。

图15-16

图15-17

07 单击内容中的 🖼 (插入图片) 按钮,在弹出的对话框中选择"操场01.jpg"图片,如图15-18所示,单击"插入"按钮。

08 插入图片后的幻灯片如图15-19所示。

图15-18   图15-19

15.1.3 插入与绘制形状

下面介绍插入与绘制图形的操作，具体步骤如下。

01 单击"开始"｜"幻灯片"选项卡中的 （新建幻灯片）按钮，在弹出的菜单中选择"标题和内容"命令，如图15-20所示。

02 新建的幻灯片5如图15-21所示。

03 输入标题"运动会场地安排"，如图15-22所示。

04 单击"插入"｜"插图"选项卡中的 （形状）按钮，在弹出的形状中选择合适的形状，如图15-23所示。

05 选择了矩形形状，并在内容区域单击拖动鼠标，绘制形状，如图15-24所示。

图15-20

图15-21   图15-22

图15-23

图15-24

06 选择绘制的矩形形状后，直接输入文本"主席台"，如图15-25所示。

07 继续绘制形状椭圆形，如图15-26所示。

图15-25

图15-26

08 选择椭圆形，输入文本"音响"，如图15-27所示。

09 按住Ctrl键移动并复制椭圆，如图15-28所示。

图15-27

图15-28

10 继续创建"运动员代表场地"矩形和"班级场地"形状，如图15-29所示。

11 绘制并复制"班级场地"矩形形状，如图15-30所示。

图15-29

图15-30

12 插入并绘制箭头形状，输入文本"入口地"，如图15-31所示。

13 复制并调整箭头形状作为"出口"，如图15-32所示。

图15-31

图15-32

14 选择箭头，在"格式"｜"形状样式"选项卡中为箭头选择一个形状样式，如图15-33所示。

15 在幻灯片内容中，分别选择设置其他形状的 ▲（文本填充）为黑色，如图15-34所示。

图15-33

图15-34

15.1.4　插入图表

下面介绍插入图表的操作，具体步骤如下。

01 单击"插入"｜"幻灯片"选项卡中的 （新建幻灯片）按钮，在弹出的菜单中选择"标题和内容"命令，如图15-35所示。

02 在新建的幻灯片6中输入标题，如图15-36所示。

图15-35　　　　　　　　　　　　　　　　　图15-36

03 单击"插入"｜"插图"选项卡中的 （图表）按钮，或在幻灯片的内容中单击 （图表）按钮，弹出"插入图表"对话框，如图15-37所示，从中选择一个柱形图图表即可，单击"确定"按钮。

04 插入的图表如图15-38所示，并在底部打开类似Excel的工作表。

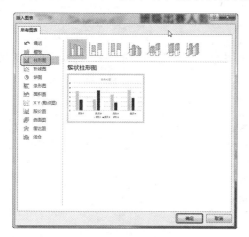
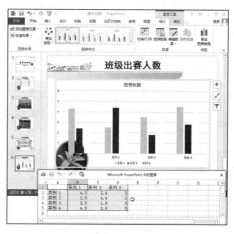

图15-37　　　　　　　　　　　　　　　　　图15-38

05 在表格中输入数据和内容，如图15-39所示。

	A	B	C	D	E	F	G	H	I
1	班级	男运动员	女运动员	系列 3					
2	初一	56	59	2					
3	初二	77	35	2					
4	初三	70	40	3					
5	类别 4	4.5	2.8	5					
6									

图15-39

06 将多余的数据删除，同时调整数据作用的范围框，如图15-40所示。

07 设置数据后关闭工作表，可以看到设置数据后的图表效果，如图15-41所示。

图15-40

08 在幻灯片中选择图表，选择"设计"|"图表样式"选项卡中的一种样式，如图15-42所示。

图15-41   图15-42

15.1.5 插入SmartArt图形

下面介绍插入SmartArt图形的操作，具体步骤如下。

01 单击"开始"|"幻灯片"选项卡中的 📄（新建幻灯片）按钮，在弹出的菜单中选择"标题和内容"命令，如图15-43所示。

02 在新建的幻灯片中输入标题"参赛项目流程"，如图15-44所示。

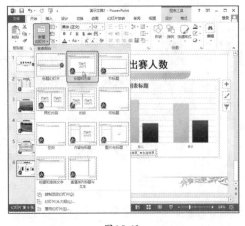

图15-43   图15-44

03 单击"插入"|"插图"选项卡中的 📄（SmartArt）按钮，或在内容中单击 📄（SmartArt）按钮，弹出"选择SmartArt图形"对话框，如图15-45所示。

04 在左侧的列表框中选择"流程"选项，并选择一个合适的流程图形，如图15-46所示。

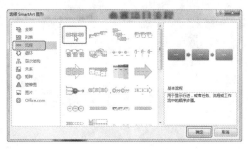

图15-45   图15-46

05 插入SmartArt图形后，同时弹出文本窗格，如图15-47所示。

06 在文本窗格中输入文本，该文本即可显示在相对应的SmartArt形状中，如图15-48所示。

图15-47   图15-48

07 在第三个文本后按Enter键，即可添加SmartArt形状，在文本窗格中输入相应的文本，如图15-49所示。

08 继续插入SmartArt形状，并输入文本，如图15-50所示。

图15-49   图15-50

09 按住Ctrl键选择所有的SmartArt形状，如图15-51所示。

10 选择"设计"｜"布局"选项卡，单击 🔲（更改布局）按钮，在弹出的菜单中选择一个合适的布局，如图15-52所示。

图15-51　　　　　　　　　　　　图15-52

11 选择"设计"｜"SmartArt样式"选项卡，从中选择一个合适的样式，如图15-53所示。

12 单击"设计"｜"SmartArt样式"选项卡中的 ⁞（更改颜色）按钮，在弹出的菜单中选择一个合适的样式，如图15-54所示。

图15-53

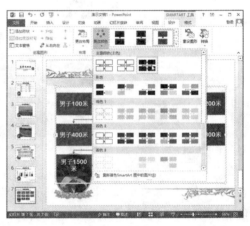

图15-54

13 在幻灯片内容中选择最后一个SmartArt形状，单击"设计"｜"创建图形"选项卡中的 🔲（添加形状）按钮，添加SmartArt形状，如图15-55所示。

14 选择SmartArt形状，输入文本，如图15-56所示。

15 单击"设计"｜"创建图形"选项卡中的 🔲（文本窗格）按钮，打开文本窗格，如图15-57所示。

图15-55

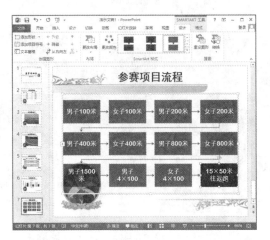

图15-56

图15-57

16 在文本窗格中继续添加SmartArt图形创建文本，如图15-58所示。

17 这样幻灯片就基本制作完成了，选择"幻灯片1"，在快速访问工具栏中单击 （从头开始）按钮，开始播放幻灯片，播放幻灯片时单击切换下一页，播放完成后，单击鼠标完成并退出幻灯片的播放，也可以单击底部的 （幻灯片放映）按钮，观看幻灯片，如图15-59所示。

图15-58

图15-59

15.2 编辑图片

素材文件	素材\cha15\操场02.jpg	效果文件	效果\cha15\夏季运动会. pptx
视频文件	视频\cha15\15.2编辑图片.avi	难易程度	★★☆☆☆

接着上节的"夏季运动会"演示文稿来介绍如何编辑插入图片的效果。

15.2.1 设置图片的亮度/对比度

下面介绍如何设置图片的亮度/对比度操作。

01 在"夏季运动会"演示文稿中选择"幻灯片3",如图15-60所示。

02 单击"格式"｜"调整"选项卡中的 ☀ (更正)按钮,在弹出的菜单中选择一种列出的亮度/对比度,如图15-61所示。

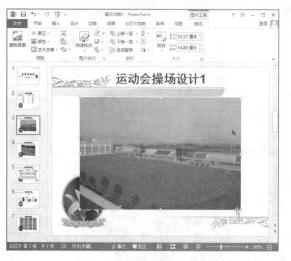

图15-60

图15-61

03 设置亮度/对比度后的效果如图15-62所示。

04 单击"格式"｜"调整"选项卡中的 ☀ (更正)按钮,在弹出的菜单中选择"图片更正选项"命令,如图15-63所示显示右侧的"设置图片格式"窗格,从中可以设置图片的亮度/对比度参数。

图15-62

图15-63

15.2.2　对图片重新着色

　　下面介绍对图片重新着色的操作,具体步骤如下。

01 在幻灯片中选择图片,单击"格式"｜"调整"选项卡中的 ▦ (颜色)按钮,在弹出的菜单中选择一种合适的重新着色即可,如图15-64所示。

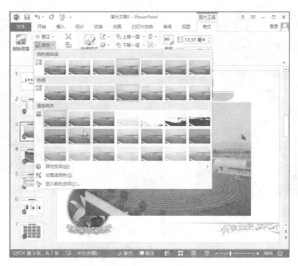

图15-64

02 重新着色的图片效果如图15-65和图15-66所示。

图15-65

图15-66

15.2.3 压缩、更改和重设图片

下面介绍如何压缩、更改和重设图片，具体步骤如下。

01 选择需要设置的图片，单击"格式"｜"调整"选项卡中的 （压缩图片）按钮，弹出如图15-67所示的对话框，从中选择相应的选项即可，这里使用默认设置。

> **提 示**
>
> 压缩图片可有效地降低PPT的体积，便于通过网络传送。设置相同样式的图片，可先复制若干个相同样式的图片，然后通过使用（更改图片）功能可避免对每张图片进行重复设置。

02 单击"格式"｜"调整"选项卡中的 （重设图片）按钮，可将图片还原为初始状态，如图15-68所示。

图15-67

图15-68

15.2.4　设置图片样式

下面介绍如何设置图片样式的操作步骤。

01 选择图片，单击"格式"｜"图片样式"选项卡中的 ▦（快速样式）按钮，在弹出的菜单中可以选择一种系统提供的快速样式，如图15-69所示。

02 单击 ▨（图片边框）按钮，在弹出的菜单中可以设置图片的边框颜色和线性，如图15-70所示。

03 单击 ▨（图片效果）按钮，在弹出的菜单中可以选择需要的效果，如图15-71所示。

图15-69

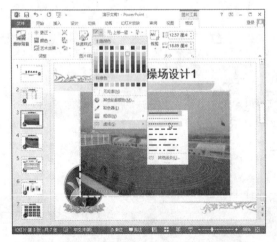

图15-70

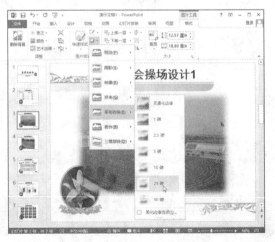

图15-71

15.2.5 将图片转换为SmartArt图形

下面介绍将图片转换为SmartArt图形的操作步骤。

01 选择图片，单击"格式"｜"图片样式"选项卡中的 ■（转换为SmartArt图形）按钮，在弹出的菜单中可以选择一种系统提供的SmartArt图形，如图15-72所示。

02 该图形转换为SmartArt图形的效果如图15-73所示，此时可以输入文本效果。

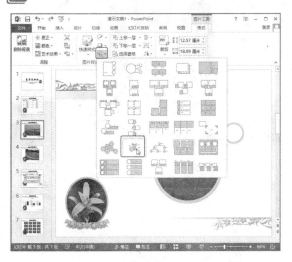

图15-72

图15-73

15.2.6 设置图片的排列

下面介绍图片的排列方法，具体操作步骤如下。

01 在此为了介绍排列方法，可以随便放置图片和图形，如图15-74所示。

02 确定绘制的图形位于图片的上方，选择图片，单击"格式"｜"排列"选项卡中 ■（上移一层）按钮，将图片移到图形的上层，使其压住图形，如图15-75所示。

图15-74

图15-75

15.2.7　裁剪图片

下面介绍如何裁剪图片，具体操作步骤如下。

01 在幻灯片中选择图片，单击"格式"|"大小"选项卡中的 ▣（裁剪）按钮，在弹出的菜单中选择"裁剪为形状"，在弹出的子菜单中选择一个合适的裁剪形状，这里选择椭圆，如图15-76所示。

02 此时可以看到裁剪后的形状，如图15-77所示。

03 单击"格式"|"大小"选项卡中的 ▣（裁剪）按钮，在弹出的菜单中选择"纵横比"命令，如图15-78所示，在子菜单中随便选择一个纵横比。

图15-76

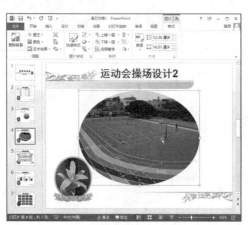

图15-77

图15-78

04 设置纵横比后，在图片中显示裁剪框，如图15-79所示，可以对裁剪框进行调整。

05 单击 ▣（裁剪）按钮，裁剪图片，如图15-80所示。

图15-79

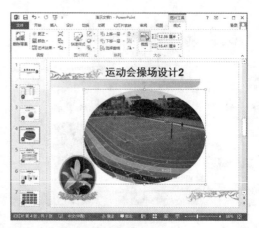

图15-80

15.3 综合应用1——国内最火景点排行

素材文件	素材\cha15\CN-wp1.jpg等	效果文件	效果\cha15\国内最火景点排行.pptx
视频文件	视频\cha15\15.3国内最火景点排行.avi	难易程度	★★☆☆☆

下面介绍国内最火景点排行演示文稿的制作，在制作过程中将温习如何添加图片、设置图片的效果，以及如何为演示文稿插入图表，具体操作步骤如下。

01 运行PowerPoint软件，弹出如图15-81所示的对话框，从中选择"家庭相册"模板。

02 在弹出的对话框中单击"创建"按钮，如图15-82所示。

图15-81　　　　　　　　　　　　图15-82

03 创建的模板演示文稿如图15-83所示，该文稿中有自带的图像，可以将其删除。

04 选择不需要的幻灯片，右击鼠标，在弹出的快捷菜单中选择"删除幻灯片"命令，如图15-84所示。

图15-83　　　　　　　　　　　　图15-84

05 删除幻灯片后的效果如图15-85所示。

06 将光标放置到演示文稿预览窗口最上方，单击"开始"｜"幻灯片"选项卡中的（新建幻灯片）按钮，如图15-86所示。

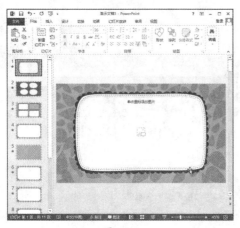

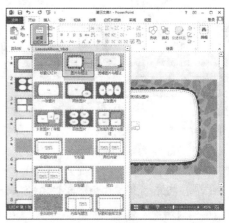

| 图15-85 | 图15-86 |

07 插入的幻灯片1如图15-87所示。

08 在内容中单击 （插入图片）按钮，然后在弹出的对话框中选择 "CN-wp1.jpg" 素材，如图15-88所示，单击 "插入" 按钮。

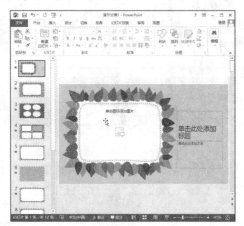

| 图15-87 | 图15-88 |

09 插入图片后，在文本框中输入文本，如图15-89所示。

10 选择幻灯片2，应用如图15-90所示的幻灯片样式。

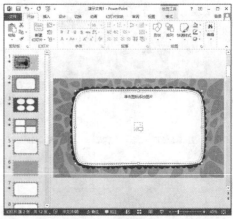

| 图15-89 | 图15-90 |

11 在内容中单击 🖾（插入图片）按钮，在弹出的对话框中选择"CN-wp2.jpg"素材，如图15-91所示，单击"插入"按钮。

12 选择图片，单击"格式"｜"调整"选项卡中的 ☀（更正）按钮，在弹出的菜单中选择一种列出的亮度/对比度，如图15-92所示。

图15-91

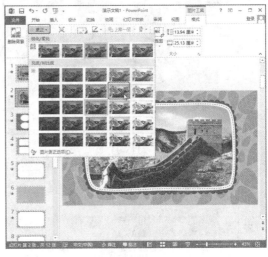

图15-92

13 设置的图片效果如图15-93所示。

14 单击"格式"｜"调整"选项卡中的 🖾（颜色）按钮，在弹出的菜单中选择一种合适的色调，如图15-94所示。

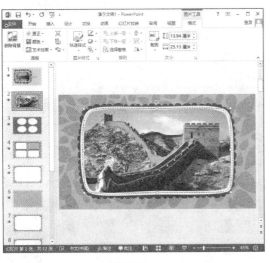

图15-93

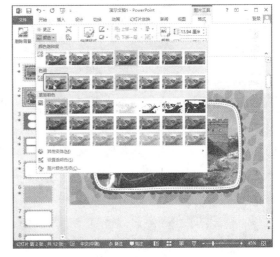

图15-94

15 设置图片色调后的效果如图15-95所示。

16 选择幻灯片3，并插入图片，如图15-96所示。

17 选择插入到幻灯片3中的图片，单击"格式"｜"调整"选项卡中的 🖾（艺术效果）按钮，在弹出的菜单中选择一种合适的效果，如图15-97所示。

18 设置其他图片的效果，如图15-98所示。

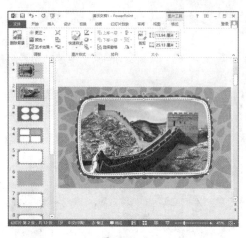

图15-95

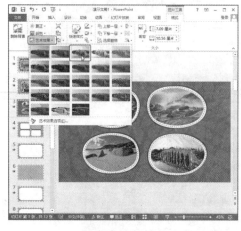

图15-96

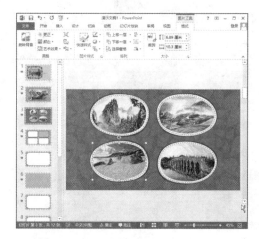

图15-97

图15-98

19 选择幻灯片4，确定幻灯片为如图15-99所示的效果。

20 在标题中输入文本，如图15-100所示。

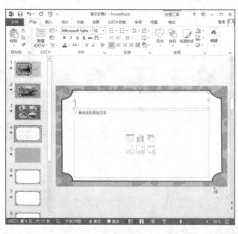

图15-99

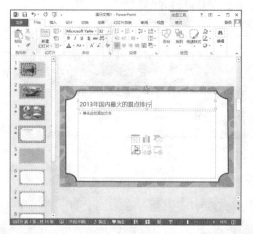

图15-100

21 在内容中单击 ▮▮（图表）按钮，弹出"插入图表"对话框，从中选择柱形图，如图15-101所示。

22 插入图表厚度效果，打开数据表，如图15-102所示。

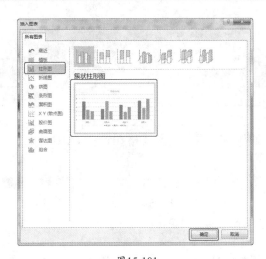

图15-101

图15-102

23 在数据表中输入数据和文本，如图15-103所示。

24 此时可以看到如图15-104所示的柱形图图表。

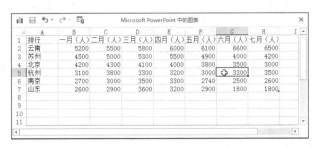

图15-103

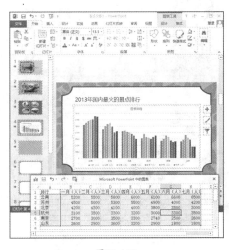

图15-104

25 选择图表，选择"设计"｜"图表样式"选项卡，从中选择一种合适的图表样式，如图15-105所示。

26 将多余的幻灯片删除，至此一个简单的国内最火景点排行演示文稿就制作完成了，如图15-106所示。

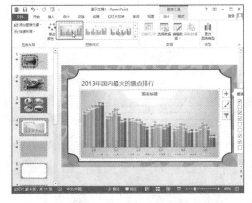

图15-105

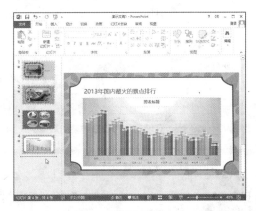

图15-106

15.4 综合应用2——六月旅游路线

效果文件	效果\cha15\六月旅游路线. pptx	难易程度	★★☆☆☆
视频文件	视频\cha15\15.4六月旅游路线.avi		

下面通过介绍"六月旅游路线"演示文稿来温习上面学过的表格和SmartArt图形，操作步骤如下。

01 运行PowerPoint软件，在弹出的界面中新建一个空白演示文稿，如图15-107所示。

02 选择"设计"｜"主题"选项卡，从中选择一个合适的主题，如图15-108所示。

图15-107　　　　　　　　　　　图15-108

03 在幻灯片中输入标题和副标题，如图15-109所示。

04 单击"开始"｜"幻灯片"选项卡中的 （新建幻灯片）按钮，在弹出的菜单中选择一个合适的幻灯片布局，在此选择"标题和内容"幻灯片，如图15-110所示。

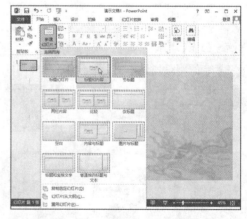

图15-109　　　　　　　　　　　图15-110

05 插入幻灯片后，输入标题，如图15-111所示。

06 在内容中单击 （表格）按钮，在弹出的对话框中设置"列数"为5、"行数"为2，单击"确定"按钮，如图15-112所示。

图15-111   图15-112

07 在表格中输入文本，如图15-113所示。

08 选择表格，选择"设计"｜"表格样式"选项卡，从中选择一个合适的表格样式，如图15-114所示。

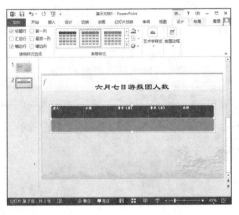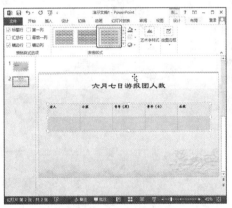

图15-113   图15-114

09 在幻灯片中选择表格，并设置表格的字体和大小，如图15-115所示。

10 继续在表格中输入数据，如图15-116所示。

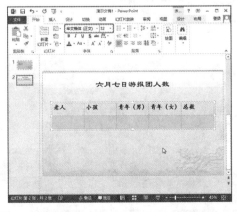

图15-115   图15-116

11 选择标题文字，设置其字体和大小，如图15-117所示。

12 单击"开始"｜"幻灯片"选项卡中的 (新建幻灯片) 按钮，在弹出的菜单中选择"标题和内容"

幻灯片，如图15-118所示。

图15-117　　　　　　　　　　　图15-118

13 新建幻灯片后输入标题，如图15-119所示。

14 在内容中单击 （SmartArt）按钮，在弹出的对话框中选择"流程"类型，并选择流程图形，单击"确定"按钮，如图15-120所示。

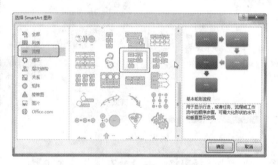

图15-119　　　　　　　　　　　图15-120

15 插入幻灯片后，在文本窗格中输入SmartArt图形的文本，如图15-121所示。

16 选择"设计"｜"SmartArt样式"选项卡，为SmartArt图形设置一个合适的样式，如图15-122所示。

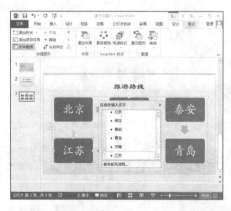
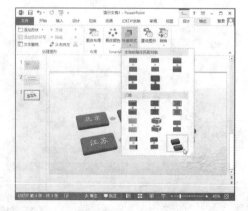

图15-121　　　　　　　　　　　图15-122

17 单击"设计｜"SmartArt样式"选项卡中的 （更改颜色）按钮，在弹出的菜单中选择一种合适的颜色，如图15-123所示。

18 设置好SmartArt样式后，新建幻灯片，输入标题，如图15-124所示。

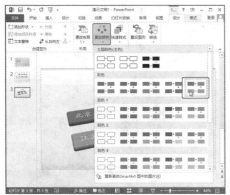

图15-123 　　　　　　　　　　　　　　　　　　　图15-124

19 单击内容中的 （图片）按钮，在弹出的对话框中选择图片素材，如图15-125所示。

20 选择插入的图片，单击"格式" | "图片样式"选项卡中的 （图片效果）按钮，在弹出的对话框中选择"柔化边缘" | "25磅"命令，如图15-126所示。

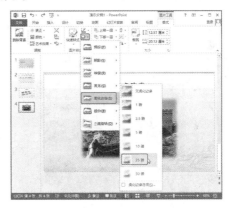

图15-125 　　　　　　　　　　　　　　　　　　　图15-126

21 选择图片，按住Ctrl键移动复制图片，如图15-127所示。

22 选择复制出的图片，单击"格式" | "调整"选项卡中的 （更改图片）按钮，在弹出的对话框中选择"来自文件" | "浏览"命令，如图15-128所示。

图15-127 　　　　　　　　　　　　　　　　　　　图15-128

23 在弹出的对话框中选择更改的图片素材,如图15-129所示,单击"插入"按钮即可。

24 采用同样的方法按住Ctrl键移动复制图片,如图15-130所示。

图15-129

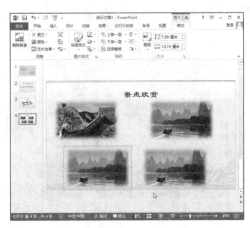

图15-130

25 使用 （更改图片）按钮更改图片素材,如图15-131所示。

26 排列图片,完成演示文稿的制作,如图15-132所示。

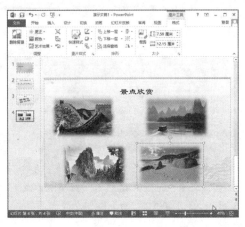

图15-131

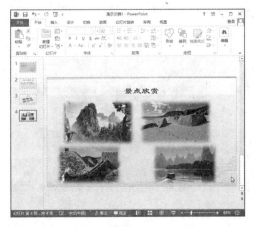

图15-132

15.5 本章小结

　　本章介绍如何为幻灯片插入表格、图片,绘制形状、图表、SmartArt图形,并介绍如何修改插入到幻灯片中的图片效果。通过对本章的学习,读者可以学会如何使用表格、图片、形状、图表、SmartArt图形丰富演示文稿。

第16章　让幻灯片内容动起来

本章介绍如何设置幻灯片的转场动画和对象的动画，通过对本章的学习可以掌握如何设置转场和动画，如何为对象创建链接、添加动作按钮，从而让静止乏味的幻灯片动起来。

16.1　为宝宝纪念册设置转场

效果文件	效果\cha16\宝宝纪念册. pptx	难易程度	★★★☆☆
视频文件	视频\cha16\16.1为宝宝纪念册设置转场.avi		

下面将通过实例"宝宝纪念册"来学习如何为幻灯片设置转场效果。

16.1.1　添加转换动画

下面介绍为幻灯片设置转换动画，具体操作如下。

01 运行PowerPoint 2013软件，为了快速制作幻灯片效果，这里选择一种合适的模板，如图16-1所示。

02 选择模板后，弹出如图16-2所示的对话框，单击"创建"按钮。

图16-1

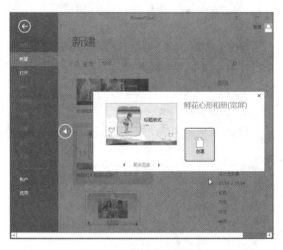

图16-2

03 下载的模板如图16-3所示。

04 选择不需要且没有素材图像的幻灯片，右击鼠标，在弹出的快捷菜单中选择"删除幻灯片"命令，如图16-4所示。

05 此时可以看到保留的有素材的幻灯片效果，选择幻灯片1，输入标题，如图16-5所示。

06 选择幻灯片2，输入标题，如图16-6所示。采用同样的方法为幻灯片设置标题。

图16-3

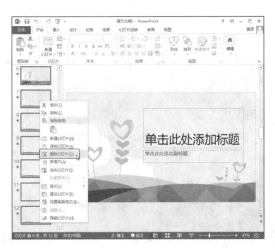

图16-4

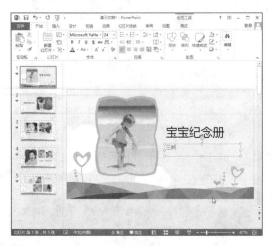

图16-5

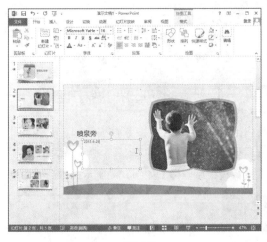

图16-6

07 在幻灯片缩览图中选择幻灯片1，选择"切换"│"切换到此幻灯片"选项卡，从中选择该幻灯片的显示动画效果"随机线条"，如图16-7所示。

08 预览可以看到切换的效果，如图16-8所示。

图16-7

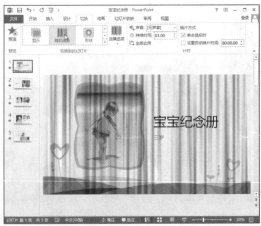

图16-8

09 选择幻灯片2，选择"切换"｜"切换到此幻灯片"选项卡，从中选择该幻灯片的显示动画效果"悬挂"，如图16-9所示。

10 选择幻灯片3，设置切换到此幻灯片的效果为"悬挂"，如图16-10所示。采用同样的方法设置幻灯片4、5的切换效果为"悬挂"。

11 选择幻灯片1，在"切换"｜"切换到此幻灯片"选项卡中单击"效果选项"按钮，可以设置转场动画的效果，如图16-11所示。

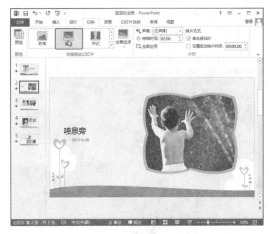

图16-9

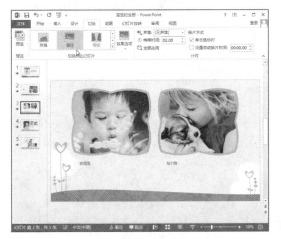

图16-10

图16-11

16.1.2 设置转换动画切换声音

下面介绍幻灯片转换动画的切换声音，具体操作如下。

01 选择幻灯片1，选择"切换"｜"计时"选项卡，单击 （声音）按钮后的列表按钮，在弹出的列表中选择一种合适的声音，这里选择了"鼓掌"，如图16-12所示。

02 设置转换声音后，下面默认的 （持续时间）为1:00，如图16-13所示。

03 这里可以设置 （持续时间）为2:00，如图16-14所示。

04 选择幻灯片2，选择"切换"｜"计时"选项卡，单击 （声音）按钮后的列表按钮，在弹出的列表中选择一种合适的声音，这里

图16-12

Office 2013 办公应用 从新手到高手

选择了"照相机",如图16-15所示。

05 设置转换声音后,设置 ⏰(持续时间)为1:00,如图16-16所示。

图16-13

图16-14

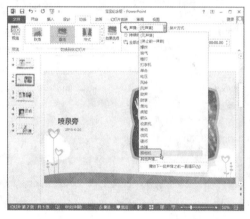

图16-15

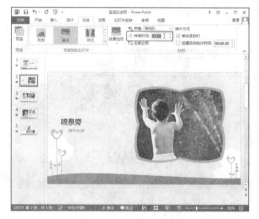

图16-16

06 采用同样的方法设置其他幻灯片的转场声音,选择一个幻灯片,选择"切换"|"计时"选项卡,单击 🔊(声音)按钮后的列表按钮,在弹出的列表中选择"其他声音"命令,如图16-17所示。

07 在弹出的对话框中可以加载其他声音音频,这里就不详细介绍了,如图16-18所示。

图16-17

图16-18

16.1.3　设置转场动画的切换速度

下面是设置转场动画的切换速度操作。

01 选择"切换"｜"计时"选项卡，从中勾选"设置自动换片时间"复选框，如图16-19所示。默认情况下单击鼠标才切换到下一页幻灯片。

02 设置"设置自动换片时间"为00:01:00，如图16-20所示。

图16-19

图16-20

> **提 示**
>
> 设置的自动换片时间无论是多少，都是播放完成幻灯片动画之后才转场，如果想让动画播放完成后停留一些时间，可设置"设置自动换片时间"文本框中的时间长一些。

03 选择幻灯片2，设置"设置自动换片时间"为00:01:00，如图16-21所示。

04 选择幻灯片3，设置"设置自动换片时间"为00:01:00，如图16-22所示。

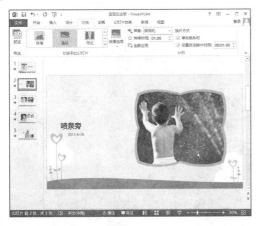
图16-21

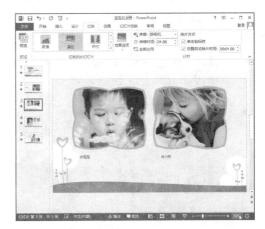
图16-22

16.1.4　应用全部的转场模板

如需设置整个幻灯片的统一动画效果，可以使用"全部应用"命令，具体操作如下。

01 选择幻灯片2，单击"切换"｜"计时"选项卡中的 （全部应用）按钮，如图16-23所示，将该幻灯片的动画效果应用到全部幻灯片。

02 可以选择幻灯片1，看一下应用的效果，如图16-24所示。

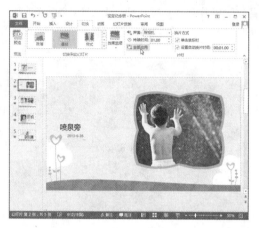

图16-23

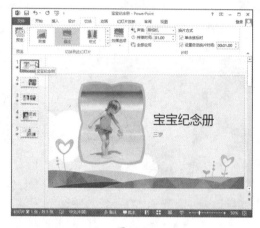

图16-24

16.2 为幻灯片添加动画

效果文件	效果\cha16\宝宝纪念册.pptx	难易程度	★★★☆☆
视频文件	视频\cha16\16.2为幻灯片添加动画.avi		

接着上面制作的"宝宝纪念册"来介绍幻灯片动画的操作。

16.2.1 设置进入动画

设置进入动画的操作如下。

01 选择需要设置进入动画的元素，如图16-25所示。

02 单击"动画"｜"动画"选项卡中的★（动画样式）按钮，在弹出的菜单中选择合适的"进入"动画，如图16-26所示。这里选择"更多进入效果"命令。

图16-25

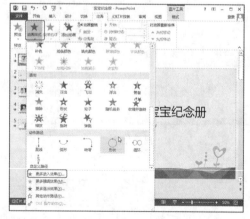

图16-26

03 弹出"更改进入效果"对话框，从中选择合适的、喜欢的进入效果，如图16-27所示，单击"确定"按钮。

04 设置图片的进入动画后，接着选择标题，单击"动画"｜"动画"选项卡中的★（动画样式）按钮，选择"更多进入效果"命令，在弹出的对话框中设置标题合适的进入动画，如图16-28所示。

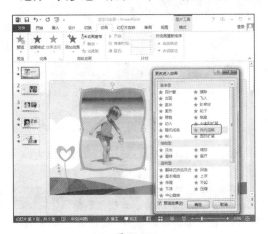

图16-27

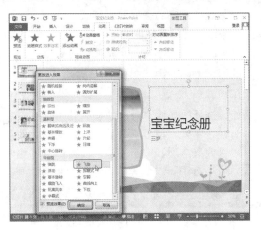

图16-28

> **提示**
>
> 在幻灯片中无论是图片、形状还是文本框都可以设置动画。

05 设置幻灯片2中图片的进入动画，如图16-29所示。

06 采用同样的方法设置幻灯片3中图片的进入动画，如图16-30所示。

07 设置图片或文本的动画后，单击"动画"｜"动画"选项卡中的★（效果选项）按钮，从中可以设置施加动画的效果，如图16-31所示。

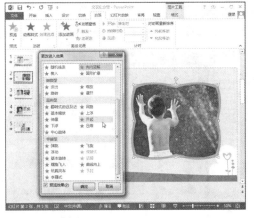

图16-29

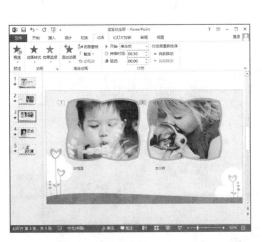

图16-30

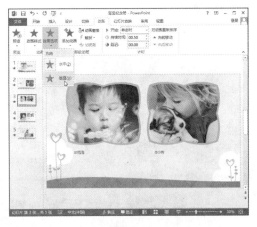

图16-31

☐ 16.2.2　设置强调动画

下面介绍添加强调动画，具体操作如下。

01 选择幻灯片1中的标题文本框，单击"动画"｜"动画"选项卡中的 ★（动画样式）按钮，在弹出的菜单中选择"更多强调效果"命令，如图16-32所示。

02 弹出"更改强调效果"对话框，从中选择一种合适的强调动画效果，如图16-33所示，单击"确定"按钮。

03 如果选择的是两个对象的强调动画，可以将其设置为一个序列，单击"动画"｜"动画"选项卡中的 ☷（效果选项）按钮，从中设置序列的组合方式，如图16-34所示，这里选择了一个强调动画。

图16-32

◎ 提　示

由于在前面为幻灯片1中的标题设置了进入动画，如果再为其设置强调动画，则后面设置的强调动画将替换掉进入动画，一个素材不能同时拥有两个动画效果。

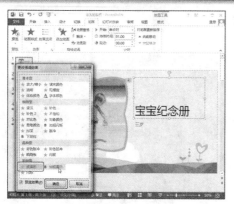

图16-33

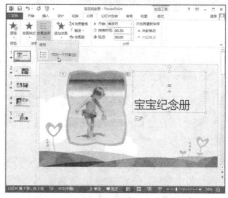

图16-34

04 选择设置的幻灯片1标题，单击"动画"｜"高级动画"选项卡中的 ★（动画刷）按钮，在幻灯片1副标题上单击，可以将幻灯片1标题的动画格式同样指定给副标题，如图16-35所示。

05 使用格式刷设置其他幻灯片中的标题为强调效果，如图16-36所示。

图16-35

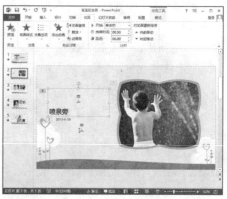

图16-36

16.2.3 设置退出效果

下面介绍退出动画的设置，具体操作如下。

01 继续使用幻灯片1中的标题文本框，单击"动画"│"动画"选项卡中的★（动画样式）按钮，在弹出的菜单中选择"更多退出效果"命令，如图16-37所示。

02 弹出"更改退出效果"对话框，选择一种合适的退出动画效果，如图16-38所示，单击"确定"按钮。

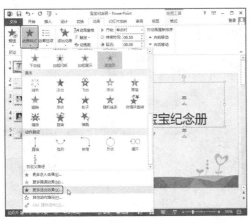

图16-37

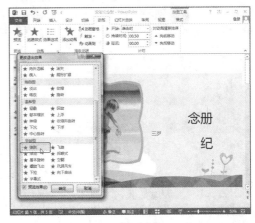

图16-38

16.2.4 自定义对象的运动轨迹

下面介绍素材的自定义运动轨迹，具体操作如下。

01 选择一个素材，单击"动画"│"动画"选项卡中的★（动画样式）按钮，在弹出的菜单中选择"其他运动路径"命令，如图16-39所示。

提 示

单击"动画"│"动画"选项卡中的★（动画样式）按钮，在弹出的菜单中选择"自定义路径"命令，可以在幻灯片中绘制运动路径，这里就不详细介绍了。

02 在弹出的"更改动作路径"对话框中选择一个路径，如图16-40所示，单击"确定"按钮。

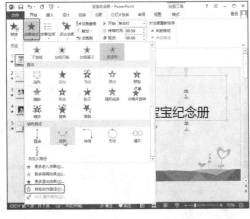

图16-39

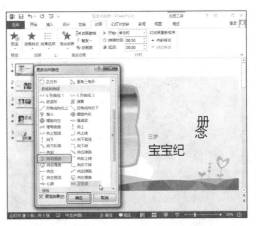

图16-40

03 添加的运动路径如图16-41所示。

04 还可以对路径进行移动、缩放和旋转等操作，如图16-42所示。

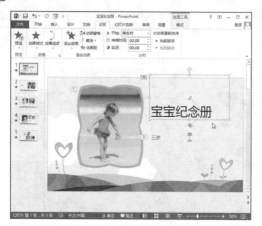

图16-41

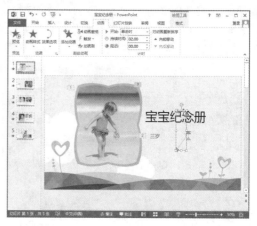

图16-42

16.2.5 重新排列动画效果

下面介绍如何排列动画效果，操作步骤如下。

01 在幻灯片1中选择标题，可以看到播放动画的次序为3，如图16-43所示。

02 如果想使标题为第二个播放动画的素材，单击"动画" | "计时"选项卡中的"向前移动"按钮，如图16-44所示。

03 采用同样的方法设置其他幻灯片中素材的播放顺序，如图16-45所示。

图16-43

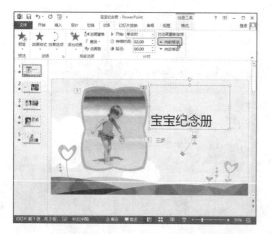

图16-44

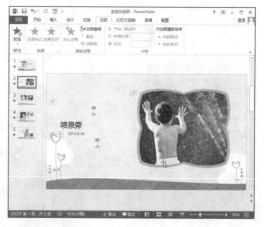

图16-45

16.3   设置幻灯片的交互动作

效果文件	效果\cha16\宝宝纪念册.pptx	难易程度	★★★☆☆
视频文件	视频\cha16\16.3设置幻灯片的交互动作.avi		

　　PowerPoint中提供了功能强大的超链接功能，使用它可以实现跳转到某张幻灯片、另一个演示文稿或某个网址等。创建超链接的对象可以是任何对象，如文本、图形等，激活超链接的方式可以是单击或鼠标移过。

16.3.1   为对象创建链接

01 选择需要创建链接的对象，如选择幻灯片1中的标题，如图16-46所示。

02 单击"插入"｜"链接"选项卡中的 （超链接）按钮，如图16-47所示。

图16-46

图16-47

03 弹出"插入超链接"对话框，在其中可以设置链接的文件或网页，如图16-48所示。

04 链接还可以指定本文档中的位置，如图16-49所示，选择文档中的位置。

05 可以新建文档，并进行链接，如图16-50所示。

06 可以链接到电子邮件，如图16-51所示。

07 这里选择"现有文件或网页"，并在其中输入地址，如图16-52所示。

图16-48

图16-49

图16-50

图16-51　　　　　　　　　　　图16-52

08 设置链接后的标题，如图16-53所示。

09 播放幻灯片，可以看到当鼠标放到创建链接的标题上时，将提示链接的网址，如图16-54所示。

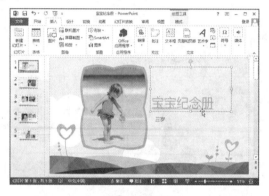 

图16-53　　　　　　　　　　　图16-54

16.3.2　为对象添加动作按钮

下面介绍为幻灯片添加动作按钮，操作步骤如下。

01 单击"插入"｜"图形"选项卡中的（形状）按钮，在弹出的菜单中选择动作按钮，如图16-55所示。

02 在幻灯片1中绘制形状，绘制形状后弹出"操作设置"对话框，该按钮默认的动作是"超链接到"｜"上一张幻灯片"，如图16-56所示。

图16-55　　　　　　　　　　　图16-56

03 由于该幻灯片是第一个所以没有上一张幻灯片，可以设置该幻灯片的"超链接到"｜"结束放映"，如图16-57所示，单击"确定"按钮。

04 单击"插入"｜"图形"选项卡中的 ⬚（形状）按钮，在弹出的菜单中选择 ▷ 动作按钮，在幻灯片中绘制形状，弹出"操作设置"对话框，从中设置"超链接到"｜"下一张幻灯片"，如图16-58所示。

图16-57

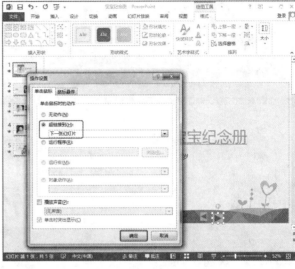

图16-58

05 在幻灯片中选择按钮，在"格式"｜"大小"选项卡中设置宽度和高度，如图16-59所示。

06 设置另一个按钮为相同的大小，选择两个按钮，单击"格式"｜"形状样式"选项卡中的 ◕（形状效果）按钮，在弹出的菜单中选择合适的效果，如图16-60所示。

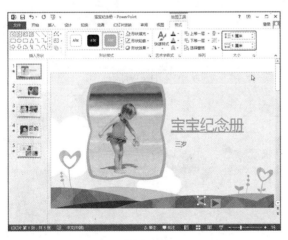

图16-59

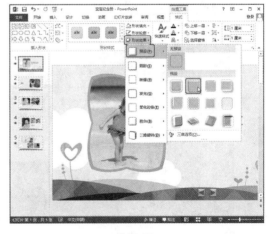

图16-60

07 设置按钮的形状填充和形状轮廓，如图16-61所示。

08 继续为幻灯片插入 ◀ 按钮，在"操作设置"对话框中勾选"播放声音"复选框，设置声音为"鼓掌"，单击"确定"按钮，如图16-62所示。

09 还可以在下拉列表中选择使用其他的声音，如图16-63所示。

10 采用同样的方法设置该按钮效果，如图16-64所示。

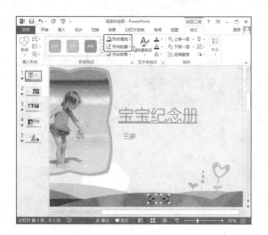

图16-61

图16-62

图16-63

图16-64

11 选择3个按钮，按快捷键Ctrl+C复制按钮，分别切换到幻灯片2、3、4、5中按快捷键Ctrl+V，粘贴按钮至幻灯片中，如图16-65所示。

12 除了为按钮设置动作外，还可以为幻灯片中的其他元素设置动作，如图16-66所示。

图16-65

图16-66

13 单击"插入"｜"链接"选项卡中的★（动作）按钮，如图16-67所示。

14 在弹出的"操作设置"对话框中选择"鼠标悬停"选项卡，从中勾选"播放声音"复选框，选择声音即可，如图16-68所示，单击"确定"按钮。

图16-67　　　　　　　　　　　　　　图16-68

15 在幻灯片2、3、4、5中选择如图16-69所示的按钮。

16 设置其动作为"超链接到" │ "上一张幻灯片"，如图16-70所示。

图16-69　　　　　　　　　　　　　　图16-70

17 选择幻灯片5中如图16-71所示的按钮。

18 设置其动作为"超链接到"│"结束放映"，如图16-72所示。

图16-71　　　　　　　　　　　　　　图16-72

19 至此幻灯片就制作完成了，播放幻灯片查看幻灯片的效果。

16.4 综合应用1——添加六月旅游路线动画

素材文件	效果\cha15\六月旅游路线. pptx	效果文件	效果\cha16\六月旅游路线. pptx
视频文件	视频\cha16\16.4添加六月旅游路线动画.avi	难易程度	★★★☆☆

本节为"六月旅游路线"演示文稿设置动画，具体操作步骤如下。

01 运行PowerPoint软件，弹出如图16-73所示的对话框，从中选择"打开"｜"计算机"｜"浏览"按钮。

02 在弹出的对话框中选择前面章节中制作的"六月旅游路线"文件，单击"打开"按钮，如图16-74所示。

图16-73 　　　　　　　　　　　　　　　图16-74

03 打开演示文稿后，选择幻灯片1，如图16-75所示。选择"切换"｜"切换到此幻灯片"选项卡，从中为其设置一个转场动画"页面卷曲"。

04 选择"效果选项"按钮，在弹出的效果渲染栏中选择"双右"效果，如图16-76所示。

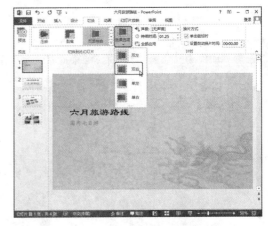

图16-75 　　　　　　　　　　　　　　　图16-76

05 选择幻灯片1，选择"切换"｜"计时"选项卡，单击🔊（声音）按钮后的列表按钮，在弹出的下拉列表中选择一种合适的声音，这里选择了"微风"，如图16-77所示。

06 设置好幻灯片1的转场效果后，单击"切换"｜"计时"选项卡中的🔲（全部应用）按钮，如图16-78所示。

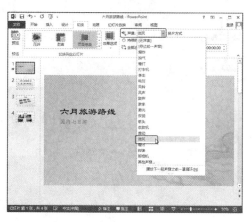

图16-77

图16-78

07 全部应用后，选择幻灯片2，然后选择表格，如图**16-79**所示。

08 单击"动画"｜"动画"选项卡中的★（动画样式）按钮，在弹出的菜单中选择合适的"进入"动画，这里选择了"缩放"动画，如图**16-80**所示。

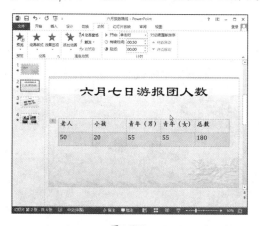

图16-79

图16-80

09 选择幻灯片2的标题文本框，如图**16-81**所示。

10 单击"动画"｜"动画"选项卡中的★（动画样式）按钮，在弹出的菜单中选择合适的"强调"动画，这里选择了"波浪形"动画，如图**16-82**所示。

图16-81

图16-82

11 选择幻灯片2的标题，单击"动画"｜"高级动画"选项卡中的 （动画刷）按钮，如图16-83所示。

12 选择幻灯片3，在标题上单击，即可将设置的标题2动画刷到幻灯片3的标题上，如图16-84所示。

图16-83

图16-84

13 选择幻灯片3的标题，单击"动画"｜"高级动画"选项卡中的 （动画刷）按钮，选择幻灯片4，并在标题上单击，设置动画，如图16-85所示。

14 选择幻灯片3中的路线图，如图16-86所示。

图16-85

图16-86

15 单击"动画"｜"动画"选项卡中的 （动画样式）按钮，在弹出的菜单中选择合适的"进入"动画，这里选择了"翻转式由远及近"动画，如图16-87所示。

16 选择幻灯片4中的第一张图片，如图16-88所示。

图16-87

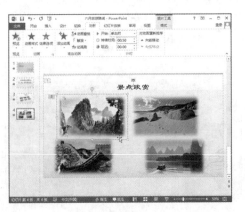

图16-88

17 单击"动画"｜"动画"选项卡中的 ★（动画样式）按钮，在弹出的菜单中选择合适的"进入"动画，这里选择了"随机线条"动画，如图16-89所示。

18 设置第一个动画后，单击"动画"｜"高级动画"选项卡中的 ✨（动画刷）按钮，单击其他的三个图片，如图16-90所示。

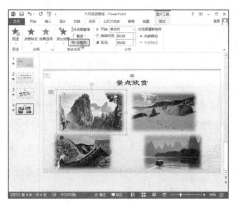

图16-89　　　　　　　　　　　　　　　　图16-90

19 设置动画后，效果如图16-91所示。

20 选择幻灯片1，勾选"切换"｜"计时"选项卡中的"设置自动换片时间"复选框，这里可以设置的时间较长一些，如00:10:00，如图16-92所示。

图16-91　　　　　　　　　　　　　　　　图16-92

21 单击"插入"｜"图形"选项卡中的 ▱（形状）按钮，在弹出的菜单中选择一种动作按钮，如图16-93所示。

22 在幻灯片1中绘制形状，弹出"操作设置"对话框，其中默认该按钮为"超链接到"｜"上一张幻灯片"，如图16-94所示。

23 因为幻灯片1是第一张所以没有上一张，重新设置"超链接到"｜"第一张幻灯片"，说明单击该按钮只会停留在幻灯片1中，如图16-95所示。

24 单击"插入"｜"图形"选项卡中的 ▱（形状）按钮，在弹出的菜单中选择一种动作按钮，然后

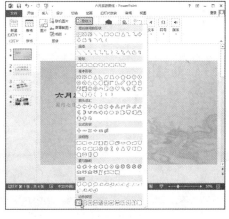

图16-93

在弹出的对话框中选择"超链接到" | "下一张幻灯片",如图16-96所示。

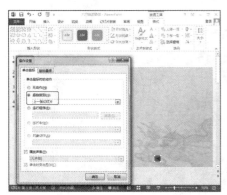

| 图16-94 | 图16-95 | 图16-96 |

25 在幻灯片中选择形状按钮,设置大小,如图16-97所示。

26 采用同样的方法设置另一个按钮的大小,在幻灯片中选择形状,选择两个按钮,单击"格式" | "形状样式"选项卡中的 ◎ (形状效果)按钮,在弹出的菜单中选择合适的效果,如图16-98所示。

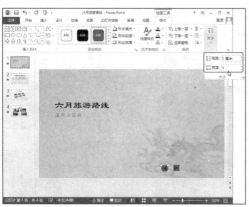

| 图16-97 | 图16-98 |

27 设置形状的填充和轮廓,如图16-99所示。

28 选择两个按钮,按快捷键Ctrl+C,切换到幻灯片2,按快捷键Ctrl+V,粘贴按钮到幻灯片2中,如图16-100所示。

| 图16-99 | 图16-100 |

29 在幻灯片2中选择如图16-101所示的按钮，单击"插入"｜"链接"选项卡中的 ★（动作）按钮，如图16-101所示。

30 在弹出的"操作设置"对话框中，设置"超链接到"｜"上一张幻灯片"，如图16-102所示，单击"确定"按钮。

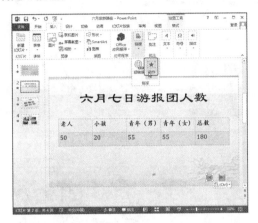 

图16-101 　　　　　　　　　　　　　　　图16-102

31 选择两个按钮，按快捷键Ctrl+C复制按钮，如图16-103所示。

32 切换到幻灯片3中按快捷Ctrl+V，切换到幻灯片4中按快捷键Ctrl+V，将按钮粘贴到幻灯片3、4中，如图16-104所示。

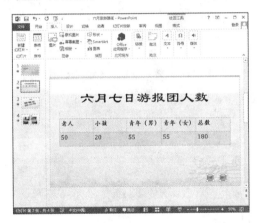 

图16-103 　　　　　　　　　　　　　　　图16-104

33 选择幻灯片中设置动画的元素，单击"动画"｜"高级动画"选项卡中的 ▶（开始）下拉按钮，在弹出的菜单中选择"上一动画之后"命令，采用同样的方法设置幻灯片中其他标题文本框和图片的动画均为"上一动画之后"，如图16-105所示。

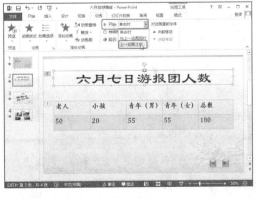

图16-105

34 设置所有幻灯片的"设置自动换片时间"均为00:05:00,如图16-106所示。

图16-106

16.5 综合应用2——添加国内最火景点排行动画

素材文件	效果\cha15\国内最火景点排行. pptx	效果文件	效果\cha16\国内最火景点排行. pptx
视频文件	视频\cha16\16.5添加国内最火景点排行动画.avi	难易程度	★★★☆☆

　　下面通过介绍为"国内最火景点排行"演示文稿添加动画来温习动画的各种添加方式,操作步骤如下。

01 运行PowerPoint软件,打开前面章节中制作的"国内最火景点排行"演示文稿,如图16-107所示。

02 选择幻灯片1,选择"切换"｜"切换到此幻灯片"选项卡中的"帘式",如图16-108所示。

图16-107

图16-108

03 设置转场效果后,单击 （全部应用）按钮,应用转场到其他幻灯片,如图16-109所示。

04 选择"切换"｜"计时"选项卡中的"设置自动换片时间"为00:05:00,如图16-110所示。

05 采用同样的方法设置幻灯片2、3的"设置自动换片时间"为00:05:00,如图16-111所示。

06 选择幻灯片4,取消"设置自动换片时间"复选框的勾选,如图16-112所示。

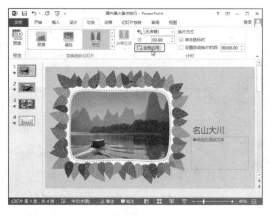

图16-109

图16-110

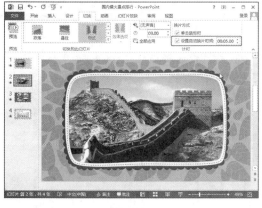

图16-111

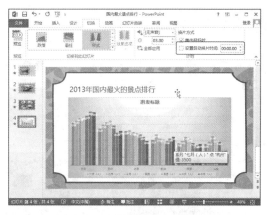

图16-112

07 单击"插入"｜"图形"选项卡中的 ➩（形状）按钮，在弹出的菜单中选择空白的按钮，如图16-113 所示。

08 在幻灯片4中绘制形状，在弹出的对话框中设置"超链接到"｜"结束放映"，如图16-114所示，单击"确定"按钮。

图16-113

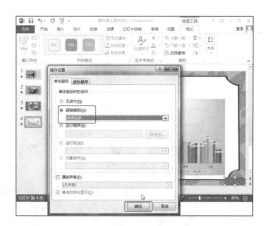

图16-114

09 选择按钮，输入文本"关闭"，如图16-115所示。

10 选择按钮，单击"格式"｜"形状样式"选项卡中的 ➩（图片效果）按钮，在弹出的菜单中设置形状效果，如图16-116所示。

 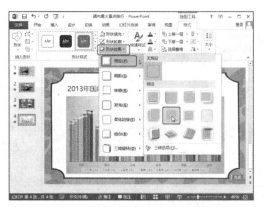

图16-115　　　　　　　　　　　　　图16-116

11 选择幻灯片3，从中选择一个图片，单击"插入"｜"链接"选项卡中的 ★（动作）按钮，如图16-117所示。

12 弹出"操作设置"对话框，从中勾选"播放声音"复选框，设置声音为"照相机"，如图16-118所示，单击"确定"按钮，采用同样的方法设置其他三张图片的动作。

图16-117　　　　　　　　　　　　　图16-118

13 选择幻灯片2，单击"插入"｜"链接"选项卡中的 ★（动作）按钮，如图16-119所示。

14 在弹出的"操作设置"对话框中勾选"鼠标移过时突出显示"复选框，如图16-120所示，单击"确定"按钮。

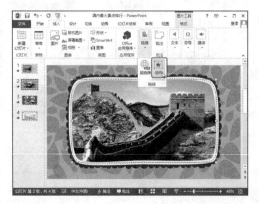 

图16-119　　　　　　　　　　　　　图16-120

15 预览幻灯片，如图16-121所示。

16 可以在幻灯片4中再创建一个形状按钮，设置其动作为"超链接到"｜"第一张幻灯片"，如图16-122所示。

图16-121

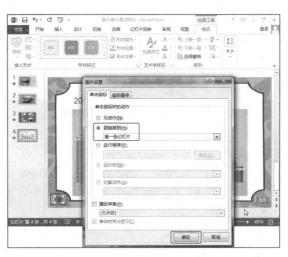

图16-122

17 此时幻灯片动画和转场就制作完成了。

16.6 本章小结

　　本章主要介绍如何设置幻灯片的转场效果，为幻灯片中的元素设置动画，以及幻灯片的交互动作。通过对本章的学习读者可以学会如何让幻灯片动起来。

第17章 演示文稿的放映

本章主要介绍演示文稿的放映和设置，其中包括设置放映方式、幻灯片的显示与隐藏、自定义幻灯片放映、添加排练计时，并介绍如何启动幻灯片放映和控制幻灯片跳转，以及放映时遇到的一些问题的设置。

17.1   演示文稿放映前的准备

素材文件	效果\cha16\宝宝纪念册. pptx	难易程度	★★☆☆☆
视频文件	视频\cha17\17.1演示文稿放映前的准备.avi		

用户对幻灯片进行修饰并设置了一些特殊的效果后，就可以对演示文稿进行预演了。在本节中，将介绍演示文稿放映前的准备操作。

17.1.1   设置放映方式

设置幻灯片的放映方式的具体操作如下。

01 首先打开需要设置放映的幻灯片，如图17-1所示。

02 单击"幻灯片放映"｜"开始放映幻灯片"选项卡中的 （设置幻灯片放映）按钮，弹出"设置放映方式"对话框，如图17-2所示。

图17-1

图17-2

03 在"放映类型"选项组中选择"观众自行浏览（窗口）"单选按钮，如图17-3所示，单击"确定"按钮。

04 播放幻灯片，可以看到幻灯片在窗口中播放，并不是默认的全屏，如图17-4所示。

图17-3   图17-4

05 还可以通过设置"放映选项"选项组中的选项,来控制幻灯片的放映状态,如图17-5所示。

另外,在"放映幻灯片"选项组中可以筛选播放的幻灯片,还可以自定义放映哪些幻灯片。在"换片方式"选项组中可以设置如何播放幻灯片,可以手动,也可以根据幻灯片本身的排练时间进行播放。

图17-5

17.1.2 幻灯片的显示与隐藏

在播放幻灯片时,有些方案可能设置得不够理想,又不想展示,这里就使用到了幻灯片的隐藏功能,在PowerPoint中显示/隐藏幻灯片的方法有如下两种。

方法一:使用 （隐藏幻灯片）按钮,隐藏/显示幻灯片。

01 选择需要隐藏的幻灯片,这里选择了幻灯片2,单击"幻灯片放映"｜"设置"选项卡中的 （隐藏幻灯片）按钮,将会隐藏幻灯片,如图17-6所示。

02 如果隐藏的幻灯片需要显示出来,可以再次单击 （隐藏幻灯片）按钮即可显示幻灯片,如图17-7所示。

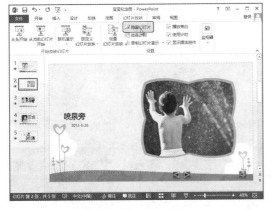

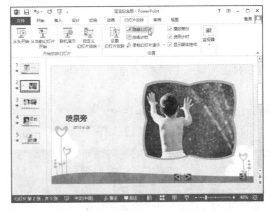

图17-6   图17-7

提示

隐藏的幻灯片在放映预览时是看不到的，但是在编辑状态下可以看到，也可以对其进行编辑，隐藏的幻灯片在缩览窗口中会出现斜杠，如出现斜杠虚的缩览图表示该页幻灯片在放映时不显示。

方法二：在幻灯片缩览窗口中选择需要隐藏的幻灯片，右击鼠标，在弹出的快捷菜单中显示/隐藏幻灯片。

01 选择需要隐藏的幻灯片，这里选择幻灯片2，在缩览窗口中右击鼠标，在弹出的快捷菜单中选择 （隐藏幻灯片）命令，如图17-8所示。

02 隐藏后的幻灯片如图17-9所示。

图17-8

图17-9

提示

使用快捷菜单命令隐藏了幻灯片后，可执行相同的操作来显示幻灯片，也可以单击"幻灯片放映" | "设置"选项卡中的 （隐藏幻灯片）按钮，显示幻灯片。

17.1.3　自定义幻灯片放映

通过自定义放映可以设置幻灯片的先后顺序和隐藏状态，具体操作如下。

01 选择"幻灯片放映" | "开始放映幻灯片"选项卡，从中单击 （自定义幻灯片放映）按钮，在弹出的菜单中选择"自定义放映"命令，如图17-10所示。

02 弹出"自定义放映"对话框，如图17-11所示，在其中单击"新建"按钮。

03 弹出"定义自定义放映"对话框，在"幻灯片放映名称"文本框中可以输入名称，在左侧的"在演示文稿中的幻灯片"列表框中列出了当前演示文稿的所有幻灯片标题和编号（没有标

图17-10

题的幻灯片即显示编号），这里选择全部幻灯片，如图17-12所示。

图17-11 图17-12

04 在"定义自定义放映"对话框中单击"添加"按钮，将在左侧显示的勾选后的幻灯片指定到右侧的"在自定义放映中的幻灯片"列表框中，如图17-13所示。

05 通过最右侧的上下箭头，可以调整"在自定义放映中的幻灯片"列表框中选择的幻灯片的先后顺序，如图17-14所示。

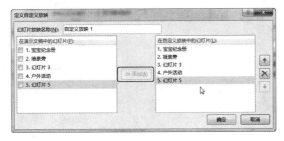

图17-13 图17-14

06 如果有不需要放映的幻灯片，可以选择并单击☒（删除）按钮，将其从"在自定义放映中的幻灯片"列表框中删除，如图17-15所示。

07 设置完成"在自定义放映中的幻灯片"后，单击"确定"按钮，如图17-16所示回到"自定义放映"对话框中，如果需要更改可以单击"自定义放映"对话框中的"编辑"按钮，回到"定义自定义放映"对话框再次进行修改和编辑。

图17-15 图17-16

08 在"自定义放映"对话框中单击"放映"按钮，即可放映当前设置的自定义放映，放映的内容为"在自定义放映中的幻灯片"列表框中的顺序和幻灯片，在"在自定义放映中的幻灯片"列表框中被⊠（删除）的幻灯片将隐藏，不放映。

17.1.4 添加排练计时

使用排练计时，可以在排练时自动设置幻灯片放映的时间间隔，使用排练计时的具体操作步骤如下。

01 打开需要排列计时的演示文稿。

02 选择"幻灯片放映" | "开始放映幻灯片"选项卡，从中单击🖳（排练计时）按钮，如图17-17所示。

03 这样即可开始进入放映幻灯片模式，在左上角出现如图17-18所示的"录制"对话框。在"录制"工具栏中单击❚❚（暂停录制）按钮，可暂停计时；单击➔（下一项）按钮可以排练下一张幻灯片；单击↰（重复）按钮可以重新排练该幻灯片。

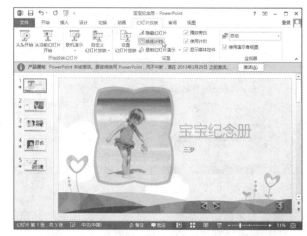

图17-17

04 排练完成后，会弹出如图17-19所示的对话框，提示是否保留幻灯片的排练时间。

图17-18

图17-19

05 单击"是"按钮，确认应用排练计时。

17.2 控制演示文稿放映过程

素材文件	效果\cha16\宝宝纪念册. pptx	难易程度	★★☆☆☆
视频文件	视频\cha17\17.2控制演示文稿放映过程.avi		

接着上面制作的"宝宝纪念册"演示文稿来介绍幻灯片动画的操作。

17.2.1 启动幻灯片放映

设置幻灯片放映方式的具体操作如下。

01 选择一个需要放映的幻灯片，选择"幻灯片放映"选项卡，如图17-20所示。

在该选项卡的"开始放映幻灯片"选项组中提供了放映幻灯片的一些选项和设置，具体内容如下。

- ▣（从头开始）按钮：该按钮的作用从字义上就可以很清楚，无论当前选择的是第几个幻灯片，只要单击▣（从头开始）按钮，幻灯片就会从幻灯片1开始播放。▣（从头开始）按钮与快速工具栏中的▣（从头开始）按钮功能相同，从头开始播放幻灯片快捷键为F5。
- ▣（从当前幻灯片开始）按钮：该按钮可以理解为在当前选择的幻灯片上往后进行观看。其与PowerPoint底部的▣按钮功能相同。

02 播放中的演示文稿如图17-21所示，默认为全屏播放。

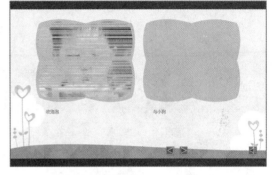

图17-20　　　　　　　　　　　图17-21

17.2.2　控制幻灯片跳转

在放映演示文稿时，经常需要从一张幻灯片跳转到另一张幻灯片上，具体的方法有三种。

方法一：播放演示文稿时，右击鼠标，在弹出的快捷菜单中定位。

01 在播放的幻灯片上右击鼠标，在弹出的快捷菜单中选择"定位至幻灯片"命令，并在弹出的子菜单中选择定位到的幻灯片，如图17-22所示，这里选择了幻灯片3。

02 定位到的幻灯片3如图17-23所示，定位之后幻灯片继续播放。

图17-22　　　　　　　　　　　图17-23

方法二：直接输入相应的幻灯片序号，然后按Enter键，即可跳转到相应的序号幻灯片中。

方法三：使用超链接定位，这种方法仅限于固定的跳转幻灯片，如图17-24所示，使用链接中的"本文档中的位置"即可。

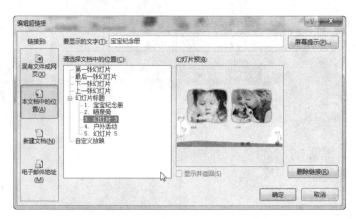

图17-24

17.3 综合应用1——创建相册并放映

素材文件	素材\cha17\001.jpg等	难易程度	★★☆☆☆
视频文件	视频\cha17\17.3创建相册并放映.avi		

下面介绍插入相册并设置相册的放映，具体操作步骤如下。

01 运行PowerPoint软件，新建空白演示文稿，如图17-25所示。

02 单击"插入"｜"插图"选项卡中的 （相册）按钮，在弹出的菜单中选择"新建相册"命令，如图17-26所示。

图17-25

图17-26

03 弹出"相册"对话框，如图17-27所示，在其中单击"文件/磁盘"按钮。

04 在弹出的对话框中选择001~010欧式建筑素材，如图17-28所示，单击"插入"按钮。

05 插入到"相册"对话框中的素材如图17-29所示。

06 在"相册中的图片"列表框中，勾选图片选项，在"预览"下可以设置图片的方向明暗等效果，如图17-30所示，单击"创建"按钮。

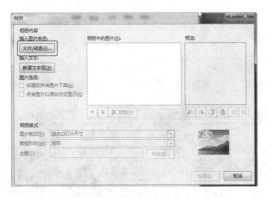

图17-27

图17-28

图17-29

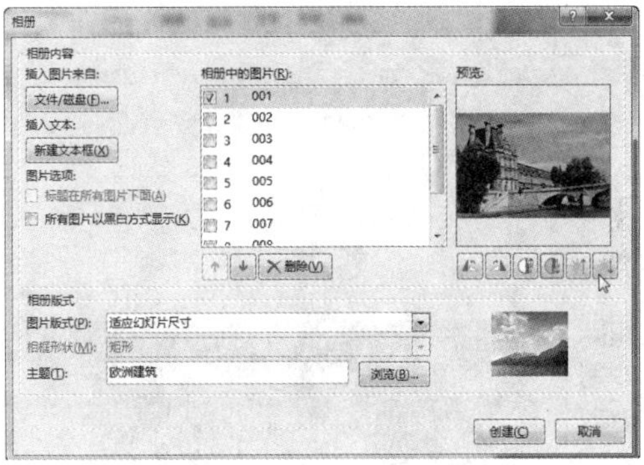

图17-30

07 创建的相册如图**17-31**所示。

08 在新建的幻灯片首页中输入标题，如图**17-32**所示。

图17-31

图17-32

09 设置标题的字体，并设置字体的**B**（加粗）和**S**（文字阴影）效果，如图**17-33**所示。

10 设置背景颜色为黑色，字体颜色为白色，如图**17-34**所示。

11 选择幻灯片1，选择"切换"｜"切换到此幻灯片"选项卡中的"帘式"效果，并单击 （全部应用）按钮，如图**17-35**所示。

12 单击"幻灯片放映" | "开始放映幻灯片"选项卡中的 📠（设置幻灯片放映）按钮，弹出"设置放映方式"对话框，如图17-36所示。

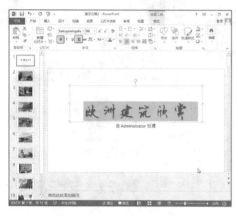

图17-33 图17-34

图17-35

图17-36

13 在"设置放映方式"对话框的"放映选项"选项组中勾选"循环放映，按ESC键终止"复选框，如图17-37所示，单击"确定"按钮，即可在播放幻灯片时，按Esc键终止播放幻灯片。

14 选择"幻灯片放映" | "开始放映幻灯片"选项卡，在其中选择 📠（自定义幻灯片放映）命令，在弹出的菜单中选择"自定义放映"命令，如图17-38所示。

图17-37

图17-38

15 弹出"自定义放映"对话框，如图**17-39**所示。

16 单击"新建"按钮，弹出"定义自定义放映"对话框，在左侧的"在演示文稿中的幻灯片"列表框中勾选全部的幻灯片，如图**17-40**所示，单击"添加"按钮。

图17-39

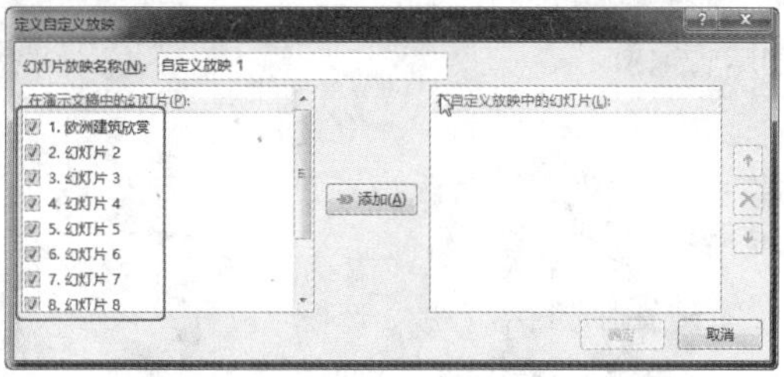

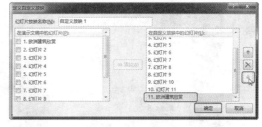

图17-40

17 此时所选的幻灯片将添加到右侧的"在自定义放映中的幻灯片"列表框中，如图**17-41**所示。

18 选择"欧洲建筑欣赏"幻灯片，单击 ⬇ 按钮，将选择的幻灯片放置到最底部，如图**17-42**所示，单击"确定"按钮。

图17-41

图17-42

19 返回到"自定义放映"对话框，如图**17-43**所示，在其中单击"放映"按钮即可。

20 放映的幻灯片如图**17-44**所示。

图17-43

图17-44

17.4 综合应用2——控制相册的放映

效果文件	效果\cha17\欧洲建筑欣赏.pptx	难易程度	★★★☆☆
视频文件	视频\cha17\17.4控制相册的放映.avi		

接着上面的实例介绍，下面介绍使用超链接来控制相册的跳转，具体操作步骤如下。

01 确定打开"欧洲建筑欣赏"演示文稿，选择"插入"｜"插图"选项卡，在其中单击 □ （形状）按钮，在弹出的菜单中选择空白的动作按钮，如图17-45所示。

02 在幻灯片1中绘制空白的动作按钮，弹出"操作设置"对话框，如图17-46所示。

03 在"操作设置"对话框中，选择"超链接"单选按钮，并在下面的下拉列表中选择"幻灯片"选项，如图17-47所示。

图17-45

图17-46

图17-47

04 弹出"超链接到幻灯片"对话框，从中选择幻灯片2，如图17-48所示，单击"确定"按钮。

05 设置链接后，在按钮上输入文本2，如图17-49所示。说明该按钮被控制链接到幻灯片2上，如图17-49所示。

图17-48

图17-49

06 复制形状按钮，在按钮上输入3，如图17-50所示。

07 选择输入3的按钮，单击"插入"｜"超链接"选项卡中的 ★（动作）按钮，弹出"操作设置"对话框，从中设置"超链接"到"幻灯片3"，如图17-51所示。

图17-50   图17-51

08 采用同样的方法在幻灯片1中制作按钮，并逐一指定到相应的幻灯片上，如图17-52所示。

09 选择所有的按钮，按快捷键Ctrl+C，如图17-53所示。

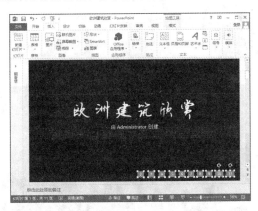

图17-52   图17-53

10 切换到幻灯片2，如图17-54所示。

11 按快捷键Ctrl+V，将链接按钮粘贴到幻灯片中，因为是第2页幻灯片，所以要修改按钮2为1，如图17-55所示。

图17-54   图17-55

12 在"操作设置"对话框中设置"超链接到"为"1.欧洲建筑欣赏",如图17-56所示。

13 采用同样的方法粘贴按钮到其他幻灯片,并设置按钮。

14 可以在幻灯片的左下角位置创建文本框,并输入页数,如图17-57所示。

图17-56

图17-57

15 复制作为页码的文本框,粘贴修改页数到其他的幻灯片,如图17-58所示。

16 播放幻灯片,通过单击按钮可以转换到相应的幻灯片中,也可以在键盘上输入相应幻灯片的序号,按Enter键,转到相应的幻灯片位置。

17 在播放幻灯片的过程中,如果觉得转场动画过长,可以设置转场的"持续时间"为02:00,如图17-59所示。

图17-58

图17-59

17.5 本章小结

本章介绍了如何设置幻灯片的放映、显示/隐藏幻灯片、自定义幻灯片放映、设置幻灯片的排练时间以及如何控制幻灯片的放映和跳转。通过对本章的学习,读者可以掌握如何设置幻灯片的放映和跳转。

第18章 演示文稿的备份、分享与打印

本章介绍录制演示文稿放映过程、将演示文稿转换为视频、将演示文稿转换为PDF文件、将演示文稿转换为讲义的操作，并介绍分享与打印文稿的方法。

18.1 备份演示文稿

素材文件	效果\cha15\六月旅游路线. pptx	效果文件	效果\cha18\六月旅游路线.mp4
视频文件	视频\cha18\18.1备份演示文稿.avi	难易程度	★★★☆☆

下面将介绍录制演示文稿、将演示文稿转换为视频和打包演示文稿等操作。

18.1.1 录制演示文稿放映过程

在PowerPoint中可以对演示文稿进行轻松录制，下面是录制演示文稿的操作步骤。

01 打开需要录制的演示文稿，单击"幻灯片放映"｜"设置"选项卡中的 （录制幻灯片演示）按钮，在弹出的菜单中选择"从头开始录制"命令，如图18-1所示。

02 弹出"录制幻灯片演示"对话框，如图18-2所示。

为了让视频更加完美，可以把提示框中的两项全部勾选，这样在PowerPoint中使用的动画、激光笔等功能可以一并录制下来。

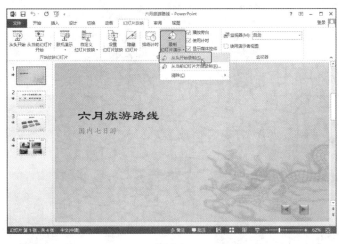

图18-1

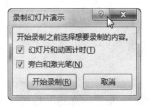

图18-2

03 单击"开始录制"按钮，对幻灯片进行录制，这样在录制过程中就可以录制音频和激光笔等效果。

04 录制完成后，可以看到录制音频后的轨迹，如图18-3所示。

05 如果录制完成后觉得不理想的话可以重新录制，单击"幻灯片放映"｜"设置"选项卡中的 （录制

幻灯片演示）按钮，在弹出的菜单中选择"清除"命令，然后在弹出的子菜单中可以根据需要删除录制的旁白或计时，如图18-4所示。

图18-3

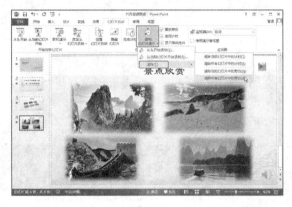

图18-4

18.1.2　将演示文稿转换为视频

下面介绍将演示文稿转换为视频，具体操作如下。

01 选择"开始"选项卡，弹出如图18-5所示的界面，从中选择"导出"｜"创建视频"命令，如图18-5所示。

02 在"创建视频"下可以设置是否使用录制的计时和旁白，还可以录制、预览计时和旁白，如图18-6所示。

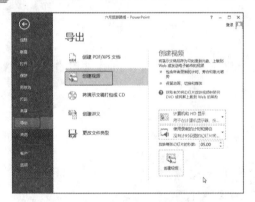

图18-5

图18-6

03 设置显示方式，如图18-7所示，设置完成后单击"创建视频"按钮。

04 弹出"另存为"对话框，在其中保存文件，为文件命名，选择一个合适视频的保存类型，这里选择了MPEG-4，如图18-8所示。单击"保存"按钮，保存视频。

05 保存的视频可以在保存的路径中找到，如图18-9所示。

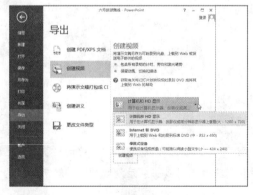

图18-7

图18-8 図18-8 | 图18-9

06 双击可以打开播放视频软件，对输出的幻灯片视频进行播放，如图18-10所示。

图18-10

18.1.3　将演示文稿转换为PDF文件

下面是将演示文稿转换为PDF文件的操作步骤。

01 选择"文件"选项卡，弹出如图18-11所示的窗口，在其中依次选择"导出"｜"创建PDF/XPS文档"选项，单击"创建PDF/XPS"按钮。

02 弹出"发布为PDF或XPS"对话框，在其中选择一个存储路径，为文件命名，并选择保存类型为PDF，单击"发布"按钮，如图18-12所示。

图18-11 | 图18-12

03 弹出发布PDF文件的选项，如图18-13所示。

04 发布的PDF文件如图18-14所示。

图18-13

图18-14

18.1.4 将演示文稿转换为讲义

下面将制作的演示文稿转转为讲义，具体操作如下。

01 选择"开始"选项卡，弹出如图18-15所示的窗口，从中选择"创建讲义"选项，单击"创建讲义"按钮。

02 在弹出的对话框中设置选项，从中选择布局，如图18-16所示。

03 这样即可根据选项设置创建讲义，如图18-17所示。

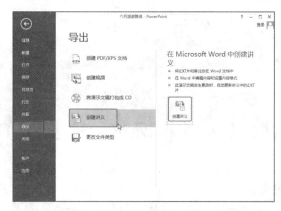

图18-15

图18-16

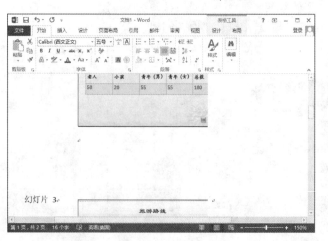

图18-17

提 示

在导出窗口中，还可以将讲义打包成CD或者更改导出的文件类型，读者可以根据实际需要导出文件，这里就不详细介绍了。

18.2 分享演示文稿

视频文件	视频\cha18\18.2分享演示文稿.avi	难易程度	★☆☆☆☆

下面介绍如何分享制作的幻灯片，具体操作步骤如下。

01 选择"开始"选项卡，从中选择"共享"选项，如图18-18所示。

02 选择"共享"类型为"电子邮件"，如图18-19所示。在右侧的"电子邮件"列表中选择以什么方式发送。

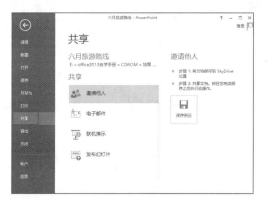

图18-18

图18-19

03 选择一种方式后，将启动Outlook软件，如图18-20所示。具体操作可以参考后面章节中的详细介绍。

 提 示

在共享中可以选择另外的几种共享方式，读者可以进行尝试，选择每一种共享方式都会弹出相应的指示，根据提示创建共享即可。

图18-20

18.3 打印演示文稿

素材文件	效果\cha15\夏季运动会.pptx	难易程度	★☆☆☆☆
视频文件	视频\cha18\18.3打印演示文稿.avi		

下面介绍打印演示文稿，具体操作步骤如下。

01 下面将以前面章节中制作的"夏季运动会"演示文稿为例，来介绍如何打印演示文稿。

02 选择"文件"选项卡，从中选择"打印"命令，如图18-21所示。

图18-21

03 选择"打印全部幻灯片"命令，如图18-22所示。

图18-22

04 拖动右侧的滑块可以看到其他的幻灯片，也可以通过底部的页数进行选择，如图18-23所示。

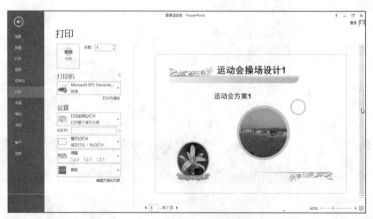

图18-23

05 选择打印版式为"6张水平放置的幻灯片"，如图18-24所示。

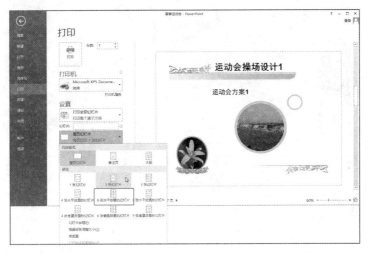

图18-24

06 此时可以看到排列的效果，如图**18-25**所示。

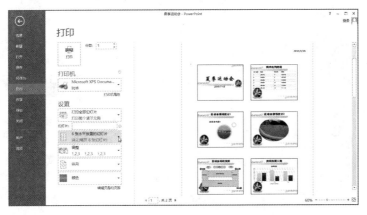

图18-25

07 再次设置幻灯片排列为"幻灯片加框"、"根据纸张调整大小"和"高质量"选项，设置幻灯片的效果，如图**18-26**所示。

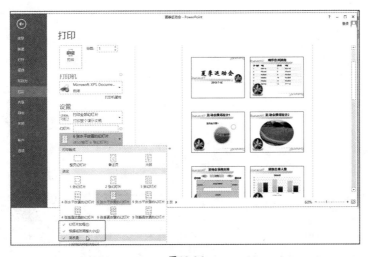

图18-26

08 设置打印页面为"横向"，如图18-27所示。

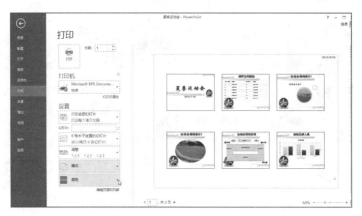

图18-27

09 设置打印演示为"灰度"，如图18-28所示。

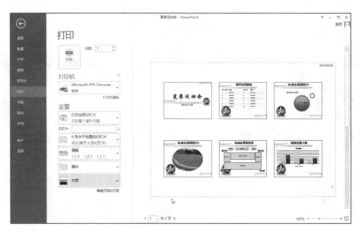

图18-28

10 单击"编辑页眉和页脚"命令，弹出"页眉和页脚"对话框，选择"备注和讲义"选项卡，在其中设置页眉和页脚，如图18-29所示。

11 选择"幻灯片"选项卡，从中勾选"幻灯片编号"复选框，为幻灯片设置编号，如图18-30所示，单击"全部应用"按钮。

图18-29   图18-30

12 返回到"打印"窗口，可以查看设置打印后的效果，如图18-31所示。

13 设置完成后，单击"打印"按钮，即可应用当前设置进行打印。

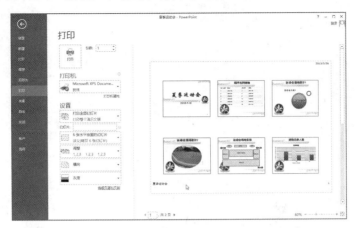

图18-31

18.4 综合应用1——将夏季运动会演示文稿 导出为PDF

素材文件	效果\cha15\夏季运动会.pptx	效果文件	效果\cha18\夏季运动会.pdf
视频文件	视频\cha18\18.4将夏季运动会演示文稿导出为PDF.avi	难易程度	★★★☆☆

　　下面通过实例练习将演示文稿转换为PDF文件，具体操作步骤如下。

01 运行PowerPoint软件，打开前面章节中制作的"夏季运动会"演示文稿，如图18-32所示。

02 选择"文件"｜"另存为"命令，在"另存为"窗口中选择"计算机"｜"浏览"按钮，如图18-33所示。

图18-32

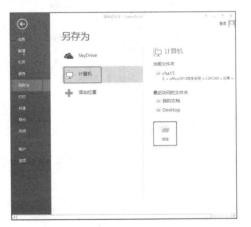

图18-33

03 在弹出的"另存为"对话框中选择一个存储路径，为文件命名，选择"保存类型"为PDF，如图18-34所示。

04 单击"选项"按钮，弹出"选项"对话框，如图18-35所示。

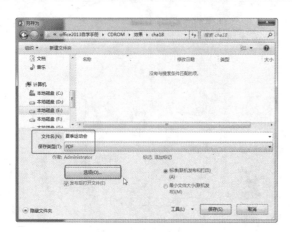

<table>
<tr><td>图18-34</td><td>图18-35</td></tr>
</table>

05 在"选项"对话框中，选择"范围"选项组中的"全部"单选按钮，选择"发布选项"选项组中的"幻灯片加框"和"包括隐藏的幻灯片"复选框，单击"确定"按钮，如图18-36所示。

06 返回到"另存为"对话框，单击"保存"按钮即可，如图18-37所示。

<table>
<tr><td>图18-36</td><td>图18-37</td></tr>
</table>

07 转换演示文稿为PDF文件的效果如图18-38所示。

08 使用"另存为"与"导出"命令转换演示文稿的操作基本相同，如图18-39所示为"导出"窗口。读者也可以使用前面介绍的方法转换演示文稿，这里就不详细介绍了。

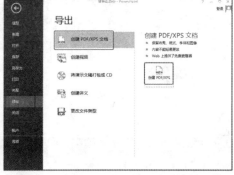

<table>
<tr><td>图18-38</td><td>图18-39</td></tr>
</table>

18.5 综合应用2——打印会议演示文稿

效果文件	效果\cha14\会议演示稿. pptx	难易程度	★☆☆☆☆
视频文件	视频\cha18\18.5打印会议演示文稿.avi		

下面练习打印演示文稿，操作步骤如下。

01 打开前面章节中制作的会议演示文稿，如图18-40所示。

02 选择"文件"｜"打印"命令，显示"打印"窗口，如图18-41所示。

图18-40

图18-41

03 设置打印范围为"自定义范围"，选择幻灯片为2-4，只打印2、3、4页面，如图18-42所示。

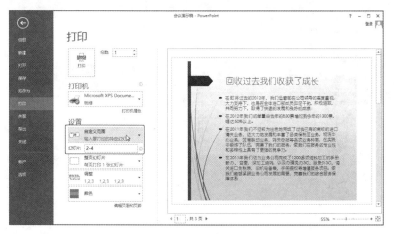

图18-42

04 选择颜色为"纯黑白"，如图18-43所示。

05 选择"编辑页眉和页脚"命令，弹出"页眉和页脚"对话框，选择"幻灯片"选项卡，在其中勾选"幻灯片编号"和"页脚"复选框，输入页脚文本，如图18-44所示。

06 选择"备注和讲义"选项卡，在其中勾选"页码"和"页眉"复选框，输入页眉文本，如图18-45所示，单击"全部应用"按钮。

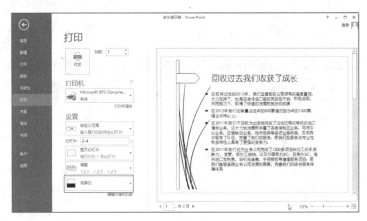

图18-43

图18-44

图18-45

07 返回到"打印"窗口，设置完成后单击"打印"按钮，即可对演示文稿进行打印，如图18-46所示。

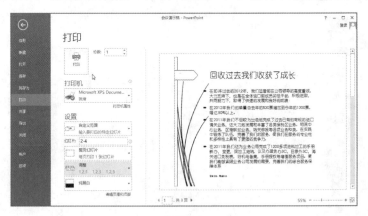

图18-46

18.6 本章小结

　　本章主要介绍了如何录制演示文稿、转换演示文稿、分享演示文稿以及如何打印演示文稿等操作。通过对本章的学习，读者可以学会如何备份、分享和打印演示文稿。

Access数据库应用篇

Access是由微软公司发布的关联式数据库管理系统。它结合了Microsoft Jet Database Engine和图形用户界面两项特点，是Microsoft Office的系统程式之一。

Access具有强大的数据处理、统计分析能力，利用Access的查询功能能，可以方便地进行各类汇总、平均等统计，并可灵活设置统计的条件。Access还可用来开发软件，比如生产管理、销售管理、库存管理等各类企业管理软件。

第19章 建立数据库

本章主要介绍数据库的概念，如何在Access中创建数据库和表，并介绍设置字段属性、创建索引、定义和更改主键等操作。

19.1 数据库的概述

Access 2013是Microsoft Office办公软件的组件之一，是目前最新最流行的桌面数据库管理系统。Access 2013以强大的功能和易学易用而著称。使用它仅仅通过直观的可视化操作即可完成大部分数据库管理工作。对于开发中小型数据库管理系统，使用Access 2013是一个非常明智的选择。

数据库就是与特定主题与任务相关的数据组合，在Access中，大多数数据存放在各种不同的结构表中。所谓表，就是具有相同的数据集合。

一个Access数据库是许多数据库对象的集合。其中数据库对象包含表、查询、窗体、报表宏和代码。在任何时候，Access只能打开运行一个数据库。但是在每个数据库中可以有众多的表、查询、窗体、报表、宏和代码。

19.2 创建数据库

视频文件	视频\cha19\19.2创建数据库.avi	难易程度	★☆☆☆☆

下面通过具体的实例介绍如何创建数据库。

19.2.1 利用模板创建数据库

创建数据库时，可以通过使用模板来制作，具体操作步骤如下。

01 启动Access 2013之后，弹出如图19-1所示的窗口，从中可以选择一个模板。

02 单击模板后，弹出如图19-2所示的对话框，单击"创建"按钮，即可创建末班数据表。

03 创建模板后，可以在模板中设置并创建数据库。

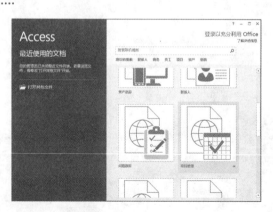

图19-1

图19-2

19.2.2　创建空数据库

创建一个空数据库的操作步骤如下。

01 运行Access 2013之后，弹出如图19-3所示的窗口，从中选择"空白桌面数据库"选项。

02 在弹出的对话框中单击"创建"按钮，如图19-4所示。

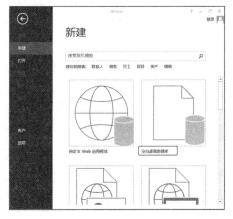

图19-3

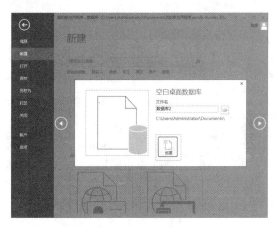

图19-4

19.3　创建学习成绩表

视频文件	视频\cha19\19.3创建学习成绩表.avi
难易程度	★☆☆☆☆

在创建新的空数据库时，会自动插入一个新的空表。如果在现有数据库中创建新表，可使用以下方法。

01 创建空数据库后，单击"创建"|"表格"选项卡中的（表）按钮，如图19-5所示。

02 此时将会创建"表2"，如图19-6所示。

图19-5

图19-6

19.4 设置学习成绩字段属性

视频文件	视频\cha19\19.4设置学习成绩字段属性.avi
难易程度	★★☆☆☆

通过设置字段属性可以控制字段的外观和行为，方便命名字段、更改字段的数据类型和格式等。

19.4.1 重命名字段

字段是表的基本存储单元，为字段命名可以方便地使用和识别字段。

重命名字段有以下几种方法。

方法一：在数据表视图中，双击字段名，输入新的字段名，然后Enter键。

方法二：在字段名上单击鼠标右键，然后在弹出的快捷菜单中选择"重命名字段"命令。

01 在图表视图中使用鼠标右击字段，然后在弹出的快捷菜单中选择"重命名字段"命令，如图19-7所示。

02 此时可输入名称，如图19-8所示。

图19-7

图19-8

方法三：通过设计视图重命名字段。

01 在导航窗口中右击鼠标，然后在弹出的快捷菜单中选择"设计视图"命令，如图19-9所示。

> ⊙ **提 示**
>
> 单击"字段"｜"视图"选项卡中的☒（设计视图）按钮，同样也可以进入数据表的设计视图。

02 弹出"另存为"对话框，在该对话框中可以为表输入新名称，如图19-10所示，输入新名称后，单击"确定"按钮。

图19-9   图19-10

03 切换到设计视图表中，如图19-11所示。

04 在"字段名称"中输入新的字段名称即可，这里输入"学号"，如图19-12所示。

图19-11   图19-12

05 在"设计"选项卡中单击▦（视图）按钮，如图19-13所示。

06 即可回到数据表视图，如图19-14所示。

图19-13   图19-14

19.4.2 设置数据类型

为字段命名后，必须确定该字段的数据类型，数据类型决定了该字段能存储什么样的数据。例如，文本和备注数据类型允许字段保存文本或数据，单数字数据类型只允许字段保存数字，设置数据类型的主要方法如下。

方法一：在数据表视图中，切换到"表格工具"｜"字段"选项卡，在"格式"选项组中单击数据类型右侧的下拉按钮，在弹出的下拉列表中选择一种数据类型即可，如图19-15所示。

方法二：在设计视图中，单击"数据类型"右侧的下拉按钮，在弹出的下拉列表中选择一种数据类型即可，如图19-16所示。

图19-15   图19-16

这里学号使用默认的自动编号即可。

19.4.3 输入字段说明

输入字段说明仅仅是帮助用户记住该字段的值用途或者便于其他用户了解。如果为某一字段输入字段说明，则每当在Access中使用该字段时，字段说明总是显示在状态栏中。

常用的输入方法就是在设计视图中的"说明"文本框中直接输入字段说明，如图19-17所示。

图19-17

19.4.4 设置字段的其他属性

在设计视图中选择需要设置属性的字段，即可在"字段属性"窗格中显示出字段的属性了。在该窗格中可以对字段的大小、格式、标题和文本对齐等属性进行设置。

19.4.5 完善学习成绩数据库

接着上面小节的操作来制作。

01 在"设计"选项卡中单击▦（视图）按钮，回到数据表视图，在"学号"右侧的单元格中单击，在弹出的快捷菜单中可以为其定义为"短文本"，如图19-18所示。

02 设置字段类型后，输入文本名称，采用同样的方法输入"语文"、"数学"、"英语"，如图19-19所示。

图19-18 　　　　　　　　　　　　　　　　　图19-19

03 选择学号，可以先将其字段类型设置为"短文本"，如图19-20所示。

04 在"学号"下的数据单元格中输入学号，如图19-21所示。

图19-20 　　　　　　　　　　　　　　　　　图19-21

05 继续输入名字和成绩数据，如图19-22所示。

06 在导航窗口中右击鼠标，在弹出的快捷菜单中选择"设计视图"命令，如图19-23所示。

图19-22 　　　　　　　　　　　　　　　　　图19-23

07 进入设计视图中，分别设置学号、名字和学习成绩的数据类型，如图19-24所示。

图19-24

19.5 创建索引

视频文件	视频\cha19\19.5创建索引.avi
难易程度	★★☆☆☆

通过对一个字段进行索引，可显著加快查找、排序和分组的操作速度，也可以加快对字段的查询，但是需要更多的内存空间来存储信息。

19.5.1 创建单字索引

创建单字索引的方法比较简单，具体的操作步骤如下。

01 切换到"设计视图"中。

02 选择需要创建索引的字段，在"常规"选项卡中单击"索引"后的下拉按钮，在弹出的下拉列表中选择"有（有重复）"或"有（无重复）"选项即可，如图19-25所示。

接下来关闭该视图后，索引就建立好了。此后，就可以将此字段中的值按升序或者降序的方式进行排序，并让各行记录值重新排列后来显示。即这种重新排序的结果是使得各行记录按索引的定义在表中重新排列，从而有利于浏览数据记录。

用于索引的字段通常是一些可以用于排序的数据记录，如：数字、英文单词，也能用于中文，但不常用。

图19-25

19.5.2 创建多字段索引

创建多字段索引的具体操作步骤如下。

01 确定在"设计视图"中。

02 选择"设计"｜"显示/隐藏"选项卡，在其中单击⚡（索引）按钮，弹出"索引"对话框，如图19-26所示。

03 在"索引名称"下可以输入索引名称，如图19-27所示，可以按照某一个索引字段的名称来命名索引，也可以使用其他名称。

04 在"字段名称"下单击下拉按钮，在弹出的下拉列表中选择要用于索引的字段，然后在下一行中选择第二个字段。重复操作，直至选择了要包含在索引中的所有字段为止，如图19-28所示。

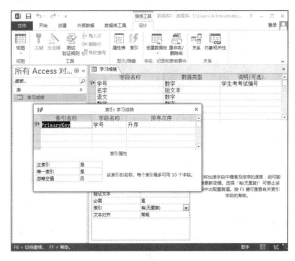

图19-26

图19-27

图19-28

19.6 定义主键

效果文件	效果\cha19\学习成绩.accdb	难易程度	★☆☆☆☆
视频文件	视频\cha19\19.6定义主键.avi		

主键就是主关键字。虽然定义主关键字对单个表并不是必须要求的，但最好还是指定一个主关键字。主关键字是由一个或多个字段构成。它使记录具有唯一性，设置主关键字的目的就是要保证表中的所有记录都是唯一可识别的。

19.6.1 主键的类型

用户可以在Access中定义三种类型的主键，即自动编号主键、单字段主键以及多字段主键。

自动编号主键是向表中添加一条记录时，可将自动编号字段设置为自动输入连续数据的编号。将自动编号字段指定为表的主键，是创建主键的最简单的方法，如果在保存新建的表之前没有主键，单击"是"按钮，即可自动建立一个主键，对于每条记录，Access将在该主键字段处自动设置一个连续的数字。

如果某字段中包含的都是唯一的值，例如，ID和零件编号，用户可以将该字段指定为主键。如果选择的字段有重复值或Null（空）值，Access将不会设置主键。

在不能保证任何单字段都包含唯一值时，可以将两个或更多的字段指定为主键，这种情况最常出现在多对象关系中关联另外两个表的表中。

19.6.2 设置或更改主键

设置或更改主键的具体操作步骤如下。

01 继续上面小节中的学习成绩表制作，切换到"设计视图"，选择要定义的主键的一个字段行，如图19-29所示。

02 选择字段的行之后，单击"设计"｜"工具"选项卡中的 ▼（主键）按钮，如图19-30所示。

图19-29

图19-30

03 如果设置多字段为主键，可按住Ctrl键，选择需要设置多字段为主键的行，如图19-31所示，选择了"学号"和"名字"两行。

04 选择字段的行之后，单击"设计"｜"工具"选项卡中的 ▼（主键）按钮，如图19-32所示。

图19-31

图19-32

19.7 综合应用1——装机配置单数据库

效果文件	效果\cha19\装机配置单.accdb	难易程度	★☆☆☆☆
视频文件	视频\cha19\19.7装机配置单.avi		

下面介绍一个装机配置单的数据库制作过程，具体操作如下。

01 运行Access软件，新建空白数据库，如图19-33所示。

02 在新建的数据库中命名ID为"配件名称"，单击后面的表格，并在弹出的菜单中设置一个字段类型，如图19-34所示。

图19-33

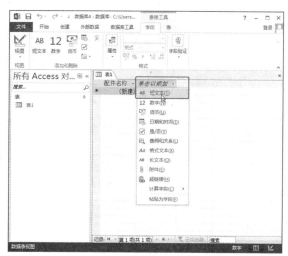

图19-34

03 采用同样的方法输入文本，系统默认的第一个表格自动编号为主键，如图19-35所示。

04 这里可以设置其字段类型为"短文本"，如图19-36所示。

图19-35

图19-36

05 输入配件的名称，如图19-37所示。

06 单击"字段"│"视图"选项卡中的 ✔（设计视图）按钮，如图19-38所示。

07 进入数据表的设计视图，首先将表1存储一个名称，如图19-39所示。

08 在设计视图中设置数据类型，如图19-40所示。

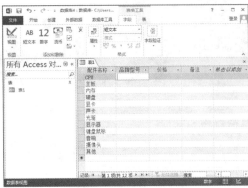

图19-37

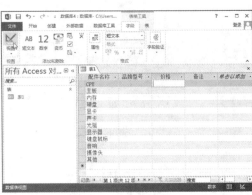

图19-38

图19-39

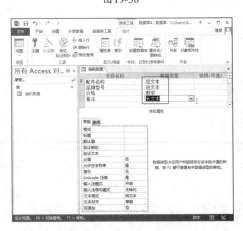

图19-40

09 按住Ctrl键选择"配件名称"和"品牌型号"两行，如图19-41所示，单击"设计"｜"工具"选项卡中的🔑（主键）按钮。

10 选择"配件名称"字段，在"常规"选项卡中设置"索引"为"有（无重复）"，如图19-42所示。

图19-41

图19-42

11 选择"配件名称"字段，单击"设计"｜"显示/隐藏"选项卡中的⚡（索引）按钮，在弹出的索引中设置索引字段，如图19-43所示。

12 在"设计"选项卡中单击▦（视图）按钮，回到数据库视图，如图19-44所示。

至此装机配置单数据库就制作完成了。

图19-43

图19-44

19.8　综合应用2——本月图书销量数据库

效果文件	效果\cha19\本月图书销量.accdb	难易程度	★☆☆☆☆
视频文件	视频\cha19\19.8本月图书销量.avi		

下面介绍本月图书销量数据库的制作，从中设置字段属性、创建热键和索引等，具体操作如下。

01 运行Access软件，新建空白数据库，如图19-45所示。

02 在新建的数据库中输入字段名称，如图19-46所示。

图19-45

图19-46

03 接着输入数据，如图19-47所示。

04 单击"字段"｜"视图"选项卡中的（设计视图）按钮，弹出"另存为"对话框，如图19-48所示，设置表的名称，单击"确定"按钮。

05 在设计视图中选择字段，设置字段的数据类型，如图19-49所示。

图19-47

图19-48

图19-49

06 选择"编号"字段名称，选择"常规"选项卡，从中设置"索引"为"有（无重复）"，如图19-50所示。

07 选择"配件名称"字段，单击"设计"｜"显示/隐藏"选项卡中的 ⚡（索引）按钮，在弹出的索引中设置索引字段，如图19-51所示。

图19-50

图19-51

至此本月图书销量数据库就制作完成了。

19.9 本章小结

本章介绍了Access的一些基础概念和操作，例如如何创建数据库、创建表、设置字段的属性、创建索引、定义主键等。通过对本章的学习，读者可以学会创建数据库和表的方法，还可对设置字段属性、创建索引，定义和更改主键有初步的了解。

第20章　数据表

本章主要介绍查看数据表、显示数据表中的记录和字段，介绍使用和格式化数据、对数据排序和筛选、创建查询、汇总查询、建立操作查询等数据表的一些常用操作。

20.1　查看数据表

效果文件	效果\cha20\学习成绩.accdb
难易程度	★☆☆☆☆

查看数据表时，最常用的方法就是利用数据表视图。在数据表视图中，信息按照行或列进行排列。要查看数据表的操作如下。

01 打开制作的数据库，如图20-1所示。

02 在导航窗格中双击表对象，即可显示数据表内容，如图20-2所示。

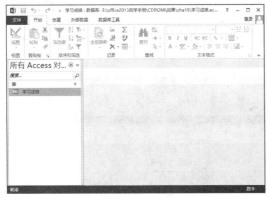

图20-1

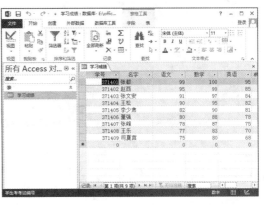

图20-2

20.2　使用数据表制作员工档案表

效果文件	效果\cha20\员工档案表.accdb	难易程度	★☆☆☆☆
视频文件	视频\cha20\20.2使用数据表制作员工档案表.avi		

在设计视图中定义表结构之后，用户可以使用数据表视图向表中输入记录，保存表中的记录，编辑修改表中的记录。

20.2.1　输入新记录

打开数据表后，可以看到表中的记录。如果打开的是一个空表或刚设置完成的表，则在数据表中看不到任何记录。

要输入记录到数据表中，具体操作如下。

01 新建空白数据库，输入字段名称，如图20-3所示。单击记录行第一个字段，将光标定位在该字段上。

02 输入所需数据，如图20-4所示。

图20-3

图20-4

03 按Tab键，将光标置于下一个字段中，输入数据，如图20-5所示。

04 一次输入所需的字段，如图20-6所示。

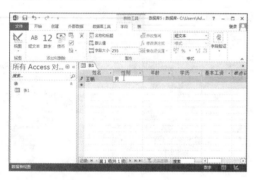

图20-5

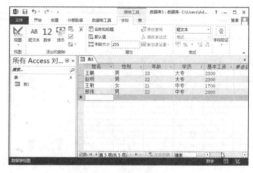

图20-6

20.2.2 保存记录

在记录中输入全部的字段值后，通常要移到下一条记录，每当移动到不同的记录或关闭该表时，所编辑输入的最后一条记录就被保存到表中。在数据表中，当看到行选择器上的铅笔状编辑记录指针消失时，就意味着该记录值被存储到表中，如图20-7所示为编辑状态，如图20-8所示为编辑记录指针效果，则这样表示该记录值已被保存。

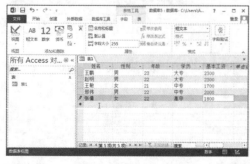

图20-7

图20-8

20.2.3 字段数据类型与输入方法

在数据表的各个字段中输入数据，通常受到字段数据类型的限制。例如，当输入的数据不符合以下定义的数据类型时，Access就会给出一个提示框。

- 对于文本数据类型字段，默认文本长度为255个字符，文本字段其最大可输入的文本长度由该字段的字段属性值来决定，在文本字段中输入的数值都将作为文本字符保存。
- 数字及货币数据类型字段，只允许输入有效数字。
- 日期/时间数据类型字段，只允许输入有效的时间和日期。
- 是/否数据类型字段，只能输入Yes、No、True、Flase、On、off及0和-1值之一。
- 自动编号数据类型字段不允许输入任何数据，该字段的数字自动递增。
- 备注数据类型字段，允许输入的文本长度可达64000B。按快捷键Shift+F2，可显示一个带有滚动条的"缩放"对话框。拖动滚动条就可以浏览备注字段中的文本。

OLE对象数据类型可输入图形、图表和声音文件等，即OLE服务器所支持的对象均可存储在OLE对象数据类型字段中。要在该字段中输入对象，可右击该字段，在弹出的快捷菜单中选择"插入对象"命令，弹出设置插入对象的对话框，在其中选择"新建"选项后，在"对象类型"列表中选择所需的类型，或勾选"由文件创建"选项后插入字段。

20.3 修改数据表

素材文件	效果\cha19\学习成绩.accdb	难易程度	★★☆☆☆
视频文件	视频\cha20\20.3修改数据表.avi		

前面学习了在数据表中输入和保存数据的一些内容，下面介绍如何在数据表中修改记录、添加记录、查找和替换以及删除记录等。

20.3.1 修改记录

对于表中的记录，可以很容易地在数据表视图中进行修改。对于要修改的记录必须先选中它，然后再对其进行修改，具体操作步骤如下。

01 打开"学习成绩"数据库。若要用新值替换旧值，应先将光标移到该字段的左侧框线上，此时光标会变为 ✛ 形状，如图20-9所示。

02 单击即可选择字段值，输入新值即可替换旧值，如图20-10所示。

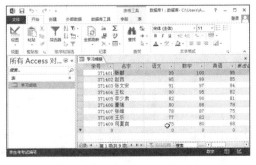

图20-9

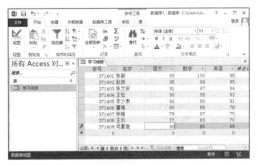

图20-10

03 若要在字段中插入数据，应先将光标定位在某字符所在的位置，进入插入模式，如图20-11所示。

04 输入新值，新值就被插入到该字符前面，当光标定位在字段中时按Backspace键将删除光标左侧的字符，按Delete键时将删除光标右侧的字符，如图20-12所示，删除了整个字符。

05 删除字符后重新输入新值即可，如图20-13所示。

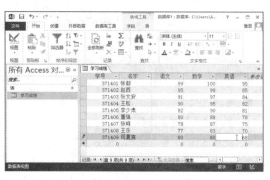

图20-11

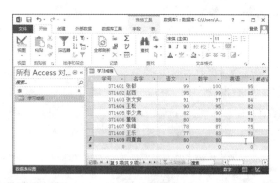

图20-12

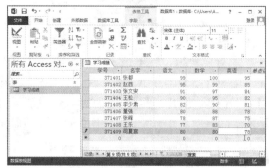

图20-13

20.3.2　添加新记录

要在数据表中添加新记录，可使用以下两种方法。

方法一：可在数据表底部单击 （新空白记录）按钮。

01 要输入新的数据，可在数据表底部单击 （新空白记录）按钮，如图20-14所示。

02 这样即可转到下一条记录的第一个字段处，如图20-15所示。

方法二：单击"开始"｜"查找"选项卡中的 （转至）下拉按钮，在弹出的菜单中选择需要的命令，这里选择"新建"命令，如图20-16所示。

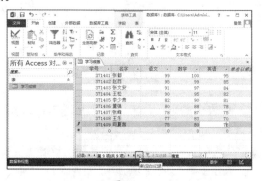

图20-14

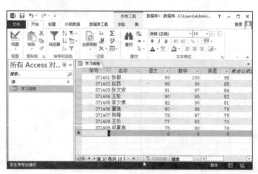

图20-15

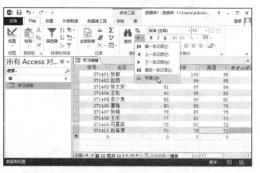

图20-16

20.3.3 查找和替换

当用户需要在数据库中查找所需的特定信息（这些信息可以是文本、数字或日期）时，最简单的方法就是使用"开始"｜"查找"中的 🔍（查找）按钮，查找数据的具体操作步骤如下。

01 切换到"开始"｜"查找"选项卡，在其中单击 🔍（查找）按钮或按快捷键Ctrl+F，弹出"查找和替换"对话框，如图20-17所示。

02 在"查找"选项卡的"查找内容"文本框中输入要查找的内容，如图20-18所示。

图20-17

图20-18

03 单击"查找范围"下拉按钮，从中选择当前字段和当前文档，如图20-19所示。

04 单击"匹配"下拉按钮，从中选择字段，如图20-20所示。

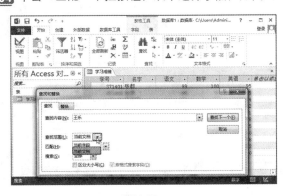

图20-19

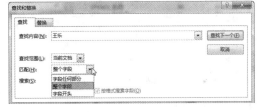

图20-20

05 单击"搜索"下拉按钮，从中选择搜索的类型，如图20-21所示。

06 单击"查找下一个"按钮，如图20-22所示。

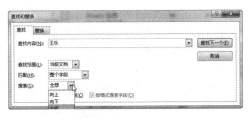

图20-21

图20-22

07 查找到数据后，关闭"查找和替换"对话框，如图20-23所示为找到的整个字段。

　　与Office其他的应用程序一样，Access也可使用用户指定的数据来替换表中匹配的字符串、数字或日期，替换数据的操作步骤如下。

01 切换到"开始"｜"查找"选项卡，从中单击🔍（查找）按钮或按快捷键Ctrl+F，弹出"查找和替换"对话框，切换到"替换"选项卡，如图20-24所示。

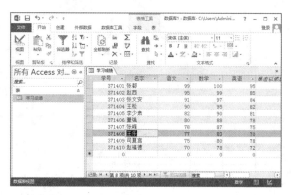

图20-23　　　　　　　　　　　　　　　　　图20-24

02 在"查找内容"文本框中输入需要查找的数据，在"替换为"文本框中输入要替换掉的数据，如图20-25所示，单击"替换"按钮。

03 此时数据被替换，如图20-26所示。

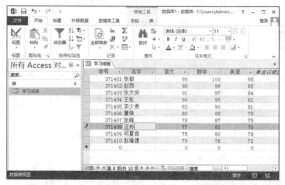

图20-25　　　　　　　　　　　　　　　　　图20-26

> **🎯 提 示**
>
> 　　在"查找和替换"对话框中单击"查找下一个"按钮，继续查找下一个匹配的字符，而不替换当前找到的字符；也可以单击"全部替换"按钮，一次性替换全部符合条件的。

20.3.4　删除记录

　　删除数据表中的某一条或多条记录的操作步骤如下。

01 单击数据表中的行选择器，如图20-27所示。选择需要删除的整行记录，或在行选择器上按住鼠标左键不放进行拖动，以选择多行记录。

02 按Delete键或切换到"开始"｜"记录"选项卡，在其中单击✕（删除）按钮右侧的下拉按钮，从弹出的菜单中选择"删除记录"命令，如图20-28所示。

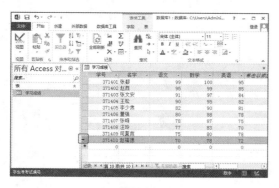
图20-27

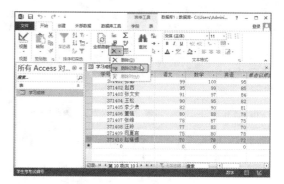
图20-28

03 弹出如图20-29所示的信息提示对话框，提示是否删除选定的记录。

04 单击"是"按钮，可以删除选定的记录，如图20-30所示。

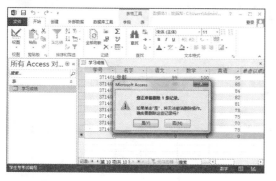
图20-29

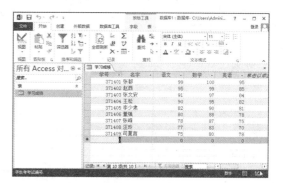
图20-30

20.4　格式化数据表

素材文件	效果\cha19\学习成绩.accdb	难易程度	★☆☆☆☆
视频文件	视频\cha20\20.4格式化数据表.avi		

　　在数据表视图中，可以重新调整行高与列宽，改变列字段顺序、隐藏列或显示被隐藏的列，冻结列，还可以设置数据表的格式和字体的格式。

20.4.1　改变行高和列宽

　　在数据表视图中，Access一开始是以默认的行高和列宽来显示所有的行和列，但用户可以自己改变行高与列宽，改变行高和列宽的方法有两种。

　　方法一：使用鼠标改变行高

01 将鼠标指针移到行高标记处，此时鼠标将变为如图20-31所示的样式。

02 按住鼠标左键不放，并上下拖动鼠标，即可改变行高，如图20-32所示。

> **提 示**
>
> 采用同样的方法将鼠标指定移动到列标记处，可调整列宽。

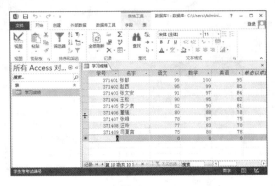

图20-31

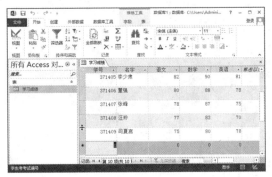

图20-32

方法二：使用"行高"对话框改变行高

01 单击"开始"｜"记录"选项卡中的▦（其他）下拉按钮，在弹出的菜单中选择"行高"命令，如图20-33所示。

02 弹出"行高"对话框，如图20-34所示。

03 在"行高"对话框中输入新数据即可调整行高。

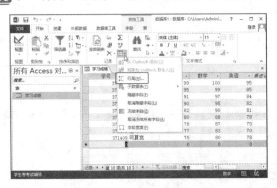

图20-33

图20-34

> **提示**
>
> 在▦（其他）下拉菜单中选择"字段宽度"命令，可以调整列宽。

20.4.2 隐藏列或显示被隐藏的列

在数据表视图中，Access一般会显示表中所有的字段。如果表中的字段比较多或数据比较长，需要通过单击字段滚动条才能看到其中的默认字段。如果不想浏览或打印表中的所有字段，可以把其中的一部分隐藏起来。

01 单击需要隐藏的列中的任意位置，单击"开始"｜"记录"选项卡中的▦（其他）按钮，在弹出的菜单中选择"隐藏字段"命令，如图20-35所示。

02 隐藏列后的效果如图20-36所示。

03 隐藏列后，如果需要再将其显示出来，可单击"开始"｜"记录"选项卡中的▦（其他）按钮，在弹出的菜单中选择"取消隐藏字段"命令，如图20-37所示。

04 弹出"取消隐藏列"对话框，在其中勾选的字段为没有隐藏，没有勾选的则是隐藏的列，勾选所有项即可全部取消隐藏，如图20-38所示。

图 20-35　　　　　　　　　　　　　　　图 20-36

图 20-37

图 20-38

20.5　排序和筛选记录

素材文件	效果\cha19\学习成绩.accdb	难易程度	★☆☆☆☆
视频文件	视频\cha20\20.5排序和筛选记录.avi		

在数据表视图中对记录进行排序和筛选，有利于清晰地了解数据、分析数据和获取有用的数据。

20.5.1　排序

在数据表视图中打开一个表时，Access一般是以表中自定义的关键字值排序显示记录的。如果在表中没有定义主关键字，那么将按照记录在表中的物理位置来显示记录。如果想改变记录的显示顺序，则需要在数据表中对记录进行排序。

在数据表中，可根据某一字段进行排序，具体操作步骤如下。

01 单击要根据字段进行排序的列，将光标定位在该字段中，如图20-39所示。

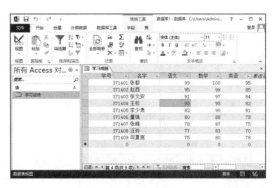

图 20-39

02 单击"开始"|"排序和筛选"选项卡中的 ²↓（升序）按钮，可以升序的方式排列选择的列，如图20-40所示。

03 单击 ↓²（降序）按钮后的排列如图20-41所示。

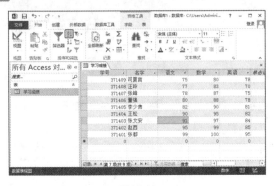

图20-40　　　　　　　　　图20-41

20.5.2 筛选记录

有时用户可能希望值显示与自己的条件匹配的记录，而不是显示表中的所有记录。此时，可以使用Access中提供的筛选功能。

可以使用以下几种筛选类型。

1. 按窗体筛选

01 打开或制作员工工资表，在导航窗口中双击表对象，如图20-42所示。

02 选择"开始"|"排序和筛选"选项卡，在其中单击 （高级筛选选项）按钮，在弹出的菜单中选择"按窗体筛选"命令，如图20-43所示。

03 此时数据表为如图20-44所示的效果。

04 在"性别"字段下拉列表中选择"男"，如图20-45所示。

05 在"学历"字段下拉列表中选择"大专"，如图20-46所示。

图20-42

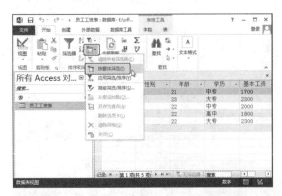

图20-43

图20-44

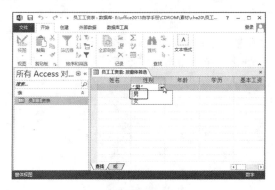
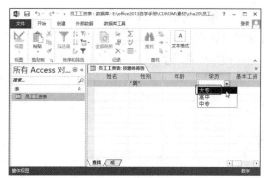

图20-45　　　　　　　　　　　　图20-46

06 设置好筛选选项后，单击"开始"|"排序和筛选"选项卡中的▼（应用筛选）按钮，如图20-47所示。

07 筛选的结果如图20-48所示。

图20-47　　　　　　　　　　　　图20-48

> ⚙ **提　示**
>
> 　　单击"开始"|"排序和筛选"选项卡中的▼（应用筛选）按钮后，筛选出结果。此时▼（应用筛选）按钮将变为▼（取消筛选）按钮，单击该按钮则可以取消筛选。

2. 按选定内容筛选

01 在数据表视图中选取特定的字符串。例如，这里选择了基本工资下的2300字符串，然后单击"开始"|"排序和筛选"选项卡中的▼（选择）按钮，在弹出的菜单中选择"等于"命令，如图20-49所示，从中可以选择等于、不等于、包含和不包含几种选项。

02 这样即可将符合条件的记录显示在数据表中，如图20-50所示。

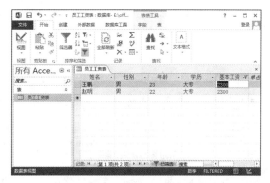

图20-49　　　　　　　　　　　　图20-50

3. 按内容排除筛选

01 在数据表视图中选择特定的字符串，例如，这里选择基本工资下的2000字符串，然后在"开始"｜"排序和筛选"选项卡中单击▼（选择）按钮，在弹出的菜单中选择"不等于"命令，如图20-51所示。

02 符合条件的记录将显示在数据表中，如图20-52所示。

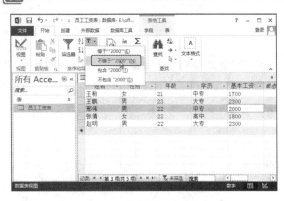

图20-51

图20-52

4. 高级筛选/排序

01 在"开始"｜"排序和筛选"选项卡中单击（高级筛选选项）按钮，在弹出的菜单中选择"高级筛选/排序"命令，如图20-53所示。

02 弹出如图20-54所示的窗口。

图20-53

图20-54

03 单击字段第一个单元格右侧的下拉按钮，从中选择"性别"，在条件的第一个单元格中输入"女"，如图20-55所示。

04 单击字段第二个单元格右侧的下拉按钮，从中选择"基本工资"，在基本工资下的排序中设置为"升序"，如图20-56所示。

05 如果想用表达式生成器，可在相应的"条件"单元格中右击鼠标，在弹出的快捷菜单中选择"生成器"命令，如图20-57所示。

06 弹出"表达式生成器"对话框，在其中输入条件表达式，这里输入了<2000，如图20-58所示。

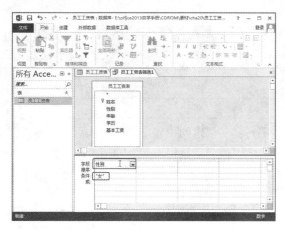

图20-55

图20-56

图20-57

图20-58

07 此时可以看到生成的条件，如图20-59所示，单击 ▼（应用筛选）按钮。

08 筛选出的性别为女、工资小于2000的数据，如图20-60所示。

图20-59

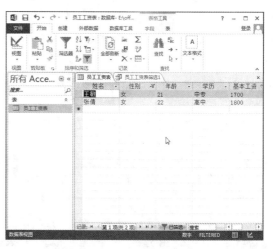

图20-60

20.6 创建查询

素材文件	效果\cha19\学习成绩.accdb	难易程度	★★☆☆☆
视频文件	视频\cha20\20.6创建查询.avi		

查询就是对存储在表内的数据的查找或对数据进行某一要求的操作。利用查询可以按照不同的方式查看、更改和分析数据，也可以将查询作为窗体、报表和数据访问页的记录源。设置查询的目的就是告诉Access需要检索哪些数据。

在Access中，有两种创建查询的方法：一种是使用向导创建查询；另一种是利用设计视图建立查询。使用向导创建查询时，用户需要按向导的提示一步一步地完成操作。Access提供了"简单查询向导"和"交叉表查询向导"这两种查询向导。

20.6.1 使用"简单查询向导"创建选择查询

使用"简单查询向导"创建单表查询的操作步骤如下。

01 打开上一章节中制作的学习成绩数据表，如图20-61所示。

02 单击"创建"|"查询"选项卡中的 (查询向导)按钮，弹出"新建查询"对话框，如图20-62所示，从中选择"简单查询向导"选项即可，单击"确定"按钮。

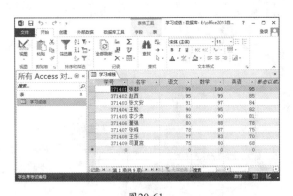

图20-61

图20-62

03 弹出"简单查询向导"对话框，如图20-63所示。单击"表/查询"下的下拉按钮，在弹出的下拉列表中选择用来建立查询的表，这里只有一个所以不用选择。

04 在"可用字段"列表框中选择用到的查询字段，单击 按钮将其添加到"选定字段"列表中，如图20-64所示。

05 单击"下一步"按钮，弹出如图20-65所示的对话框。在该对话框中选择"明细（显示每个记录的每个字段）"单选按钮。

图20-63

图20-64

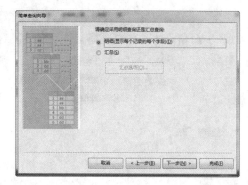

图20-65

06 单击"下一步"按钮，弹出如图20-66所示的对话框，在该对话框中可以为查询指定标题。

07 单击"完成"按钮，即可显示出查询的结果，如图20-67所示。

图20-66

图20-67

20.6.2 使用"交叉表查询向导"创建交叉表查询

使用"交叉表查询向导"创建交叉表查询的操作步骤如下。

01 继续使用"学习成绩"数据表，在左侧的导航窗格中双击"学习成绩"数据表，显示数据表内容，如图20-68所示。

02 单击"创建"│"查询"选项卡中的 （查询向导）按钮，弹出"新建查询"对话框，如图20-69所示，从中选择"交叉表查询向导"，单击"确定"按钮。

图20-68

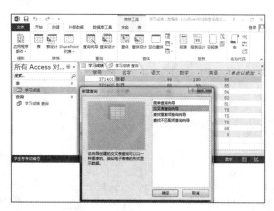

图20-69

03 弹出"交叉表查询向导"对话框，使用默认参数即可，如图20-70所示，单击"下一步"按钮。

04 在如图20-71所示的向导中选择"可用字段"到"选定字段"中，将"名字"指定到"选定字段"中，单击"下一步"按钮。

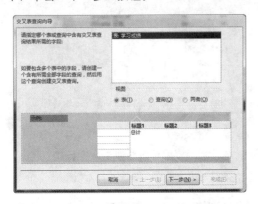

图20-70   图20-71

05 弹出如图20-72所示的向导，从中选择"学号"作为列标题，单击"下一步"按钮。

06 在"字段"列表框中选择一个字段，并在"函数"列表框中选择一个函数，如图20-73所示，单击"下一步"按钮。

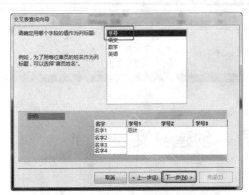

图20-72   图20-73

07 进入如图20-74所示的对话框后进行设置，单击"完成"按钮。

08 创建的交叉表查询如图20-75所示。

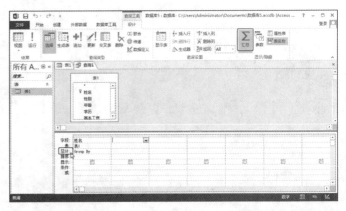

图20-74   图20-75

20.7 汇总查询

素材文件	效果\cha19\学习成绩.accdb	难易程度	★★☆☆☆
视频文件	视频\cha20\20.7汇总查询.avi		

有时，用户需要对表中的记录进行汇总。例如，在成绩表中，可以查看学生所需的课程及其成绩，但是并没有显示每一名学生的总成绩、平均成绩等信息。要想获得这些汇总数据，就必须创建一个汇总查询。

20.7.1 汇总查询的概述

汇总查询也是一种选择查询，所以创建汇总查询与前面介绍的创建选择查询是一样的。唯一不同之处在于：创建汇总查询时，需要切换到"创建"|"查询"选项卡中的"查询设计"按钮，单击"查询工具"|"设计"|"显示/隐藏"选项卡中的∑（汇总）按钮，Access就会在设计视图下方的网格中增加"总计"行，如图20-76所示。

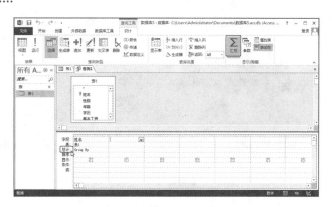

图20-76

20.7.2 对所有记录执行汇总

用户可以使用汇总查询对表或查询中的所有记录进行汇总。例如，可以在成绩表中为每一名学生计算出各自的总成绩、平均成绩、最高分数以及最低分数，具体的操作步骤如下。

01 新建或打开考试成绩数据表，如图20-77所示。

02 选择"创建"|"查询"选项卡，在其中单击█（查询设计）按钮，弹出的对话框如图20-78所示，从中选择"表1"，单击"添加"按钮，如图20-78所示，添加数据表后，单击"关闭"按钮。

图20-77　　　　　　　　　　　　　　　　　　　图20-78

03 单击"查询工具"|"设计"|"显示/隐藏"选项卡中的∑（汇总）按钮，Access就会在设计视图下方的表格中增加"总计"行，如图20-79所示。

04 在表格中选择"字段"为"吴文恩",下面将查询他的合计、平均值、最小值和最大值,在"表"中选择"表1",如图20-80所示。

图20-79

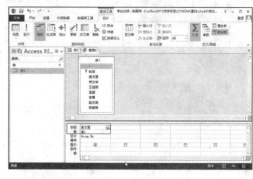

图20-80

05 在"总计"下拉列表中选择"合计"选项,如图20-81所示。

06 新增第二个字段,设置"字段"为"吴文恩",选择"表"为"表1",选择"总计"为"平均值",如图20-82所示。

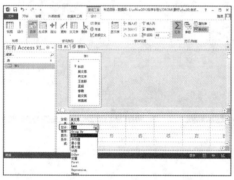

图20-81

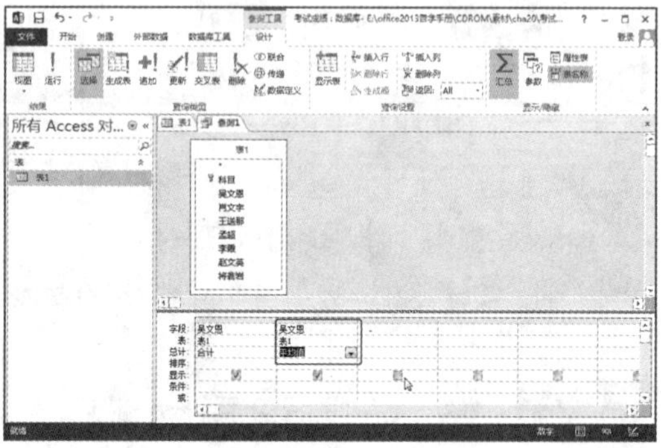

图20-82

07 新增第三个字段,设置"字段"为"吴文恩",选择"表"为"表1",选择"总计"为"最小值",如图20-83所示。

08 新增第四个字段,设置"字段"为"吴文恩",选择"表"为"表1",选择"总计"为"最大值",如图20-84所示。

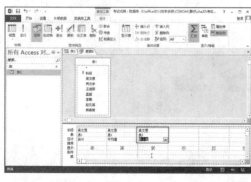

图20-83

图20-84

09 选择"查询工具"|"设计"|"结果"选项卡,在其中单击!(运行)按钮,如图20-85所示。

10 运行的总计结果如图20-86所示。

图20-85   图20-86

20.8 建立操作查询

素材文件	效果\cha19\学习成绩. accdb	难易程度	★★☆☆☆
视频文件	视频\cha20\20.8建立操作查询.avi		

操作查询是Access查询中一个重要的组成部分，利用它可以对数据库中的数据进行简单的检索、显示和统计，而且可以根据用户的需要对数据库进行一定的修改。操作查询可以分为4种类型：生成表查询、更新查询、追加查询和删除查询。

生成查询就是利用一个或多个表中的全部或部分数据创建一个新表，创建一个生成查询的操作步骤如下。

01 打开前面章节中制作的学习成绩，选择"创建"|"查询"选项卡，在其中单击 (查询设计) 按钮，如图20-87所示。

02 在弹出的"显示表"对话框中选择"学习成绩"，单击"添加"按钮，如图20-88所示，单击"关闭"按钮。

图20-87   图20-88

03 在表格中添加第一个"字段"为"名字"，第二个"字段"为"语文"，鼠标右击"名字"下的"条件"行表格，弹出快捷菜单，从中选择"生成器"命令，如图20-89所示。

04 在弹出的"表达式生成器"对话框中输入表达式为>85，单击"确定"按钮，如图20-90所示。

05 在"查询工具"|"设计"|"查询类型"选项卡中单击 (生成表) 按钮，弹出如图20-91所示的"生成表"对话框，在其中为表命名。

06 选择"查询工具"|"设计"|"结果"选项卡，在其中单击! (运行) 按钮，弹出如图20-92所示的对

话框，从中单击"确定"按钮。

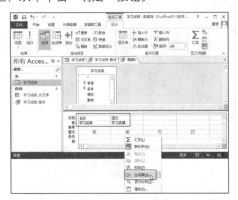

图20-89

图20-90

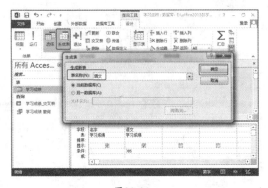

图20-91

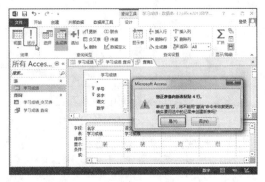

图20-92

07 可以在导航窗格中看到生成的表，如图20-93所示。

08 双击生成表，查看创建的查询，如图20-94所示。

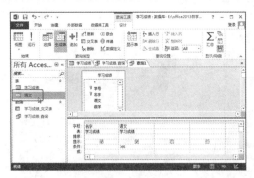

图20-93

图20-94

20.9 综合应用1——筛选员工资料

效果文件	效果\cha20\员工资料.accdb	难易程度	★★☆☆☆
视频文件	视频\cha20\20.9筛选员工资料.avi		

下面简单地介绍制作与筛选员工资料，具体操作步骤如下。

01 运行Access软件，新建空白数据库，如图20-95所示。

02 在弹出的创建对话框中选择一个存储路径，单击"创建"按钮，如图20-96所示。

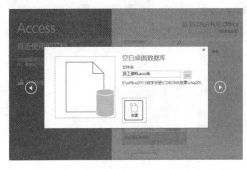

图20-95   图20-96

03 选择第一个字段，并设置字段属性，输入文本，如图20-97所示。

04 采用同样的方法设置字段属性，并输入数据，如图20-98所示。

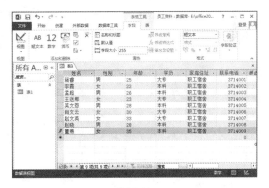

图20-97   图20-98

05 单击"字段"|"视图"选项卡中的 ☑（设计视图）按钮，首先将表1存储一个名称，如图20-99所示。

06 进入数据表的设计视图，设置数据类型，如图20-100所示。

图20-99   图20-100

07 单击"表格工具"|"设计"|"视图"选项卡中的▦（视图）按钮，在弹出的对话框中单击"是"按钮，如图20-101所示。

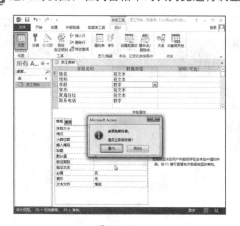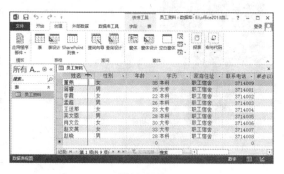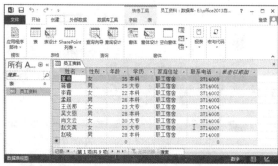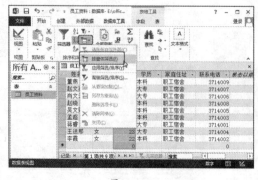

08 返回到视图，在列窗格中对其列宽进行调整，如图20-102所示。

图20-101　　　　　　　　图20-102

09 采用同样的方法调整列宽，如图20-103所示。

10 选择"年龄"列，单击"开始"｜"排序和筛选"选项卡中的 (降序) 按钮，设置年龄的降序，如图20-104所示。

图20-103　　　　　　　　图20-104

11 单击"开始"｜"排序和筛选"选项卡中的 (高级筛选选项) 按钮，在弹出的菜单中选择"按窗体筛选"命令，如图20-105所示。

12 进入筛选窗口，并单击"学历"右侧的下拉按钮，从下拉列表中选择"本科"，如图20-106所示。

图20-105　　　　　　　　图20-106

13 单击 (应用筛选) 按钮，筛选出本科学历人员的数据，如图20-107所示。

14 选择"性别"列，如图20-108所示。

图20-107

图20-108

15 单击"排序和筛选"选项卡中的▼（选择）按钮，在弹出的菜单中选择"等于'女'"，如图20-109所示。

16 单击▼（应用筛选）按钮，筛选出本科学历女员工的数据，如图20-110所示。

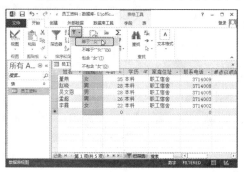

图20-109

图20-110

20.10 综合应用2——查询员工资料

素材文件	素材\cha20\员工资料.accdb	效果文件	效果\cha19\员工资料查询.accdb
视频文件	视频\cha20\20.10查询员工资料.avi	难易程度	★★☆☆☆

继续上面数据表的应用，下面介绍员工资料的简单查询，具体操作步骤如下。

01 单击▼（取消筛选）按钮，如图20-111所示。

02 返回到员工资料数据表，如图20-112所示，在其中单击"创建"|"查询"选项卡中的▦（查询向导）按钮。

图20-111

图20-112

03 弹出"新建查询"对话框，从中选择"简单查询向导"选项，单击"确定"按钮，如图20-113所示。

04 在对话框中将可用字段"姓名"和"联系电话"指定到右侧的"选定字段"中，如图20-114所示，单击"下一步"按钮。

05 进入如图20-115所示的对话框，从中使用默认选项，单击"下一步"按钮，如图20-115所示。

06 进入如图20-116所示的对话框，单击"完成"按钮。

07 创建的查询如图20-117所示。

图20-113

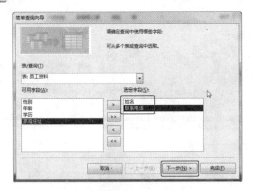

图20-114

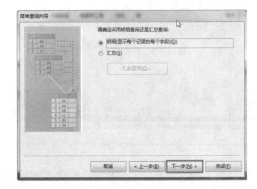

图20-115

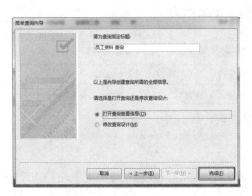

图20-116

图20-117

 ## 20.11 本章小结

本章主要介绍了数据表的应用，包括如何查看、修改和格式化数据表，并介绍了如何排序、筛选查询数据表等内容。通过对本章的学习，读者可以学会如何查看、修改和格式化数据表，并学会如何使用各种排序、筛选和查询。

第21章 窗体、报表和打印

本章主要介绍窗体和报表的使用方法，包括如何创建基本报表、使用报表向导创建报表、创建空报表等，还介绍了如何设计销售记录报表，其中包括格式化报表、创建计算字段等，最后还介绍了如何导入、导出数据以及打印报表。

21.1 为销售记录创建窗体

素材文件	素材\cha21\销售额.accdb	难易程度	★★☆☆☆
视频文件	视频\cha21\21.1为销售记录创建窗体.avi		

一般来说，通过窗体可以完成这些操作：显示和编辑数据、控制应用程序的流程、接收输入和显示信息。创建窗体的类型有许多种，下面介绍一种最为简单和常用的分割窗体。

分割窗体可以同时提供数据的两种视图窗体视图和数据表视图，这两种视图连接到同一数据源，并且总是保持相互同步。如果在窗体的一个部分中选择了一个字段，则会在窗体的另一部分中选择相同的字段。

使用分割窗体可以在一个窗体中同时利用两种窗体类型的优势。例如，可以使用窗体的数据表部分快速定位记录，然后使用窗体部分查看或编辑记录，具体的操作步骤如下。

01 打开或新建一个销售记录数据表，如图21-1所示。

02 单击"创建"｜"窗体"选项卡中的 🖼 （其他窗体）按钮，在弹出的菜单中选择"分割窗体"命令，如图21-2所示。

图21-1

图21-2

03 创建的分割窗体如图21-3所示。

04 在数据表中更改任何数据，窗体中数据都会随之改变，如图21-4所示。

通过显示出的窗体布局工具可以设置窗体效果，其他类型的窗体创建可以通过引导对话框创建，这里就不详细介绍了。

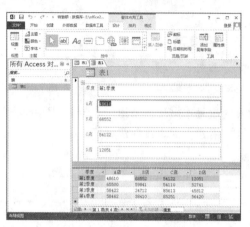

图21-3

图21-4

21.2 创建报表

视频文件	视频\cha21\21.2创建报表.avi
难易程度	★★☆☆☆

Access作为一种办公软件，优点之一便是它的简便、易用性，在创建报表时也是如此。虽然它提供了报表设置图来设计报表，但这是个很复杂的过程，需要了解数据库的一些详细情况，以及报表设计视图的使用方法。

21.2.1 创建基本报表

要创建当前查询或表中数据的基本报表，可以使用如下方法。

01 继续使用上面介绍的销售记录数据表，如图21-5所示，单击"创建"｜"报表"选项卡中的 （报表）按钮。

02 即可创建一个基本的报表窗口，如图21-6所示。

图21-5

图21-6

21.2.2 使用报表向导创建报表

使用报表向导创建报表的方法也相当简单，具体操作步骤如下。

01 选择需要创建报表的数据表，如图21-7所示。

02 打开"报表向导"对话框，如图21-8所示。

03 在"报表向导"对话框中将"可用字段"全部指定到"选定字段"下，如图21-9所示，单击"下一步"按钮。

04 进入如图21-10所示的向导，在对话框中可以设置优先级，从中单击"下一步"按钮。

05 进入如图21-11所示的向导对话框中，从中设置升序的字段，单击"下一步"按钮。

图21-7

图21-8

图21-9

图21-10

图21-11

06 进入如图21-12所示的向导对话框中，从中选择报表的布局，单击"下一步"按钮。

07 进入如图21-13所示的向导对话框，从中选择"预览报表"单选按钮，如图21-13所示，单击"完成"按钮。

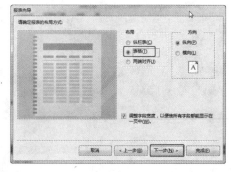

图21-12

图21-13

08 可以看到进入了打印预览的窗口，如图21-14所示，单击 ✕ （关闭打印预览）按钮。

09 退出打印预览后进入报表窗口，如图21-15所示。

图21-14	图21-15

21.2.3 创建空报表

创建空报表的具体操作步骤如下。

01 继续使用销售记录数据表进行介绍，如图21-16所示。

02 单击"创建"｜"报表"选项卡中的□（空报表）按钮，如图21-17所示。

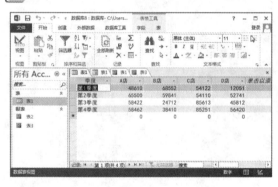

图21-16	图21-17

03 此时将会新建报表窗口，在右侧将显示"字段列表"窗格，如图21-18所示。

04 在右侧的"字段列表"窗格中双击需要添加的字段数据，即可在报表窗口中得以添加，如图21-19所示。

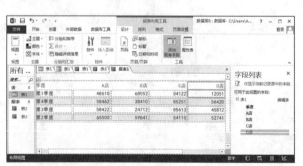

图21-18	图21-19

21.3 设计销售记录报表

效果文件	效果\cha21\销售记录-报表. accdb	难易程度	★★☆☆☆
视频文件	视频\cha21\21.3设计销售记录报表.avi		

　　使用Access可自动生成报表或根据"报表向导"创建报表，但它也有局限性，用户可以使用设计视图设计出符合自己要求的报表。

21.3.1 格式化报表

　　格式化报表包括：移动控件、对齐控件、改变控件大小/颜色和文本的颜色。

1. 移动控件

　　在创建窗体和报表时，通常要做的第一件事情就是将控件在窗体或报表中重新定位，可以使用鼠标拖曳控件来移动其位置。

> **提示**
>
> 上述操作可以先按住Shift键，然后单击多个控件，也可用鼠标框选多个控件，再进行移动。

2. 对齐控件

　　选择要对齐的控件右击，在弹出的快捷菜单中选择"对齐"命令，并在弹出的子菜单中选择合适的对齐，即可将一组控件按指定的方式对齐，如图21-20所示。

　　也可以切换到"排列"选项卡，从中设置大小、排列和对齐，如图21-21所示。

图21-20

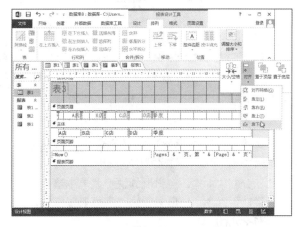

图21-21

3. 改变控件大小

　　选择要改变大小的控件，在弹出的菜单中选择"大小"命令，然后在弹出的子菜单中选择相关命令，即可调整控件的大小。也可以切换到"排列"选项卡，在其中设置大小。

4. 改变控件的颜色

每一类控件都有其相应的一组颜色方案，例如，有的颜色用于控件的背景，有的颜色用于控件中的文本。此外，大多数控件都有一个边框，边框可以有多种效果。

在选中控件后，切换到"格式"选项卡，通过使用控件格式中的 ♨（形状填充）和 ✎（形状轮廓），可改变控件的背景颜色和边框颜色。

5. 改变文本的颜色

选中文本后，切换到"格式"选项卡，通过设置 ▲（字体颜色）即可改变文本颜色。

21.3.2 创建计算字段

要在报表中显示汇总数据，就必须创建计算字段，利用计算字段可以计算所需数据，并且能够把它在计算空间中显示出来。

计算字段的数据来源并不是数据库表中直接存放的数据，而是表达式，表达式可以直接使用表或查询中存放的数据，在控件中具有"控件来源"属性的控件一般都可以作为一个计算控件来使用。

创建计算字段的操作步骤如下。

01 选择报表数据，选择"报表设计工具"｜"设计"选项卡，单击 ▥（视图）按钮，在弹出的菜单中选择"设计视图"命令，如图21-22所示。

02 单击"报表设计工具"｜"设计"｜"控件"选项卡中的 ab｜（文本框）按钮，如图21-23所示。

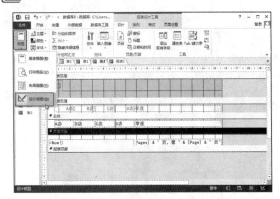

图21-22

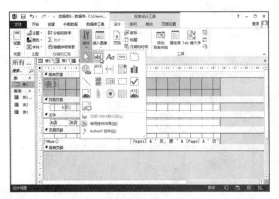

图21-23

03 在报表的"主体"节中单击放置该控件，如图21-24所示。

04 调整添加的文本框的位置，并在文本框中输入"销售额"，如图21-25所示。

05 鼠标右击文本框，在弹出的快捷菜单中选择"报表属性"命令，弹出右侧的"属性表"窗格，如图21-26所示。

06 选择"未绑定"文本框，在"表属性"窗口中选择"全部"选项卡，从中单击"控件来源"后的 … 按钮，如图21-27所示。

07 弹出"表达式生成器"对话框，如图21-28所示。

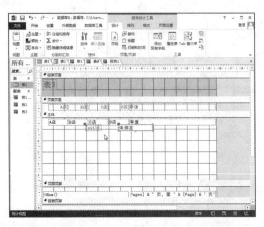

图21-24

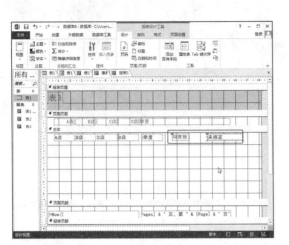

图21-25

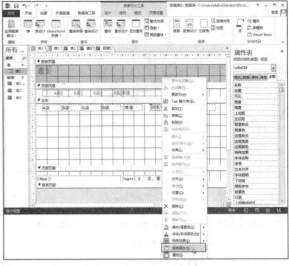

图21-26

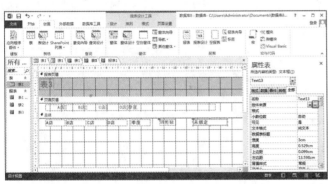

图21-27

图21-28

08 在"表达式生成器"对话框中输入表达式"A店+B店+C店+D店",单击"确定"按钮,如图21-29所示。

09 此时返回到设计窗口,如图21-30所示。

图21-29

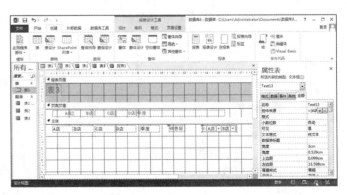

图21-30

10 选择"报表设计工具"|"设计视图"选项卡,从中单击 （布局视图）按钮,如图21-31所示。

11 查看创建的计算字段,如图21-32所示。

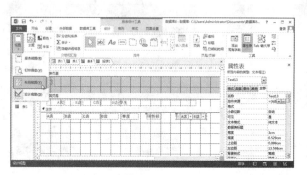

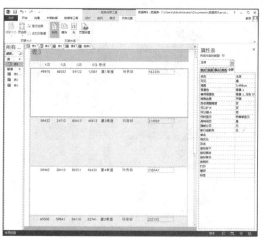

图21-31 图21-32

21.4 导入和导出数据

素材文件	素材\cha11\降雨深度和灌溉面积关系表. xlsx	难易程度	★★☆☆☆
视频文件	视频\cha21\21.4导入、导出数据.avi		

在Access 2013中，不仅可以导入或导出其他类型的文件，还可以将一个Access数据库中的对象导出到另一个Access数据库中。本章将介绍数据的导入和导出方法。

21.4.1 导入数据

导入就是对Access或者其他格式的数据文件做一个备份，然后把它存放到Access的数据库中。

Access可以导入很多种类型的数据文件，例如dBaseIV文件、Paradox文件、HTML文件、Excel文件、Exchange文件、Outlook文件等。

下面介绍如何导入Excel数据文件，具体的操作步骤如下。

01 打开Access文件，选择"外部数据"｜"导入并链接"选项卡，在其中单击 (Excel) 按钮，如图21-33所示。

02 弹出"获取外部数据-Excel电子表格"对话框，如图21-34所示。

图21-33 图21-34

03 单击"指定对象定义的来源"文本框后的"浏览"按钮,在弹出的"打开"对话框中选择一个前面章节中制作的Excel数据即可,如图21-35所示,单击"打开"按钮。

04 指定文件后如图21-36所示,单击"确定"按钮。

图21-35

图21-36

05 进入"导入数据表向导"对话框,在其中勾选"第一行包含标题"复选框,如图21-37所示,单击"下一步"按钮。

06 进入如图21-38所示的向导中,设置字段选项,单击"下一步"按钮。

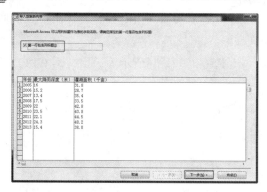

图21-37

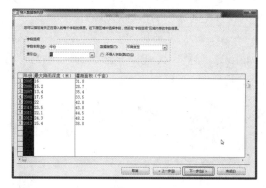

图21-38

07 进入如图21-39所示的向导中,从中选择"我自己选择主键"单选按钮,选择年份为主键,单击"下一步"按钮。

08 进入如图21-40所示的向导,在其中为导入的数据命名,这里使用默认即可,单击"完成"按钮。

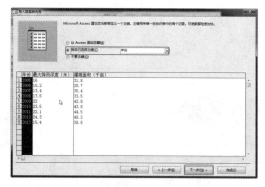

图21-39

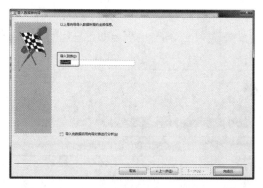

图21-40

09 弹出如图21-41所示的对话框，在其中单击"关闭"按钮。

10 导入的数据如图21-42所示。

图21-41　　　　　　　　　　　　　　　图21-42

用户可以根据向导导入其他格式的文件，这里就不详细介绍了。

21.4.2　导出数据

导出是把Access数据库中的数据做一个备份，并把这个备份传送到其他格式的文件中。

Access数据库中的数据可以导出到数据库、点子表格、文本文件和其他应用程序中，当然也可以把一个Access数据库中的对象导出到另一个Access数据库中。

如图21-43所示为选择导出Excel文件的"导出"向导。如图21-44所示为导出文本文件的"导出"向导。

图21-43　　　　　　　　　　　　　　　图21-44

根据"导出"向导的提示即可导出需要的文件。

21.5　打印报表

视频文件	视频\cha21\21.5打印报表.avi
难易程度	★☆☆☆☆

下面介绍打印报表的操作步骤。

01 当设置完一个报表后，如图21-45所示为销售记录报表。

02 选择"开始" | "视图"选项卡，在其中单击 🔍（打印预览）按钮，如图21-46所示。

图21-45　　　　　　　　　　　　　　　　图21-46

03 进入打印预览视图，如图21-47所示。

04 在"打印预览"选项卡中选择页面的布局类型、显示比例页面大小，在此设置页面的"横向"布局方式，如图21-48所示。

图21-47　　　　　　　　　　　　　　　　图21-48

05 这时为页面设置了一个较宽的页边距，如图21-49所示。

06 在打印预览中，如果出现如图21-50所示的效果，关闭打印预览，必须切换到"设计视图"对其进行调整，如图21-51所示。

07 在设计视图中调整文本框的位置，如图21-52所示。

08 在设计视图中调整好报表后，继续打印预览看一下效果，如图21-53所示。如果对打印预览的效果不满意，可以继续返回到设计视图中进行调整。

09 单击 🖨（打印）按钮，通过向导设置，即可

图21-49

对当前预览的表进行打印输出。

图21-50

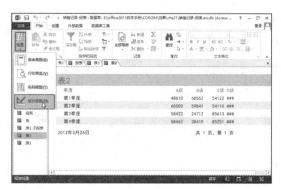

图21-51

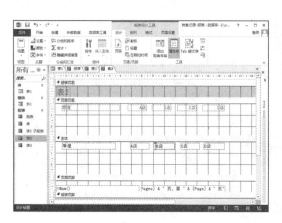

图21-52

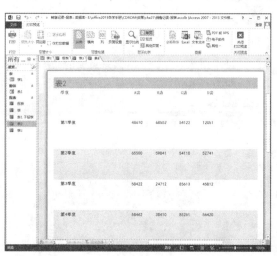

图21-53

21.6 综合应用1——导入员工和员工编号并创建报表

效果文件	素材\cha11\员工和员工编号.xlsx	难易程度	★★☆☆☆
视频文件	视频\cha21\21.6导入员工和员工编号并创建报表.avi		

本节利用导入数据来介绍如何创建简单的报表，具体操作步骤如下。

01 运行Access软件，新建空白数据库，如图21-54所示。单击"表格工具"｜"外部数据"｜"导入并链接"选项卡中的 （Excel数据）按钮。

02 弹出"获取外部数据-Excel电子表格"对话框，如图21-55所示，单击"指定对象定义的来源"文本框后的"浏览"按钮。

03 在弹出的"打开"对话框中选择光盘中的文件"素材\cha11\员工和员工编号"，如图21-56所示，单击"打开"按钮。

04 在"获取外部数据-Excel电子表格"对话框中单击"确定"按钮，如图21-57所示。

图21-54

图21-55

图21-56

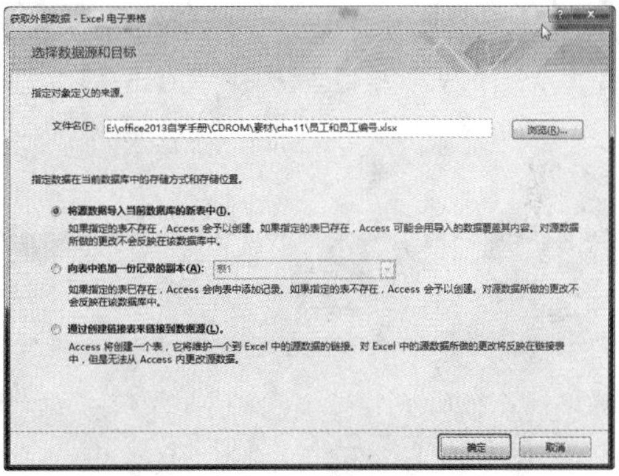

图21-57

05 进入"导入数据表向导"对话框，选择"显示工作表"单选按钮，并在右侧的列表框中选择"Sheet2"，如图21-58所示。

06 单击"下一步"按钮，进入如图21-59所示的向导对话框，在其中勾选"第一行包含列标题"复选框，如图21-59所示。

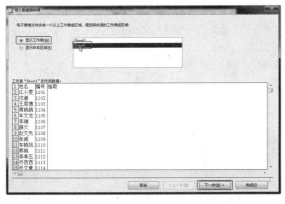

图21-58

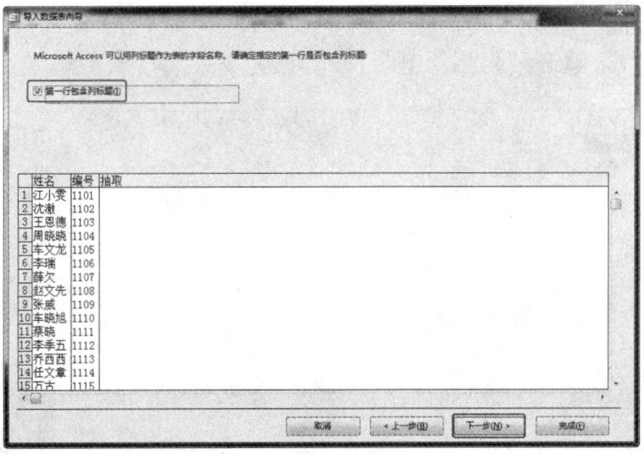

图21-59

07 单击"下一步"按钮，进入如图21-60所示的向导对话框。

08 单击"下一步"按钮，进入如图21-61所示的向导对话框中，从中选择"我自己选择主键"单选按钮，选择"姓名"为主键。

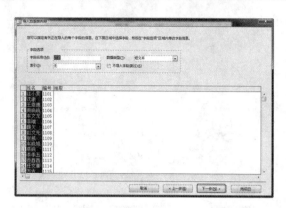

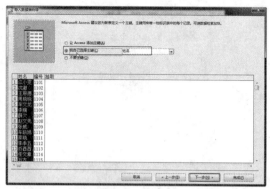

图21-60 图21-61

09 单击"下一步"按钮,进入如图21-62所示的向导对话框,在"导入到表"文本框中输入名称,单击"完成"按钮。

10 弹出如图21-63所示的对话框,从中单击"关闭"按钮。

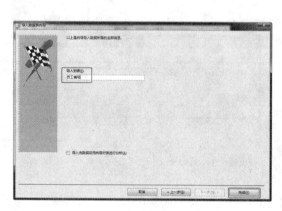

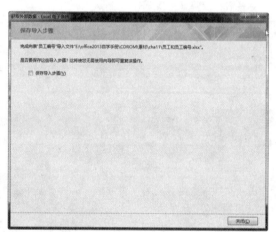

图21-62 图21-63

11 导入到Access中的Excel数据,如图21-64所示。

12 单击"表格工具" | "创建" | "报表"选项卡中的 (报表)按钮,如图21-65所示。

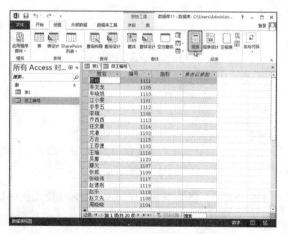

图21-64 图21-65

13 创建的报表如图21-66所示。

图21-66

21.7 综合应用2——创建厨房采购记录计算字段

效果文件	素材\cha21\厨房采购记录.xlsx	难易程度	★★☆☆☆
视频文件	视频\cha21\21.7创建厨房采购记录计算字段.avi		

下面学习如何在报表中创建计算字段，具体操作步骤如下。

01 新建数据库，单击"表格工具"|"外部数据"|"导入并链接"选项卡中的（Excel数据）按钮，如图21-67所示。

02 弹出"获取外部数据-Excel电子表格"对话框，如图21-68所示。单击"指定对象定义的来源"文本框后的"浏览"按钮。

03 弹出"打开"对话框，从中选择光盘中的文件"素材\cha21\厨房采购记录"，如图21-69所示，单击"打开"按钮。

图21-67

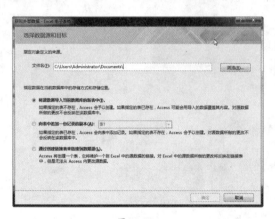

图21-68 图21-69

04 打开数据后，在"获取外部数据-Excel电子表格"对话框中单击"确定"按钮，如图21-70所示。

05 弹出"导入数据表向导"对话框，在其中勾选"第一行包含标题"复选框，单击"下一步"按钮，如图21-71所示。

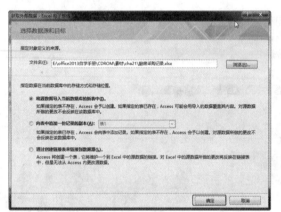

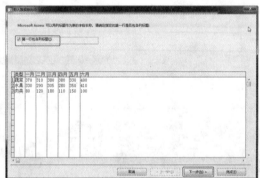

图21-70 图21-71

06 进入如图21-72所示的向导对话框中，单击"下一步"按钮。

07 进入如图21-73所示的向导对话框中，从中选择"我自己选择主键"单选按钮，单击"下一步"按钮。

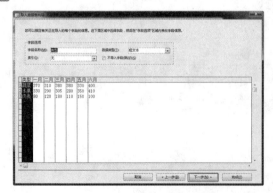

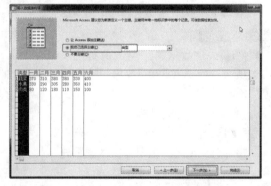

图21-72 图21-73

08 进入如图21-74所示的向导对话框中，从中命名导入的表名称，单击"完成"按钮。

09 进入"获取外部数据-Excel电子表格"对话框，单击"完成"按钮，如图21-75所示。

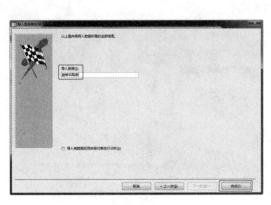
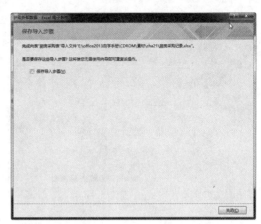

图21-74   图21-75

10 导入到Access中的Excel数据如图21-76所示。

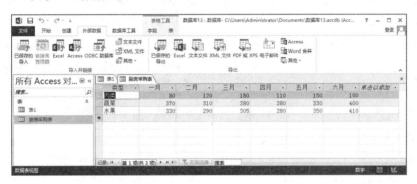

图21-76

11 单击"表格工具"|"创建"|"报表"选项卡中的 (报表向导)按钮,弹出"报表向导"对话框,如图21-77所示。

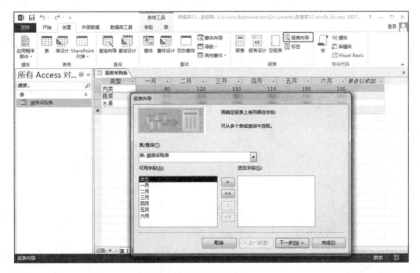

图21-77

12 在"报表向导"对话框中将"可用字段"全部指定到右侧的"选定字段"列表框中,如图21-78所示,单击"下一步"按钮。

13 弹出如图21-79所示的向导对话框，单击"下一步"按钮。

图21-78

图21-79

14 弹出如图21-80所示的向导对话框，设置顺序，单击"下一步"按钮。

15 弹出如图21-81所示的向导对话框，在"布局"选项组中选择"表格"单选按钮，在"方向"选项组中选择"横向"单选按钮，单击"下一步"按钮。

图21-80

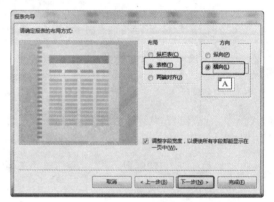

图21-81

16 进入如图21-82所示的向导对话框，从中选择"预览报表"单选按钮，单击"完成"按钮。

17 导入到Access中的数据如图21-83所示，可以看到顺序错了，这时就必须回到设计视图中对其进行修改，单击 ☒ 按钮。

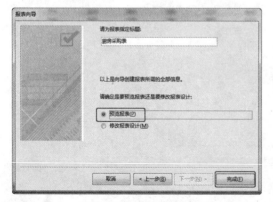

图21-82

图21-83

18 进入报表设计视图，在其中调整"页眉"中文本框的大小和位置，如图21-84所示。

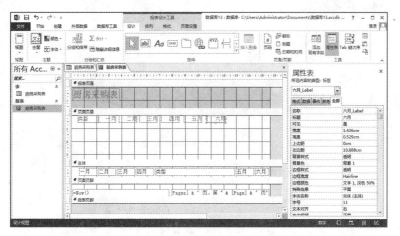

图21-84

19 采用同样的方法设置"主题"中文本框的大小和位置，如图21-85所示。

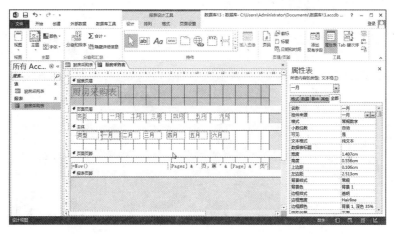

图21-85

20 调整设计视图的表格宽度，如图21-86所示。

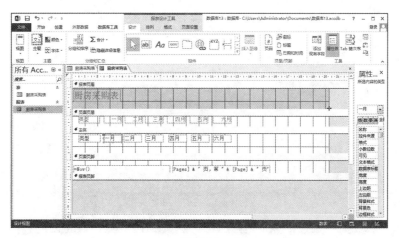

图21-86

21 单击"报表设计工具"｜"设计"｜"控件"选项卡中的 ⓐⓑ（文本框）按钮，在"主体"中如图21-87 所示的位置创建文本框。

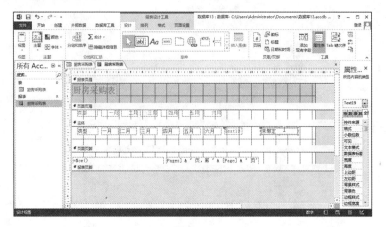

图21-87

22 输入文本为"总计"，如图21-88所示。

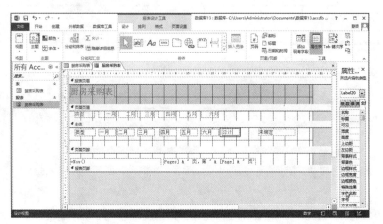

图21-88

23 选择"未绑定"文本框，在"属性表"窗格中选择"全部"选项卡，从中单击"控件来源"后的 … 按钮，如图21-89所示。

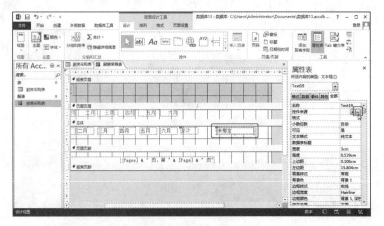

图21-89

24 在弹出的"表达式生成器"对话框中输入表达式"一月+二月+三月+四月+五月+六月",如图21-90所示,单击"确定"按钮。

图21-90

25 设置的表达式如图21-91所示。

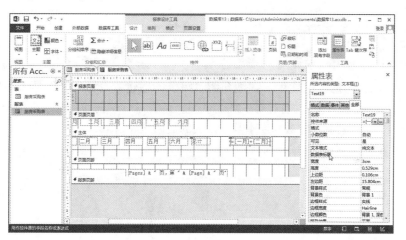

图21-91

26 单击"报表设计工具"│"设计"│"视图"选项卡中的 (报表视图)按钮,如图21-92所示。

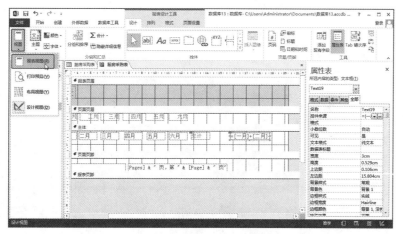

图21-92

此时可以看到完成的报表效果，如图21-93所示。

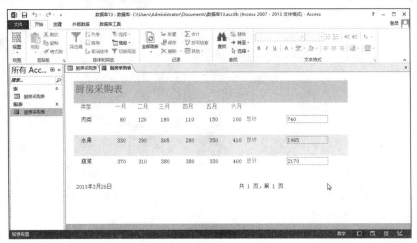

图21-93

21.8 本章小结

　　本章主要介绍窗体的相关知识，详细介绍了报表的创建和设计、如何导入和导出Access数据，以及如何打印报表等内容。通过对本章的学习，读者可以学会如何创建窗体和报表，学会设置报表和打印报表，以及导入到数据库中其他格式的数据和导出Access数据等操作。

Outlook电子邮件应用篇

Outlook是Microsoft Office套装软件的组件之一，它对Windows自带的Outlook express的功能进行了扩充。Outlook的功能很多，可以用它来收发电子邮件、管理联系人信息、记日记、安排日程、分配任务等。

第22章 使用邮件

本章主要介绍Outlook的基础知识，如创建Outlook账户、发送和接收邮件、查看与处理邮件等基本操作。

22.1 创建Outlook账户

视频文件	视频\cha22\22.1创建Outlook账户.avi	难易程度	★☆☆☆☆

启动Outlook时，用户需要先创建账户，下面以新浪邮箱账户为例创建Outlook账户，具体操作如下。

01 启动Outlook 2013，进入欢迎界面，如图22-1所示。

02 单击"下一步"按钮，即可弹出账户配置对话框，在该对话框中选择"是"单选按钮，如图22-2所示。

图22-1

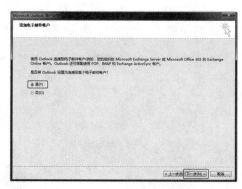
图22-2

03 单击"下一步"按钮，弹出"添加账户"对话框，在该对话框中选择"手动设置或其他服务器类型"单选按钮，如图22-3所示。

04 单击"下一步"按钮，弹出对话框，从中选择服务为"POP或IMAP(P)"选项，如图22-4所示。

图22-3

图22-4

05 单击"下一步"按钮，在弹出的对话框中设置"用户信息"、"服务器信息"和"登录信息"，设置完成后，单击"其他设置"按钮，如图22-5所示。

06 弹出"Internet电子邮件设置"对话框，选择"发送服务器"选项卡，从中勾选"我的发送服务器（SMTP）要求验证"复选框，并选择"使用与接收邮件服务器相同的设置"单选按钮，单击"确定"按钮，如图22-6所示。

07 回到如图22-5所示的对话框，单击"下一步"按钮，弹出"测试账户设置"对话框，测试完毕后单击"关闭"按钮，如图22-7所示。

图22-5

图22-6

图22-7

08 回到"添加账户"对话框，单击"完成"按钮，如图22-8所示。

09 这样即创建了Outlook用户，启动Outlook界面，如图22-9所示。

图22-8

图22-9

22.2 发送与接收邮件

视频文件	视频\cha22\22.2发送与接收邮件.avi	难易程度	★★☆☆☆

当要发送一个邮件或传真时，首先要创建一个邮件，然后确定收件人的地址，填写邮件的主题及内容，并且设置邮件的其他选项，最后将邮件发送出去。

22.2.1 发送邮件

在发送邮件之前，必须要创建邮件，编辑邮件后，就可以发送邮件了。发送邮件的具体操作步骤如下。

01 启动Outlook 2013，单击"开始"｜"新建"选项卡中的 ▣（新建电子邮件）按钮，如图22-10所示。

02 执行该命令后，弹出如图22-11所示的对话框。

图22-10

图22-11

03 在邮件编辑窗口中的"收件人"文本框中输入收件人的E-mail地址；在"主题"文本框中输入文件的主题；在邮件正文区域中输入邮件的内容，如图22-12所示。

04 创建邮件后，在邮件编辑窗口中单击 ▣（发送）按钮，如图22-13所示。

图22-12

图22-13

05 发送邮件后进入Outlook界面，在左侧的命令列表中选择"已发送邮件"，可以看到已发送的邮件信息，如图22-14所示。

图22-14

22.2.2　接收邮件

如果想接收邮件，具体操作步骤如下。

01 链接到Internet，切换到"发送/接收"选项卡，在其中单击 （发送/接收所有文件夹）按钮，如图22-15所示。

02 如果用户有多个账户，则在单击 （发送/接收所有文件夹）按钮后，Outlook会一次接收各个账号下的邮件。如果只想接收某一个账户下的邮件，选择"发送/接收"选项卡，在"发送和接收"选项组中单击 （发送/接收组）按钮，在弹出的菜单中选择相应的账号，如图22-16所示。

图22-15

图22-16

22.3　查看与处理邮件

视频文件	视频\cha22\22.3查看与处理邮件.avi	难易程度	★★☆☆☆

本节将介绍阅读、答复、转发邮件等操作的知识。

22.3.1　阅读邮件

阅读邮件的操作步骤如下。

01 单击左侧列表中的"收件箱"，打开收件箱窗口，收件箱列表中显示了邮件的发送者、发送时间和邮件主题，如图22-17所示。

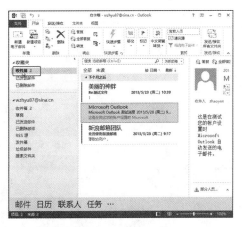
图22-17

02 双击即可打开一个窗口，打开需要查阅的邮件，如图22-18所示。

图22-18

22.3.2 回复邮件

如果用户阅读完邮件后需要回复邮件，具体操作步骤如下。

01 确定为查阅"邮件"窗口，选择"邮件"｜"响应"选项卡，在其中单击 （答复）按钮，如图22-19所示。

02 在回复邮件的窗口中输入"收件人"、"主题"和内容，单击 （发送）按钮，即可发送邮件，如图22-20所示。

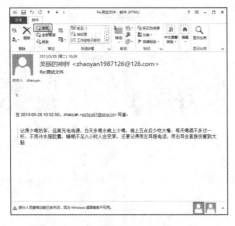

图22-19

图22-20

03 如果要回复全部邮件，可以单击"邮件"｜"响应"选项卡中的 （全部答复）按钮，如图22-21所示。

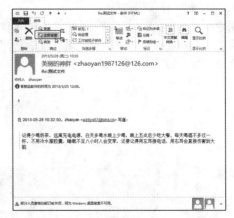

图22-21

22.3.3　转发邮件

如果需要将收到的邮件转发给其他人，其具体操作步骤如下。

01 在"收件箱"中选择要转发的邮件，单击 📨（转发）按钮，如图22-22所示。

02 即可对文件进行转发，在"收件人"文本框中输入地址，然后单击 📧（发送）按钮，即可转发该邮件，如图22-23所示。

图 22-22

图 22-23

22.3.4　删除邮件

如果要删除不需要的邮件时，其具体操作步骤如下。

01 在"收件箱"中单击要删除的邮件，单击后面显示的 ✖（删除）按钮即可删除邮件，如图22-24所示。

02 或者是选择"开始"｜"删除"选项卡中的一种删除方式，如图22-25所示。

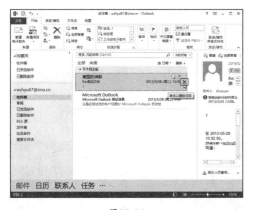

图 22-24

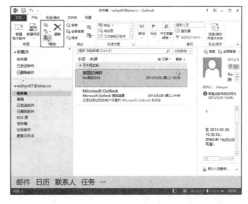

图 22-25

22.3.5　设置信纸

在Outlook 2013中，为了更好地美化邮件，可以为邮件添加信纸，添加信纸的具体操作步骤如下。

01 打开Outlook窗口，选择"文件"选项卡，从中选择"选项"命令，如图22-26所示。

02 弹出"Outlook选项"对话框，在其中单击"邮件"|"信纸和字体"按钮，如图22-27所示。

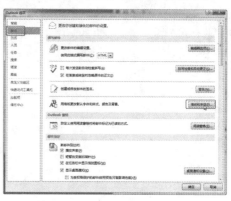

图22-26   图22-27

03 弹出"签名和信纸"对话框，在"用于新HTML电子邮件的主题或信纸"选项组中单击"主题"按钮，如图22-28所示。

04 弹出"主题或信纸"对话框，从中选择一种主题，如图22-29所示。

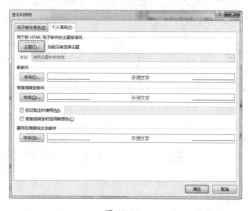

图22-28   图22-29

05 指定主题后，进入"签名和信纸"对话框，在其中单击"确定"按钮，如图22-30所示。

06 回到Outlook中，单击"开始"|"新建"选项卡中的 ▭ （新建电子邮件）按钮，即可查看到添加信纸的效果，如图22-31所示。

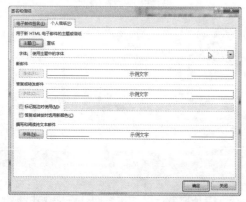

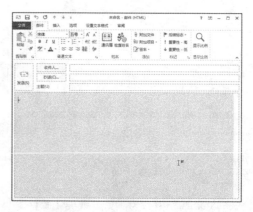

图22-30   图22-31

22.4 综合应用1——使用Outlook发送邮件

视频文件	视频\cha22\22.4使用Outlook发送邮件.avi	难易程度	★★☆☆☆

使用Outlook发送邮件时，其具体操作步骤如下。

01 运行Outlook软件，单击"开始"|"新建"选项卡中的 ▭ （新建电子邮件）按钮，如图22-32所示。

02 弹出邮件窗口，如图22-33所示。

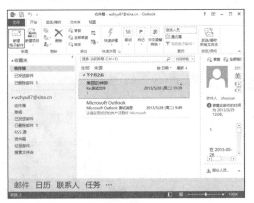

图22-32

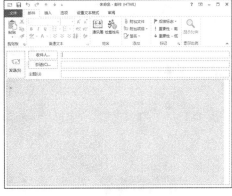

图22-33

03 在其中输入"收件人"和"主题"，并输入内容，如图22-34所示。设置完成后单击 ▭ （发送）按钮，即可将邮件发送出去。

04 发送邮件后进入Outlook界面，在左侧的命令列表中选择"已发送邮件"，可以看到已发送的邮件信息，如图22-35所示。

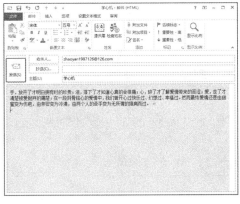

图22-34

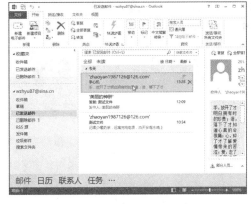

图22-35

22.5 综合应用2——转发邮件

视频文件	视频\cha22\22.5转发邮件.avi	难易程度	★★☆☆☆

下面将学习如何转发邮件，其具体操作步骤如下。

01 运行Outlook，在当前的界面中可以选择收件箱或已发送的邮件，单击"开始"|"响应"选项卡中的🔄（转发）按钮，如图22-36所示。

提 示

选择文件后，在右侧的预览窗口中同样也有🔄（转发）按钮。

02 单击"转发"按钮后，在右侧的窗口中出现邮件的设置窗口，在其中输入"收件人"即可，如图22-37所示。

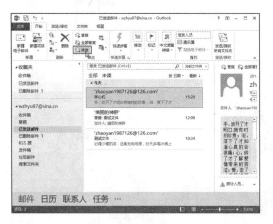

图22-36

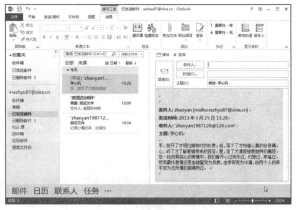

图22-37

03 或者是双击打开邮件，从中单击🔄（转发）按钮，如图22-38所示。

04 转发邮件设置"收件人"即可，单击✉（发送）按钮，即可将邮件发送出去，如图22-39所示。

图22-38

图22-39

 22.6 本章小结

　　本章主要介绍了如何创建Outlook账户，并介绍了如何使用Outlook发送、接收、阅读、答复、转发、删除等操作，同时介绍了如何设置邮件的信纸。通过对本章的学习，读者可以学会使用Outlook操作邮件。

第23章 管理日常工作

本章主要介绍如何使用Outlook 2013进行日常生活的安排和管理，以及使用日历、联系人、任务、日记和便笺等。

23.1 日历

视频文件	视频\cha23\23.1日历.avi	难易程度	★★☆☆☆

Outlook 2013的日历可以帮助用户把工作日程安排得井井有条，有效地提高工作效率。在日历中，用户可以安排约会和策划会议，还可以在用户设置的时间自动显示提示信息，以保证用户不会耽误工作。

23.1.1 日历的基本操作

用户在启动日历后，可以改变日历中的视图，对日历中过期的项目还可以删除。启动Outlook后，单击导航窗格中的"日历"按钮，即可进入到"日历"界面。

在"日历"界面中视图的显示方式有多种，以便用户安排或查询约会、会议。要改变日历中的视图，其具体操作如下。

01 单击Outlook 2013导航窗格中的"日历"按钮，打开"日历"界面，如图23-1所示。

02 单击"开始"｜"排列"选项卡中的▦（工作周）按钮，日历可以以工作周的方式显示，如图23-2所示。

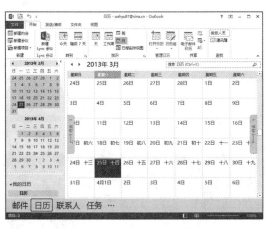

图23-1

图23-2

03 在"排列"选项组中单击▦（月）按钮，则日历以月的方式显示，如图23-3所示。

如果日历中创建有项目提示，可选择项目，单击"日历工具"｜"约会"｜"动作"选项卡中的✕（删除）按钮，即可将选中的项目删除掉，如图23-4所示。

图23-3   图23-4

23.1.2 约会

约会是在日历中限定时间的活动，这种活动在日常安排上占用时间不会超过24小时，并且不需要邀请其他人出席。创建约会的具体操作步骤如下。

01 启动Outlook 2013，单击导航窗格中的"日历"按钮，打开"日历"界面，如图23-5所示。

02 在日历中选择约会的日子，如3月25日，单击进入该天的时间中，如图23-6所示。

图23-5   图23-6

03 选择一个时间如3月25日18点，单击"开始"｜"新建"选项卡中的▦（新建约会）按钮，如图23-7所示。

04 弹出约会窗口，在其中设置"主题"、"地点"、"开始时间"和"结束时间"，如图23-8所示。设置好约会后单击"约会"｜"动作"选项卡中的▣按钮。

图23-7

图23-8

05 此时即可完成约会的创建。

23.1.3 安排会议

日历中的"安排会议"功能可以帮助用户快速地安排会议，"安排会议"将显示会议所涉及的人员和资源的闲/忙时间，这样对确定会议的时间是十分方便的。

要安排会议，具体的操作步骤如下。

01 启动Outlook 2013，在导航窗格中单击"日历"按钮，如图23-9所示。

02 在打开的"日历"界面中选择上午10点，选择"开始"｜"新建"选项卡，在其中单击（新建会议）按钮，如图23-10所示。

图23-9

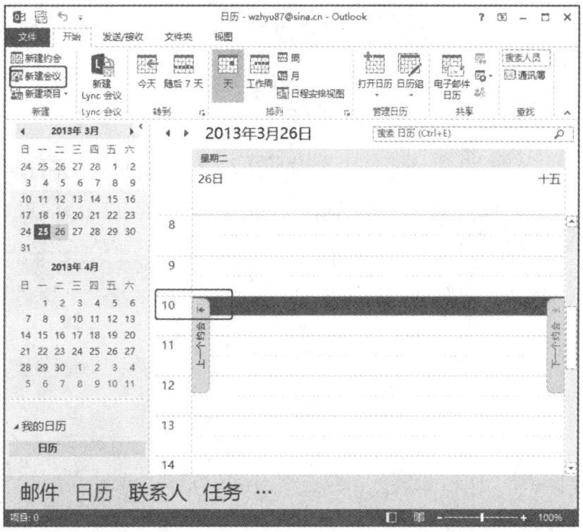

图23-10

03 单击该按钮后，即可打开"会议"对话框，如图23-11所示。

04 在该对话框中的"收件人"文本框中输入参加会议人员的邮件地址，输入"主题"和"地点"，如图23-12所示。

图23-11   图23-12

05 输入完成后，单击"发送"按钮，将会议邀请发送
出去。当会议约定时间到达提前提醒时间，会弹出
如图23-13所示的提示对话框。

图23-13

23.1.4 取消会议

要取消会议，具体操作步骤如下。

01 单击Outlook导航窗格中的"日历"按钮，打开"日历"界面。

02 双击要取消的会议，打开"会议"窗口。

03 切换到"会议"选项卡，在"动作"选项组中单击 （取消会议）按钮，如图23-14所示。用户可以
根据需要发送取消通知。

当取消会议但并不发送取消通知时，关闭"会议"窗口会弹出一个提示对话框，如图23-15所
示。用户可以根据情况在对话框中选择任意一项，然后单击"确定"按钮即可。

图23-14

图23-15

23.2 联系人

| 视频文件 | 视频\cha23\23.2联系人.avi | 难易程度 | ★★☆☆☆ |

"联系人"是指用户通信的人或单位。在Outlook中，用户可以存储相关联系人的信息。例如，单位、职务、移动电话、电子邮件地址以及附注等。

23.2.1 创建联系人

在Outlook中，为了轻松地找到特定的联系人，用户可以在Outlook 2013中添加经常联系的E-mail地址。添加联系人的具体操作如下。

01 启动Outlook，在导航窗格中单击"联系人"按钮，如图23-16所示。选择"开始"｜"新建"选项卡，在其中单击 (新建联系人)按钮。

02 在弹出的窗口中输入联系人的相关信息，输入后的效果如图23-17所示。

图23-16

图23-17

03 输入完成后，在"联系人"选项卡中的"动作"选项组中单击 (保存并关闭)按钮，保存联系人信息，如图23-18所示。采用同样的方法，用户可以添加其他联系人。

图23-18

23.2.2 查看联系人信息

在Outlook 2013中，用户可以随时查看联系人的信息。查看联系人信息的具体操作步骤如下。

01 打开Outlook软件，在导航窗格中选择"联系人"按钮，进入联系人界面。

02 在联系人界面中，联系人以名片的形式显示所有联系人的信息，如果要修改联系人的显示形式，可以切换到"开始"｜"当前视图"选项卡，从中选择一种显示方式，如图23-19所示。

03 这里选择了"卡片"方式显示联系人，如图23-20所示。

04 如果需要查看联系人的信息，在联系人所在的位置双击，即可查看该联系人的信息，如图23-21所示。

图23-19

图23-20

图23-21

23.2.3 删除联系人

要删除联系人，具体操作步骤如下。

01 启动Outlook，选择导航中的"联系人"按钮，打开联系人界面。

02 选择要删除的联系人，切换到"开始"｜"删除"选项卡，从中单击✕（删除）按钮即可。

> **提 示**
> 删除联系人后，不会删除与该联系人的互动邮件以及会议和约会内容。

23.2.4 查找联系人

如果联系人过多，用户可以通过Outlook 2013自带的"查找联系人"功能来自动查找，具体操作步骤如下。

01 将光标定位到"搜索联系人"文本框中，如图23-22所示。

02 在该文本框中输入需要查找人的信息，将会显示搜索提示，如图23-23所示。

图23-22 　　　　　　　　　　　　　　　　　　图23-23

03 按Enter键确定，查找搜索的结果将显示在联系人中。

　另一种方法是通过"高级查找"查找联系人的具体操作步骤。

01 将鼠标指针定位到"搜索联系人"文本框中，如图23-24所示。

02 切换到"搜索工具"｜"搜索"｜"选项"选项卡，在其中单击 (搜索工具) 按钮，在弹出的菜单中选择"高级查找"命令，如图23-25所示。

图23-24 　　　　　　　　　　　　　　　　　　图23-25

03 弹出"高级查找"对话框，如图23-26所示。

04 输入"查找文字"，单击"立即查找"按钮，即可查找出该字段的联系人，如图23-27所示。

图23-26 　　　　　　　　　　　　　　　　　　图23-27

23.2.5 编辑联系人的名片

用户在打印或者发送联系人名片之前，可以对名片的显示内容和形式进行设置。编辑联系人的名片时，具体操作步骤如下。

01 打开Outlook，选择导航中的"联系人"，在界面中选择要进行编辑的联系人，如图23-28所示。

02 双击需要设置名片的联系人，打开"联系人"对话框，在其中单击"联系人"｜"选项"选项卡中的（名片）按钮，如图23-29所示。

图23-28

图23-29

03 弹出"编辑名片"对话框，如图23-30所示。

04 单击"卡片设计"选项组中的"背景"按钮，弹出"颜色"对话框，从中选择合适的背景颜色，如图23-31所示。

图23-30

图23-31

05 设置背景后，效果如图23-32所示。

06 另外，还可以设置背景图像和 **A**（字体颜色），如图23-33所示。

07 设置名片后，单击（保存并关闭）按钮，可以看到设置的名片，如图23-34所示。

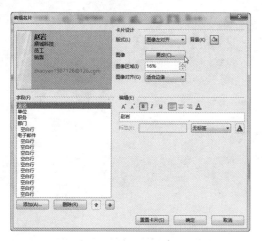

图23-32

图23-33

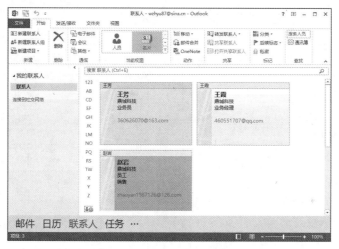

图23-34

23.3　任务

视频文件	视频\cha23\23.3任务.avi	难易程度	★★☆☆☆

　　任务是一项属于个人或工作上的责任与事务，且在完成过程中要对其进行跟踪，用户一次只能向任务列表中添加一项定期任务。

23.3.1　创建任务

　　要创建任务时，其具体操作步骤如下。

01 打开Outlook，在导航中单击"任务"按钮，打开"任务"界面，如图23-35所示。

02 选择"开始"|"新建"选项卡，单击 （新建任务）按钮，在弹出的"任务"窗口中输入任务的内容，在"开始日期"和"截止日期"下拉列表中选择任务时间，如图23-36所示。

图 23-35

图 23-36

03 在窗口中设置"状态"为"进行中",如图23-37所示。

04 设置完成后,单击 🗗(保存并关闭)按钮,即可添加任务,如图23-38所示。

图 23-37

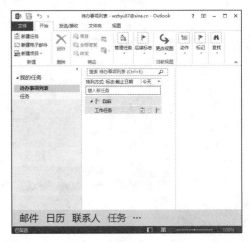

图 23-38

23.3.2 打开任务

要打开任务,其具体操作步骤如下。

01 打开任务界面。

02 在任务界面的任务列表中选择要打开的任务,然后双击鼠标,即可打开任务。

23.3.3 删除任务

要删除任务,其具体操作步骤如下。

01 打开任务界面。

02 在任务界面的任务列表中选择要删除的任务,选择"开始" | "删除"选项卡,从中单击✕(删除)按钮,即可将选中的任务删除。

23.3.4 分配任务

在Outlook 2013中，用户可以根据需要将任务分配给下属完成。分配任务的具体操作步骤如下。

01 打开任务界面，选择一个任务，右击鼠标，在弹出的快捷菜单中选择"分配任务"命令，如图23-39所示。

02 弹出如图23-40所示的界面。

图23-39

图23-40

03 单击"收件人"按钮，弹出"选择任务收件人"对话框，如图23-41所示。

04 双击需要接受任务的收件人，即可添加，如图23-42所示，单击"确定"按钮。

图23-41

图23-42

05 确定收件人后，单击 ▭（发送）按钮，弹出如图23-43所示的提示框，单击"确定"按钮，即可发送邮件给收件人。

图23-43

23.4 日记

视频文件	视频\cha23\23.4日记.avi		难易程度	★★☆☆☆

日记可以记录重要联系人的交流活动、重要的项目或文件，以及记录所有类型的活动等。

23.4.1 创建日记条目

创建日记条目的操作步骤如下。

01 运行Outlook，单击导航中的…（省略号）按钮，弹出快捷菜单，从中选择"文件夹"命令，如图23-44所示。

02 在窗口的左侧显示出一些列表项，如图23-45所示。

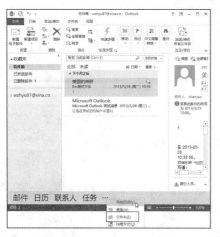

图23-44

图23-45

03 在左侧列表中选择"日记"选项，如图23-46所示。

04 选择"开始"｜"新建"选项卡，在其中单击（日记条目）按钮，如图23-47所示。弹出日记条目窗口，在日记条目窗口中输入"主题"和"条目类型"，并输入日记的内容，单击（保存并关闭）按钮即可。

图23-46

图23-47

23.4.2 打开日记条目

要打开日记条目，其具体操作步骤如下。

01 单击导航中的…（省略号）按钮，弹出菜单，从中选择"文件夹"命令，在左侧的项目列表中选择"日记"。

02 弹出日记界面，在界面中选择要查看的日记条目，双击要打开的日记条目，即可打开该日记条目。

23.5 便笺

视频文件	视频\cha23\23.5便笺.avi	难易程度	★★☆☆☆

"便笺"可记下问题、想法、提醒及任何要写在便笺上的内容，工作时可让便笺在屏幕上呈打开状态，以便随时使用，当然Outlook可自动保存对便笺所做的更改。

23.5.1 创建便笺

创建便笺时，可执行以下操作步骤。

01 单击导航中的…（省略号）按钮，弹出菜单，从中选择"文件夹"命令，在左侧的项目列表中选择"便笺"。如图23-48所示为便笺窗口，选择"开始"｜"新建"选项卡，在其中单击 （新建便笺）按钮。

02 选择新建便笺后，即可弹出如图23-49所示的窗口。

03 在便笺中输入内容，如图23-50所示。

04 在 便笺上单击，弹出快捷菜单，从中选择"保存并关闭"命令，如图23-51所示。

图23-48

图23-49

图23-50

图23-51

23.5.2 打开便笺

如需要打开便笺，可执行以下操作。

01 单击导航中的…（省略号）按钮，弹出菜单，从中选择"文件夹"命令，在左侧的项目列表中选择"便笺"，打开便笺窗口。

02 双击要打开的标签图标，即可打开便笺。

23.5.3 更改便笺的大小

要更改便笺的大小，具体操作步骤如下。

01 单击导航中的…（省略号）按钮，弹出菜单，从中选择"文件夹"命令，在左侧的项目列表中选择"便笺"，打开便笺窗口。

02 双击打开便笺。

03 将鼠标指针移到便笺的任意边框或其右下角，待鼠标指针变为双向箭头时，按住鼠标左键不放并进行拖动，即可改变便笺的大小。

23.5.4 删除便笺

要删除便笺，其具体操作步骤如下。

01 启动Outlook 2013，打开便签窗口。

02 选择需要删除的便笺。

03 选择"开始"｜"删除"选项卡，在其中单击✖（删除）按钮，即可将选中的任务删除。

23.6 综合应用1——发送会议邮件

视频文件	视频\cha23\23.6发送会议邮件.avi	难易程度	★★☆☆☆

本节通过下面的实例来学习如何群发会议邮件，具体操作步骤如下。

01 启动Outlook 2013，在导航窗格中单击"日历"按钮，在打开的"日历"界面中选择"开始"｜"新建"选项卡，在其中单击🞀（新建会议）按钮，如图23-52所示。

02 弹出"会议"界面，从中单击"收件人"按钮，如图23-53所示。

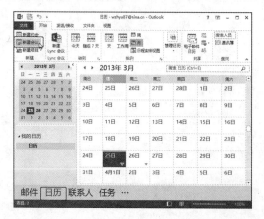

图23-52

图23-53

03 弹出"选择与会者及资源：联系人"对话框，在该对话框中双击需要参加会议的联系人，如图23-54所示，单击"确定"按钮。

04 添加联系人后，输入会议主题与地点，设置开始时间和结束时间，如图23-55所示，单击 ▭（发送）按钮即可。

图 23-54

图 23-55

05 将会议邀请发送出去后，当会议约定时间到达提前提醒时间时，就会弹出提醒会议对话框。

23.7　综合应用2——记录日常工作

视频文件	视频\cha23\23.7记录日常工作.avi	难易程度	★★☆☆☆

本节学习记录日常工作的命令，这里使用了日记的形式对其进行记录，具体操作步骤如下。

01 运行Outlook，单击导航中的…（省略号）按钮，弹出菜单，从中选择"文件夹"命令，如图23-56所示。

02 在窗口的左侧显示出一些列表项，在列表项中选择"日记"选项，如图23-57所示。

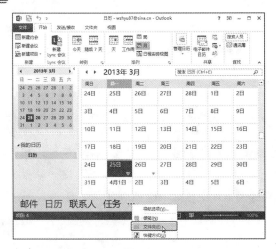

图 23-56

图 23-57

03 选择"开始"｜"新建"选项卡，在其中单击 📖（日记条目）按钮，如图23-58所示。

04 弹出日记条目窗口，在该窗口中输入"主题"和"条目类型"，如图23-59所示。

图23-58

图23-59

05 输入日记的内容，单击 📖（保存并关闭）按钮即可，如图23-60所示。

06 回到Outlook日记窗口中，可以看到添加的日记条目，如图23-61所示。

图23-60

图23-61

 # 23.8 本章小结

　　本章主要介绍了如何创建Outlook日历、联系人、任务、日记、便笺等记录和管理方式。通过对本章的学习，读者可以学会使用Outlook来记录和管理工作以及休闲娱乐信息。

Chapter

第6篇

综合案例篇

本篇作为全书的最后一篇,综合前面章节中介绍的Office各个软件的特点和功能,通过两个综合案例帮助读者全面、详实地了解和巩固有关Office软件中的重点、难点以及常用工具和命令。

第24章 综合案例
——未来三年的销售方案

效果文件	效果\cha24\未来三年的销售方案.docx	难易程度	★★★☆☆
视频文件	视频\cha24\未来三年的销售方案.avi		

　　本章介绍使用Word来制作未来三年的销售方案，其中将主要介绍文字样式、表格和SmartArt图形。

24.1　输入文本并设置样式

　　下面介绍为文档输入文本，设置文本的样式，并修改样式。

01 新建空白文档，在文档中输入文本，如图24-1所示。

02 框选文本，选择"开始"｜"样式"选项卡，从中选择"标题1"，将该文本作为标题1，如图24-2所示。

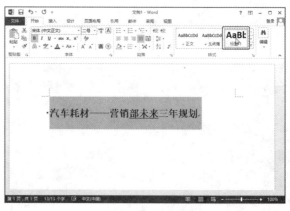

图24-1　　　　　　　　　　　　　　　图24-2

03 单击"开始"｜"样式"选项卡右下角的 ▫ （样式）按钮，弹出样式窗口，从中选择"标题1"右侧的下拉按钮，在弹出的菜单中选择"修改"命令，如图24-3所示。

04 弹出"修改样式"对话框，如图24-4所示。

05 单击"格式"按钮，在弹出的菜单中选择"段落"命令，如图24-5所示。

06 弹出"段落"对话框，从中设置"常规"选项组中的"对齐方式"为"居中"；在"间距"选项组中设置"段前"和"段后"参数为"0磅"，如图24-6所示。单击"确定"按钮，调整段落的样式。

07 返回到"修改样式"对话框，单击"格式"按钮，在弹出的菜单中选择"字体"命令，如图24-7所示。

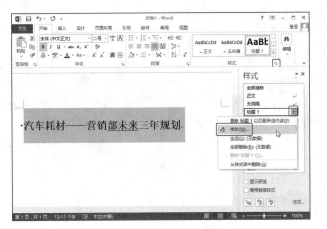 

图24-3 图24-4

图24-5 图24-6 图24-7

08 在弹出的"字体"对话框中，设置"字形"为"加粗"、"字号"为"三号"、"字体颜色"为深蓝色，如图24-8所示。

09 完成标题的效果，继续输入文本，设置文本的样式为"标题2"，如图24-9所示。

 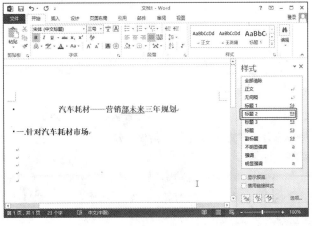

图24-8 图24-9

10 单击"标题2"右侧的下拉按钮，在弹出的菜单中选择"修改"命令，弹出"修改样式"对话框，单击"格式"按钮，在弹出的菜单中选择"段落"命令，如图24-10所示。

11 弹出"段落"对话框，从中设置"常规"选项组中的"对齐方式"为"左对齐"；在"间距"选项组中设置"段前"和"段后"参数为"0磅"，如图24-11所示，单击"确定"按钮，调整段落2的样式。

12 返回到"修改样式"对话框，单击"格式"按钮，在弹出的菜单中选择"字体"命令，如图24-12所示。

图24-10　　　　　　　　　图24-11　　　　　　　　　图24-12

13 在弹出的"字体"对话框中，设置"字形"为"加粗"、"字号"为"四号"、"字体颜色"为黑色，单击"确定"按钮，如图24-13所示。

14 设置标题2的效果后，可以为其重新选择一种字体，这里选择了"黑体"，如图24-14所示。

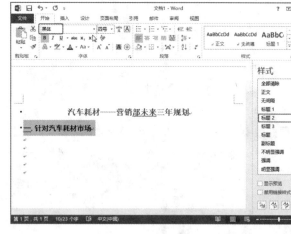

图24-13　　　　　　　　　图24-14

15 继续输入文本，如图24-15所示，设置样式为"正文"。

16 打开正文的"修改样式"对话框，从中选择"格式"按钮，在弹出的菜单中选择"段落"命令，如图24-16所示。

17 弹出"段落"对话框，从中设置"缩进"选项组中的"特殊格式"为"首行缩进"；在"间距"选项组中设置"段前"和"段后"参数为"0磅"，如图24-17所示，单击"确定"按钮。

18 继续输入文本，如图24-18所示。

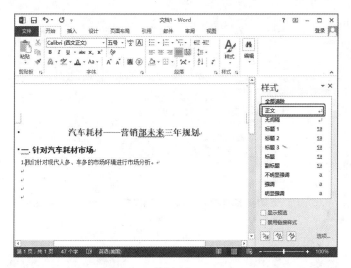

图24-15 图24-16

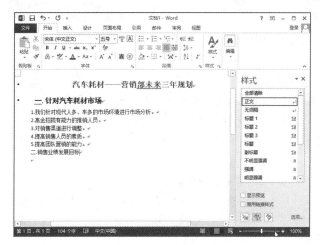

图24-17 图24-18

19 将光标放置到"标题2"的文本上,单击"开始"｜"剪贴板"选项卡中的 ✂ (格式刷)按钮,如图24-19所示。

20 刷出标题2的样式,继续创建文本,如图24-20所示。

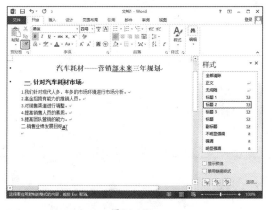

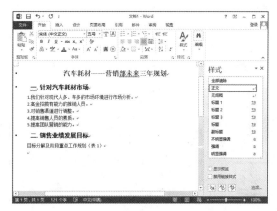

图24-19 图24-20

21 输入文本，并框选文本，单击"开始"|"字体"选项卡中的 **B**（加粗）按钮，并单击"段落"选项组中的 ☰（居中对齐）按钮，如图24-21所示。

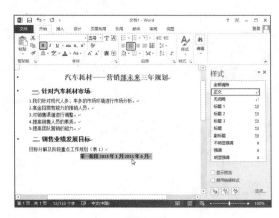

图 24-21

24.2　插入表格

下面将为文档插入表格，具体的操作步骤如下。

01 单击"插入"|"表格"选项卡中的 ▦（表格）按钮，在弹出的菜单中移动鼠标选择表格区域，如图24-22所示，单击确定插入表格。

02 在插入的表格中输入文本，如图24-23所示。

03 选择表格中的全部内容，在"表格工具"|"布局"|"单元格大小"选项卡中单击 ▦（自动调整）按钮，在弹出的菜单中选择"根据内容自动调整表格"命令，如图24-24所示。

04 选择右侧的如图24-25所示的单元格，单击"表格工具"|"布局"|"合并"选项卡中的 ▦（合并单元格）按钮。

05 合并单元格后，在单元格中输入文本，如图24-26所示。

图 24-22

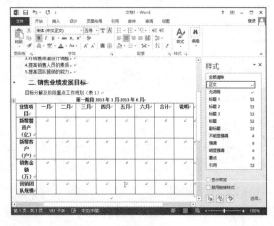

图 24-23

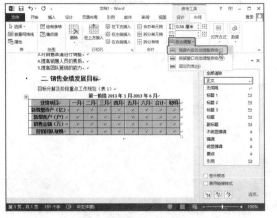

图 24-24

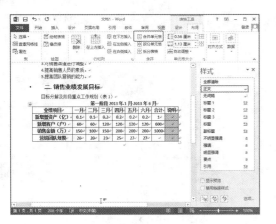

图24-25 图24-26

06 选择合并单元格中的文本，选择"页面布局"｜"页面设置"选项卡，在其中单击 (文字方向) 按钮，然后在弹出的菜单中选择"垂直"命令，如图24-27所示。

07 选择表格中的全部内容，单击"开始"｜"段落"选项卡中的 (居中) 按钮，如图24-28所示。

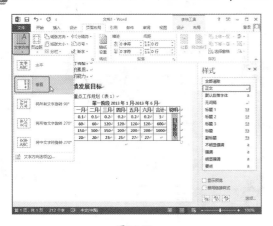

图24-27 图24-28

08 继续输入文本，如图24-29所示。

09 选择表格及文本，按快捷键Ctrl+C，将选择的内容进行复制，如图24-30所示。

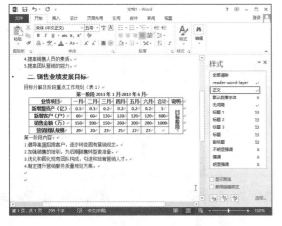

图24-29 图24-30

⑩ 将光标定位到文档的最后，按快捷键Ctrl+V，将复制的内容粘贴到指定的位置，如图24-31所示。

⑪ 修改表格中的内容，如图24-32所示。

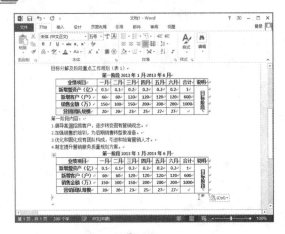

图24-31   图24-32

⑫ 继续复制文本，如图24-33所示。

⑬ 采用同样的方法复制并修改表格和文本中的内容，如图24-34所示。

图24-33   图24-34

24.3 插入页眉/页脚

下面为文档插入页眉/页脚，具体操作步骤如下。

① 单击"插入"｜"页眉和页脚"选项卡中的 ▤（页眉）按钮，在弹出的菜单中选择一种合适的页眉样式，如图24-35所示。

② 进入页眉设置窗口中，输入页眉，如图24-36所示。

③ 选择"页眉和页脚工具"｜"设计"｜"位置"选项卡，在其中设置▤（页眉顶端距离）参数，如图24-37所示。

④ 选择页眉文本，设置页眉的字体、大小和加粗，如图24-38所示。

图24-35

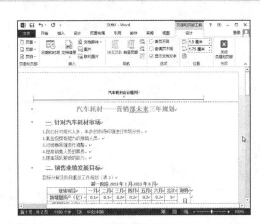

图24-36

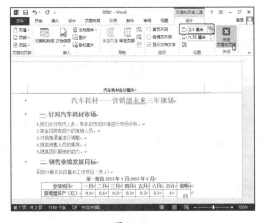

图24-37

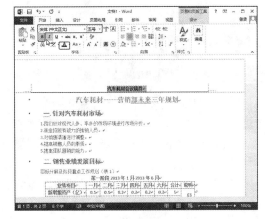

图24-38

05 完成页眉设置后，单击"页眉和页脚工具"｜"设计"｜"关闭"选项卡中的▨（关闭）按钮，如图24-39所示。

06 单击"插入"｜"页眉和页脚"选项卡中的▢（页脚）按钮，在弹出的菜单中选择一种合适的页脚样式，如图24-40所示。

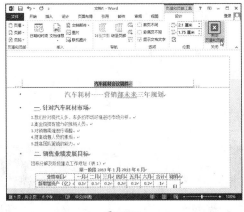

图24-39

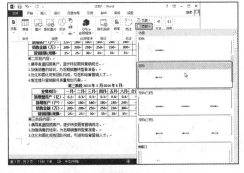

图24-40

07 在页脚处输入文本后，单击▨（关闭）按钮，如图24-41所示。

08 查看页眉和页脚，效果如图24-42所示。

图24-41

图24-42

24.4 设置表格样式

下面介绍如何为表格添加一种样式，具体操作步骤如下。

 在文档中选择表格，选择"表格工具"｜"设计"｜"表格样式"选项卡中的一种样式，如图24-43所示。

 设置表格为居中，采用同样的方法设置其他表格，如图24-44所示。

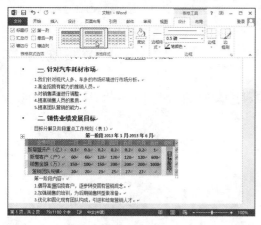

图24-43

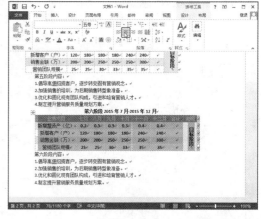

图24-44

24.5 插入SmartArt图形

下面介绍如何为文档插入SmartArt图形，具体操作步骤如下。

 在文档中输入2级标题，如图24-45所示。

 单击"插入"｜"插图"选项卡中的 🖼 （SmartArt）按钮，如图24-46所示。

图24-45　　　　　　　　　　　　　　　图24-46

03 在弹出的"选择SmartArt图形"对话框中选择"层次结构"选项，在右侧的图形中选择一种合适的图形，单击"确定"按钮，如图24-47所示。

04 此时图形即可插入到文档中，删除不需要的图形，如图24-48所示。在图形中输入文本，单击"SMARTART工具"｜"设计"｜"创建图形"选项卡中的 （添加形状）按钮，添加同级形状。

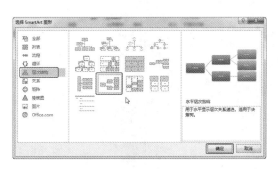
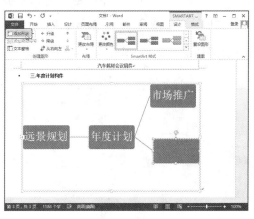

图24-47　　　　　　　　　　　　　　　图24-48

05 或者直接单击 （文本窗格）按钮，打开文本空格，在同一级别后的文本中按Enter键，创建新图形，如图24-49、图24-50所示。

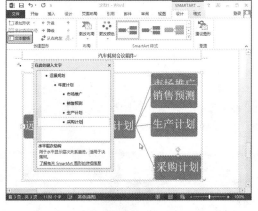
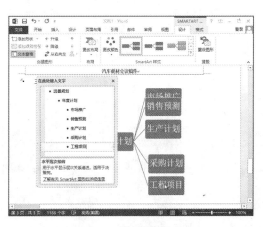

图24-49　　　　　　　　　　　　　　　图24-50

06 采用同样的方法创建其他图形，如图24-51所示。

07 选择图形，单击"SMARTART工具"|"设计"|"重置"选项卡中的 （重设图形）按钮，如
图24-52所示。

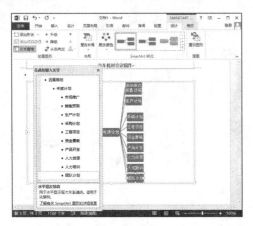

图24-51 　　　　　　　　　　　　　　　图24-52

08 选择"设计"|"SmartArt样式"选项卡，从中选择合适的样式，如图24-53所示。

09 设置样式后，调整SmartArt图形的大小，如图24-54所示。

图24-53 　　　　　　　　　　　　　　　图24-54

10 选择"SMARTART工具"|"格式"|"艺术字样式"选项卡，从中选择一种艺术字，如图24-55所示。

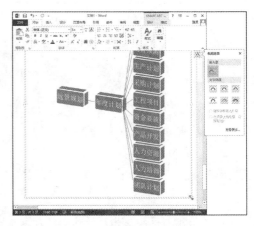

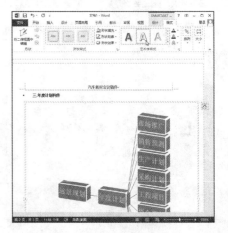

图24-55

24.6 设置背景水印

下面介绍为文档设置一个背景水印效果，具体操作步骤如下。

01 选择"设计"｜"页面背景"选项卡，从中单击 (水印) 按钮，在弹出的菜单中选择"自定义水印"命令，如图24-56所示。

02 在弹出的"水印"对话框中选择"文字水印"选项，设置"文字"为"保密文件"、"字体"为"宋体"、"字号"为"自动"、"颜色"为红色，如图24-57所示，单击"确定"按钮。

03 设置的水印效果如图24-58所示。

图24-56

图24-57

图24-58

24.7 页面设置

下面简单地设置页面，具体操作步骤如下。

01 单击"页面布局"｜"页面设置"选项卡右下角的 (页面设置) 按钮，如图25-59所示。

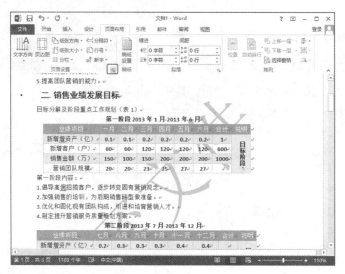

图 24-59

02 弹出"页面设置"对话框，如图25-60所示。

03 选择"纸张"选项卡，在其中设置"纸张"为A4，其他设置可以根据自己的情况进行修改和设置，如图24-61所示，单击"确定"按钮。

图 24-60

图 24-61

24.8 保存文档

下面将制作完成的文档进行保存，具体操作步骤如下。

01 选择"文件"选项卡，在弹出的窗口中选择"保存"命令，依次单击"计算机"｜"浏览"按钮，如图24-62所示。

02 在弹出的对话框中选择一个存储路径，为文件命名，选择一个"保存类型"，单击"保存"按钮，即可对文档进行存储，如图24-63所示。

图24-62

图24-63

24.9 打印文档

下面介绍如何打印文档，具体操作步骤如下。

 选择"文件"选项卡，在弹出的窗口中选择"打印"命令，弹出"打印"窗口，如图24-64所示。

02 在该窗口的右侧显示为打印预览，在左侧的项目命令中可以设置打印参数，根据情况进行设置即可。

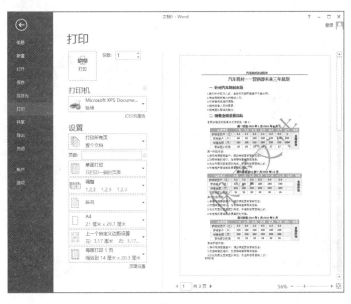

图24-64

第25章　综合案例——家长会演示文稿

本章主要讲解使用PowerPoint 2013制作家长会演示文稿，其中将涉及到创建、编辑、转场、动画、链接、动作等，还会使用到Excel表格。

25.1　创建幻灯片

效果文件	效果\cha25\小学六年级家长会.pptx	难易程度	★★★★☆
视频文件	视频\cha25\小学六年级家长会.avi		

下面首先来创建幻灯片，操作步骤如下。

01 运行PowerPoint 2013软件，在弹出的窗口向导中选择"空白演示文稿"，如图25-1所示。

02 创建演示文稿后，选择"设计"｜"主题"选项卡，为空白演示文稿设置一个封面主题，如图25-2所示。

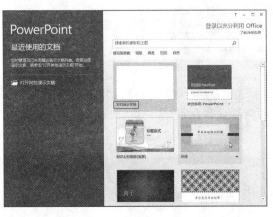

图25-1

图25-2

03 在演示文稿中添加标题和副标题，如图25-3所示。

04 选择"插入"｜"幻灯片"选项卡，在其中单击 (新建幻灯片) 按钮，在弹出的菜单中选择"标题和内容"幻灯片，如图25-4所示。

05 在幻灯片2中输入标题和内容，如图25-5所示。

06 选择"插入"｜"幻灯片"选项卡，从中单击 (新建幻灯片) 按钮，在弹出的菜单中选择"标题和内容"幻灯片，如图25-6所示。

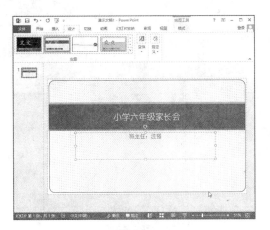

图25-3

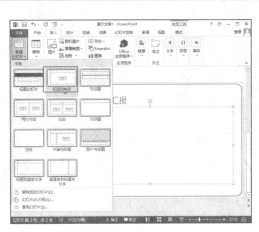

图25-4

图25-5

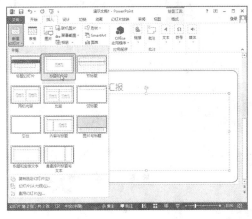

图25-6

07 在幻灯片3中输入标题和文本，如图25-7所示。

08 选择"插入"｜"幻灯片"选项卡，在其中单击 ▦（新建幻灯片）按钮，在弹出的菜单中选择"标题和内容"幻灯片，如图25-8所示。

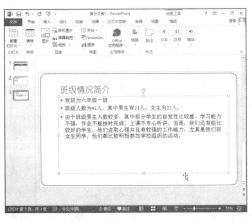

图25-7

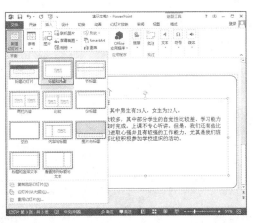

图25-8

09 在幻灯片4中输入标题，在内容中单击 ▦（表格）按钮，如图25-9所示。

10 在弹出的"插入表格"对话框中设置"列数"为3、"行数"为5，单击"确定"按钮，如图25-10所示。

图25-9

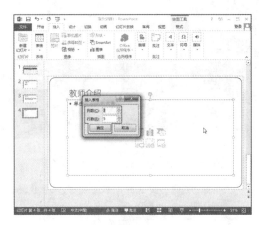

图25-10

11 将光标定位于表格中并输入信息，如图25-11所示，然后全选表格。

12 选择"开始"｜"字体"选项卡，在其中设置字体的大小为20，如图25-12所示。

13 选择"插入"｜"幻灯片"选项卡，在其中单击 （新建幻灯片）按钮，在弹出的菜单中选择"标题和内容"幻灯片，如图25-13所示。

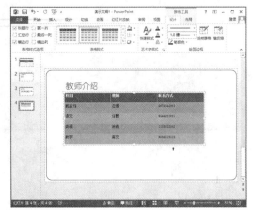

图25-11

图25-12

14 选择幻灯片5，单击 （表格）按钮，在弹出的"插入表格"对话框中设置"列数"为2，设置"行数"为10，如图25-14所示。

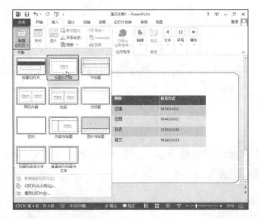

图25-13

图25-14

15 在新建的单元格中输入内容，如图25-15所示。

16 选择表格，设置表格文本的大小为20，如图25-16所示。

图25-15　　　　　　　　　　　　图25-16

17 新建幻灯片6，输入标题和内容文本，如图25-17所示

18 新建幻灯片7，输入标题和内容文本，如图25-18所示。

图25-17　　　　　　　　　　　　图25-18

19 新建幻灯片8，输入标题和内容文本，如图25-19所示。

20 新建幻灯片9，输入标题和内容文本，如图25-20所示。

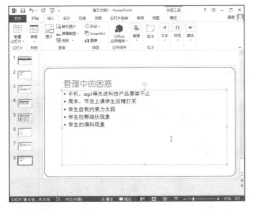

图25-19　　　　　　　　　　　　图25-20

Office 2013 办公应用 从新手到高手

21 新建幻灯片10，输入标题和内容文本，如图25-21所示。

22 新建幻灯片11，输入标题和内容文本，如图25-22所示。

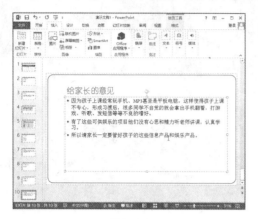

图25-21

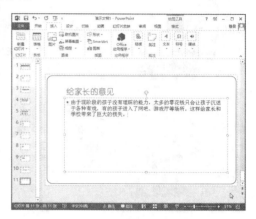

图25-22

23 新建幻灯片12，输入标题和内容文本，如图25-23所示。

图25-23

25.2 设置转场效果

创建完幻灯片后，下面为幻灯片设置转场效果。

01 选择幻灯片1，选择"切换"｜"切换到此幻灯片"选项卡，从中选择转场效果为"随机线条"，如图25-24所示。

02 选择"切换"｜"计时"选项卡，在其中单击 🔊（声音）后的下拉按钮，在弹出的菜单中选择"风铃"，如图25-25所示。

03 设置转场效果后，单击 🖿（全部应用）按钮，应用转场动画到所有幻灯片，如图25-26所示。

图25-24

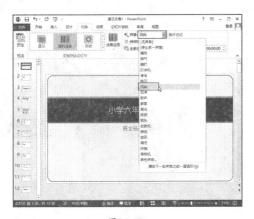

图25-25 图25-26

25.3 设置动画

设置转场效果后，下面设置幻灯片中元素的动画。

01 选择幻灯片1，从中选择标题文本框，如图25-27所示。

02 选择"动画"｜"动画"选项卡，从中设置进入动画为"旋转"，如图25-28所示。

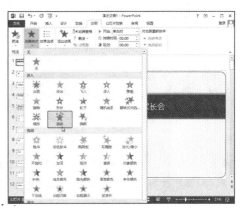

图25-27 图25-28

03 设置▶（开始）为"上一动画之后"，如图25-29所示。

04 在幻灯片1中选择如图25-30所示的副标题，设置强调动画为"加粗闪烁"。

05 设置▶（开始）为"上一动画之后"，如图25-31所示。

06 选择幻灯片2中的标题，如图25-32所示。

07 选择"动画"｜"动画"选项卡，在其中设置进入动画为"跷跷板"，如图25-33所示。

图25-29

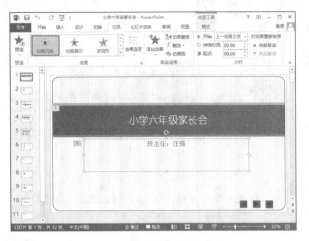

图25-30 图25-31

图25-32

图25-33

08 设置▶（开始）为"上一动画之后"，如图25-34所示，单击✱（动画刷）按钮。

09 选择幻灯片3，使用✱（动画刷）单击标题，设置与幻灯片2标题相同的动画，如图25-35所示。使用✱（动画刷）设置其他幻灯片的标题动画。

图25-34

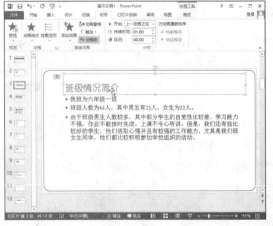

图25-35

25.4　设置链接

接下来设置幻灯片中的超链接和动作，具体操作步骤如下。

01 选择幻灯片2，选择如图25-36所示的文本，单击"插入"｜"链接"选项卡中的（超链接）按钮。

02 在弹出的"插入超链接"对话框中选择"链接到"｜"本文档中的位置"，从中选择幻灯片3，如图25-37所示。

03 选择幻灯片2中的第二行文本，单击"插入"｜"链接"选项卡中的（超链接）按钮，如图25-38所示。

04 在弹出的"插入超链接"对话框中，选择"链接到"｜"本文档中的位置"，从中选择幻灯片4，如图25-39所示。

05 选择幻灯片2中的第三行文本，单击"插入"｜"链接"选项卡中的（超链接）按钮，如图25-40所示。

图25-36

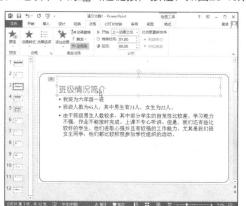

图25-37

图25-38

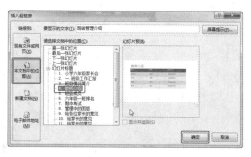

图25-39

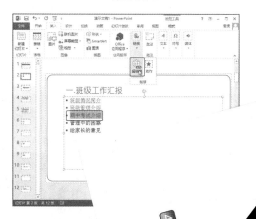

06 在弹出的"插入超链接"对话框中，选择"链接到"｜"文档中的图25-41所示。

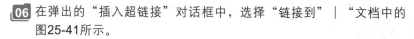

07 选择幻灯片2中的第四行文本，单击"插入"│"链接"选项卡中的 ▓ （超链接）按钮，如图25-42所示。

图25-41

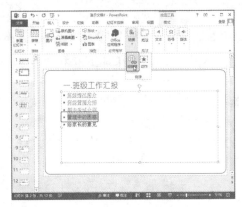

图25-42

08 在弹出的"插入超链接"对话框中，选择"链接到"│"本文档中的位置"，从中选择幻灯片8，如图25-43所示。

09 选择幻灯片2中的第五行文本，单击"插入"│"链接"选项卡中的 ▓ （超链接）按钮，如图25-44所示。

图25-43

图25-44

10 在弹出的"插入超链接"对话框中，选择"链接到"│"本文档中的位置"，从中选择幻灯片9，如图25-45所示。

11 选择幻灯片6，在内容中选择如图25-46所示的文本，我们将为其设置链接分数工作表。

图25-45

图25-46

25.5 制作工作簿

下面介绍制作前十名的排名数据，具体操作步骤如下。

01 运行Excel软件，新建空白工作簿，如图25-47所示。

02 新建工作簿后，在单元格中输入文本数据，选择如图25-48所示的单元格。

图25-47	图25-48

03 在选择的单元格上右击鼠标，在弹出的快捷工具栏中单击 (合并单元格)按钮，如图25-49所示。

04 在合并后的单元格中输入文本，如图25-50所示。

图25-49	图25-50

05 在单元格中输入名字，如图25-51所示。

06 继续输入数据，如图25-52所示。

图25-51　　　　　　　　　　　图25-52

07 选择如图25-53所示的单元格。

08 选择"公式"｜"函数库"选项卡，在其中单击∑（自动求和）按钮，如图25-54所示。

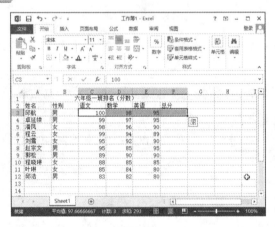

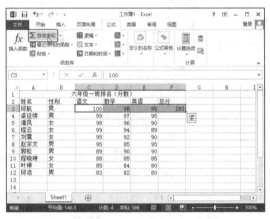

图25-53　　　　　　　　　　　图25-54

09 选择自动计算出来的求和数据，如图25-55所示。

10 拖动求和的单元格快速复制手柄，快速填充求和数据，如图25-56所示。

图25-55　　　　　　　　　　　图25-56

11 制作完成后，按快捷键Ctrl+S，弹出"另存为"窗口，从中单击"计算机" | "浏览"按钮，如图25-57所示。

12 在弹出的"另存为"对话框中选择一个合适的存储路径，为文件命名，单击"保存"按钮，如图25-58所示。

图25-57

图25-58

25.6 链接数据表

下面介绍如何将幻灯片中的文本链接到工作表，具体操作步骤如下。

01 选择幻灯片6中如图25-59所示的文本，单击"插入" | "链接"选项卡中的 （超链接）按钮。

02 在弹出的"插入超链接"对话框中选择"链接到" | "现有文件或网页"，选择"查找范围"为"当前文件夹"，从中选择保存的工作表，如图25-60所示。

图25-59

图25-60

03 设置好链接到的效果如图25-61所示。

图25-61

25.7 创建动作按钮

下面介绍为幻灯片创建动作按钮，具体操作步骤如下。

 选择"插入"｜"插图"选项卡，在其中单击 （形状）按钮，在弹出的菜单中选择"动作按钮"中的 按钮，如图25-62所示。

在幻灯片1中创建形状，弹出"操作设置"对话框，从中选择"超链接到"｜"上一张幻灯片"，单击"确定"按钮，如图25-63所示。

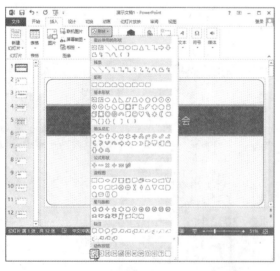

图25-62

图25-63

继续在幻灯片1中绘制 动作按钮，弹出"操作设置"对话框，从中选择"超链接到"｜"下一张幻灯片"，单击"确定"按钮，如图25-64所示。

04 在幻灯片1中绘制▣动作按钮，弹出"操作设置"对话框，从中选择"超链接到"│"第一张幻灯片"，单击"确定"按钮，如图25-65所示。

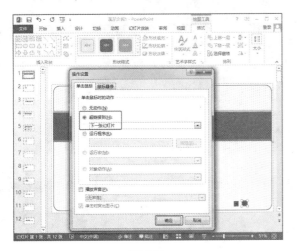
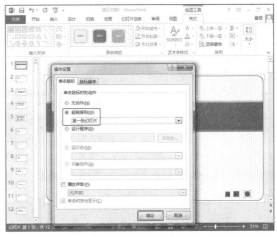

图25-64　　　　　　　　　　　　　　　　图25-65

05 在幻灯片中选择动作按钮，选择"格式"│"大小"选项卡，从中设置相同的大小均为1厘米，如图25-66所示。

06 设置其他动作按钮为相同的大小，如图25-67所示。

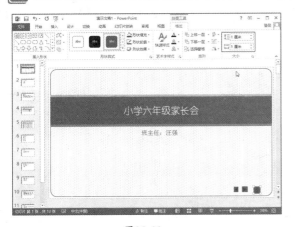

图25-66　　　　　　　　　　　　　　　　图25-67

07 选择三个动作按钮，按快捷键Ctrl+C，切换到幻灯片2后按快捷键Ctrl+V，将动作按钮粘贴到幻灯片2中，如果25-68所示。

08 采用同样的方法，复制动作按钮到其他幻灯片中，如图25-69所示。

09 播放幻灯片查看动作和链接，如图25-70所示。

图25-68

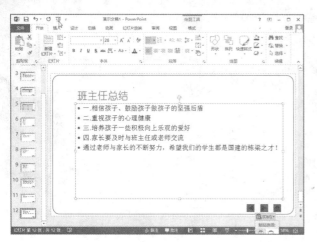

图25-69

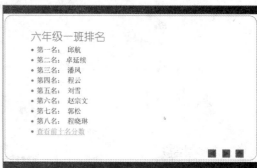

图25-70

10 单击链接到工作表的链接文本，弹出如图25-71所示的工作表。

图25-71